硬黏土地基与地下工程应用

主　编　郭　杨
副主编　杨成斌

中国建筑工业出版社

图书在版编目（CIP）数据

硬黏土地基与地下工程应用 / 郭杨主编. —— 北京：
中国建筑工业出版社，2021.4
ISBN 978-7-112-25967-0

Ⅰ．①硬… Ⅱ．①郭… Ⅲ．①地下工程—硬粘土—地
基—基础（工程）Ⅳ．①TU94②TU47

中国版本图书馆 CIP 数据核字(2021)第 048051 号

本书介绍硬黏土的定义与岩土工程特性，硬黏土的勘察与评价，地基承载力与沉降计算，硬黏土地区地下水浮力作用机理、地下结构抗浮设计、基坑工程、常用的桩基工程，共七章。

书中内容是作者多年来在硬黏土地区地基与地下工程应用方面的研究成果，结合典型工程实例，既有硬黏土地基与地下工程应用的基础理论知识，又有案例成功的经验总结，也有案例失败的经验教训。

本书理论与实践相结合，尤其是工程实例和测试数据的分析，可供从事土木工程勘察、设计、施工、监理及工程检测等专业技术人员阅读，也可供高等院校相关专业教师、学生参考。

* * *

责任编辑：封 毅
责任校对：赵 菲

硬黏土地基与地下工程应用

主 编 郭 杨
副主编 杨成斌

*
中国建筑工业出版社出版、发行（北京海淀三里河路 9 号）
各地新华书店、建筑书店经销
北京红光制版公司制版
北京圣夫亚美印刷有限公司印刷
*
开本：787 毫米×1092 毫米 1/16 印张：17¼ 字数：429 千字
2021 年 5 月第一版 2021 年 5 月第一次印刷
定价：**58.00** 元
ISBN 978-7-112-25967-0
（37061）

版权所有 翻印必究
如有印装质量问题，可寄本社图书出版中心退换
（邮政编码 100037）

硬黏土地基与地下工程应用
编 委 会

主　编　郭　杨

副主编　杨成斌

编　委　崔　伟　耿鹤良　孟　磊　吴　平　孙晓凯

　　　　陈小川　郑燕燕

3

前　言

我国幅员辽阔，除沿江沿海地区和山区丘陵外，大部分城市都建造于承载力较好的硬黏土层上。随着我国城市化建设步伐的加快，硬黏土地区地下工程应用领域不断扩大。硬黏土普遍具有超固结性、剪胀性、低渗透性、非饱和性和膨胀性等典型岩土工程特性，这些特性会对硬黏土地区工程建设带来不利影响。近年来，许多新理论和新技术应用在硬黏土地区的基础工程和地下工程建设中，虽然积累了丰富的经验，但仍存在许多理论和技术问题有待继续深化研究。

解决岩土工程及基础工程的实际问题必须强调理论与实践相结合，尤其应重视工程实例和测试数据的分析。本书根据作者多年来在硬黏土地区地基与地下工程应用方面的研究成果，结合典型的工程案例，详细介绍了我国硬黏土地区，尤其是安徽硬黏土地区地基与地下工程的勘察、设计与施工经验。全书编写力求简洁、概括和实用。

全书共分七章，为硬黏土的定义与岩土工程特性、硬黏土的勘察与评价、地基承载力与沉降计算、硬黏土地区地下水浮力作用机理、硬黏土地区地下结构抗浮设计、硬黏土地区的基坑工程、硬黏土地区常用的桩基工程。书中既有硬黏土地基与地下工程应用的基础理论知识，如沉降计算、地基承载力等，又有地下结构抗浮设计、倾斜支护桩基坑支护技术等新内容；还有硬黏土地区工程典型应用案例，这些案例既有成功应用的经验总结，也有失败的经验教训。该书的出版对于提高工程技术人员对硬黏土工程特性的认识，提高硬黏土地区建筑行业的整体技术水平，保证工程质量，推进建设行业的进步，都有积极作用。

本书可供从事土木工程勘察、设计、施工、监理及工程检测等专业技术人员阅读，也可供高等院校相关专业的教师、学生在工作学习中参考。

安徽寰宇建筑设计院李强总工、合肥工业大学崔可锐教授、安徽省施工图审查有限公司章长义教授级高工等对本书编写工作提出了宝贵的意见并给予了大力支持，本书的编写还引用了许多科研、教学和工程单位及个人的一些科研成果、文章、书籍和技术总结，在此一并表示感谢！

由于作者水平有限，书中不妥与疏忽之处在所难免，敬请读者批评指正！

编者

2020 年 8 月

目　　录

第一章　硬黏土的定义与岩土工程特性

　　土是由连续、坚固的岩石在风化作用下形成的大小悬殊的颗粒，经过不同的搬运方式，在各种自然环境中产生的没有粘结或弱粘结的沉积物。土经历压缩固结、胶结硬化，也可再生成岩石（指沉积岩类）。在漫长的地质年代中，由于各种内力和外力地质作用形成了许多类型的岩石和土。基岩经历风化、剥蚀、搬运、沉积生产各类覆盖土。所谓基岩是指原位的各类岩石，其在水平和竖直两个方向延伸很大；所谓覆盖土是指岩石风化产物覆盖于基岩之上的各类土的总称。

　　土的物质成分包括作为土骨架的固态矿物颗粒、土孔隙中的液态水及其溶解物质以及土孔隙中的气体。因此，土是由颗粒、水和气所组成的三相体系，土粒形成土体的骨架，土粒大小和形状、矿物成分及其排列和联结特征是决定土的物理力学性质的重要因素。

　　土的三相组成物质的性质、相对含量以及土的结构构造等各种因素，必然在土的轻重、松密、湿干、软硬等一系列物理性质上有不同反映。土的物理性质又在一定程度上决定了它的力学性质，所以物理性质是土的最基本的工程特性。

第一节　硬黏土的定义

　　根据《建筑地基基础设计规范》GB 50007[1]和《岩土工程勘察规范》GB 50021[2]，对黏性土按时代、成因和土的工程地质特征分为硬黏土（指第四纪晚更新世及其以前沉积的土）、一般黏性土（第四纪全更新世沉积的黏性土）、新近沉积的黏性土（文化期以来新近沉积的黏性上）和几种特殊土（软土、红黏土、人工填土等）。

　　硬黏土是第四纪的沉积物，一般为晚更新世及其以前沉积的黏性七，分布在冲沟底部及丘陵垄岗一带，主要集中于年平均气温 14～19℃、平均降雨量在 700～1800mm 之间的地区，如西北陕南地区、湖北中部和北部、河南中部及安徽中部和北部等地区，其成因多为冲洪积或残坡积，其颜色为黄褐色、褐黄色、褐红色、红褐色，含有钙质结核，稠度状态为硬塑至坚硬[3]。

　　安徽地区的硬黏土主要分布在合肥、阜阳、蚌埠、淮南、淮北等地区，组成Ⅱ级阶地，其高程一般为 20～50m，厚度一般为 10～40m，以黄褐、棕黄、灰黄色黏土为主，偶夹透镜状亚黏土，结构致密，呈硬塑—坚硬状态，含铁锰结核，底部有钙质结核，灰黄色黏土层中具灰白色条带，矿物成分为高岭石、伊利石，具有弱—中等膨胀潜势。

第二节　硬黏土的物理力学指标

一、硬黏土的三相关系

表示硬黏土三相比例关系的指标，称为硬黏土的三相比例指标，包括土粒相对密度，

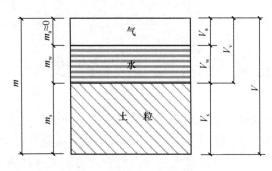

图 1-1　硬黏土的三相比例关系

m_s、m_w、m_a—土粒、土中水、土中空气质量，m—土的总质量，$m = m_s + m_w + m_a$（m_a 一般取为 0）；V_s、V_w、V_a—土粒、土中水、土中空气体积；V_v—土中孔隙体积，$V_v = V_w + V_a$；V—土的总体积，$V = V_s + V_w + V_a$。

土的含水量、密度、孔隙比、孔隙率和饱和度等。硬黏土的三相比例关系如图 1-1 所示。

三个基本的三相比例指标是指土粒相对密度 d_s、土的含水量 w 和密度 ρ，一般由实验室直接测定其数值。硬黏土的三相比例指标中的质量密度指标共有 4 个，即（湿）密度 ρ、干密度 ρ_d、饱和密度 ρ_{sat} 和浮密度 ρ'，硬黏土单位体积的重力（即土的密度与重力加速度的乘积）称为硬黏土的重力密度，简称重度 γ，单位为"kN/m³"。有关重度的指标也有 4 个，即（湿）重度 γ、干重度 γ_d、饱和重度 γ_{sat} 和浮重度 γ'，可分别按下列对应公式计算：$\gamma = \rho g$、$\gamma_d = \rho_d g$、$\gamma_{sat} = \rho_{sat} g$、$\gamma' = \rho' g$，式中 g 为重力加速度，$g = 9.80665 \approx 9.81 \mathrm{m/s^2}$。

描述硬黏土的孔隙体积相对含量的指标主要为：孔隙比 e、孔隙率 n、饱和度 S_r。通过土工试验直接测定土粒相对密度 d_s、含水量 w 和密度 ρ 这三个基本指标后，可计算出其余三相比例指标。

采用三相比例指标换算图（图 1-2）进行各指标间相互关系的推导，设 $\rho_{w1} = \rho_w$，并令 $V_s = 1$，则 $V_v = e$，$V = 1 + e$，$m_s = V_s d_s \rho_w = d_s \rho_w$，$m_w = w m_s = w d_s \rho_w$，$m = d_s (1 + w) \rho_w$。

常见硬黏土的三相比例指标换算公式列于表 1-1 中。

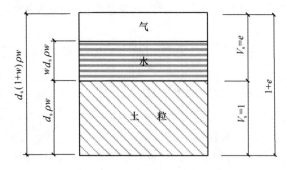

图 1-2　硬黏土的三相物理指标换算图

硬黏土的三相比例指标换算公式　　　　表 1-1

名称	符号	三项比例表达式	常用换算式	单位	常见的数值范围
比重	G_s	$G_s = \dfrac{m_s}{V_s \rho_\omega}$	$G_s = \dfrac{S_r e}{\omega}$		2.72～2.75
含水量	w	$w = \dfrac{m_w}{m_s} \times 100\%$	$w = \dfrac{S_r e}{G_s}$ $w = \dfrac{\rho}{\rho_d} - 1$		20%～40%
密度	ρ	$\rho = \dfrac{m}{V}$	$\rho = \rho_d(1 + \omega)$ $\rho = \dfrac{G_s(1 + \omega)}{1 + e} \rho_\omega$	g/cm³	1.6～2.0
干密度	ρ_d	$\rho_d = \dfrac{m_s}{V}$	$\rho_d = \dfrac{\rho}{1 + \omega}$ $\rho_d = \dfrac{G_s}{1 + e} \rho_\omega$	g/cm³	1.3～1.8

名称	符号	三项比例表达式	常用换算式	单位	常见的数值范围
饱和密度	ρ_{sat}	$\rho_{sat} = \dfrac{m_s + V_v \rho_\omega}{V}$	$\rho_{sat} = \dfrac{G_s + e}{1 + e} \rho_\omega$	g/cm³	1.8~2.3
浮密度	ρ'	$\rho' = \dfrac{m_s - V_v \rho_\omega}{V}$	$\rho' = \rho_{\omega 1} - \rho_\omega$ $\rho' = \dfrac{G_s - 1}{1 + e} \rho_\omega$	g/cm³	0.8~1.3
重度	γ	$\gamma = \rho \cdot g$	$\gamma = \dfrac{G_s (1 + \omega)}{1 + e} \gamma_d$	kN/m³	16~20
干重度	γ_d	$\gamma_d = \rho_d \cdot g$	$\gamma = \dfrac{G_s}{1 + e} \gamma_d$	kN/m³	13~18
饱和重度	γ_{sat}	$\gamma_d = \rho_{sat} \cdot g$	$\gamma_{sat} = \dfrac{G_s + e}{1 + e} \rho_\omega$	kN/m³	18~23
浮重度	γ'	$\gamma' = \rho' \cdot g$	$\gamma' = \dfrac{G_s - 1}{1 + e} \rho_\omega$	kN/m³	8~13
孔隙比	e	$e = \dfrac{V_v}{V_s}$	$e = \dfrac{G_s \rho_\omega}{\rho_d} - 1$ $e = \dfrac{G_s (1 + \omega) \rho_\omega}{\rho} - 1$		0.40~0.70
孔隙率	n	$n = \dfrac{V_v}{V} \times 100\%$	$n = \dfrac{e}{1 + e}$ $n = 1 - \dfrac{\rho_d}{G_s \rho_\omega}$		30%~50%
饱和度	S_r	$S_r = \dfrac{V_w}{V_v}$	$S_r = \dfrac{m_w}{V_v \rho_\omega}$ $S_r = \dfrac{\omega G_s}{e}$		$0 \leqslant S_r \leqslant 50\%$ 稍湿 $50 < S_r \leqslant 80\%$ 很湿 $80 < S_r \leqslant 100\%$ 饱和

二、硬黏土的物理特征

1. 硬黏土的可塑性指标

1) 塑限、液限及缩限

硬黏土随其含水量的不同，分别处于固态、半固态、可塑状态及流动状态，其界限含水量分别为缩限、塑限和液限。由可塑状态转到流动状态的界限含水量称为液限，或称塑性上限或流限，用符号 w_L 表示；相反，由可塑状态转为半固态的界限含水量称为塑限，用符号 w_P 表示；由半固态不断蒸发水分，则体积继续逐渐缩小，直到体积不再收缩时，对应土的界限含水量叫缩限，用符号 w_S 表示。界限含水量都以百分数表示。

我国采用锥式液限仪测定黏土的液限 w_L。美国、日本等国家使用碟式液限仪测定黏土的液限。黏土的塑限 w_P 采用"搓条法"测定，但塑限 w_P 搓条法受人为因素的影响较大，因而结果不稳定。利用锥式液限仪联合测定液、塑限，实践证明可以取代搓条法。

2) 塑性指数和液性指数

硬黏土的可塑性指标除了上述塑限、液限及缩限外，还有塑性指数和液性指数等状态

指标。硬黏土的塑性指数是指液限和塑限的差值，即硬黏土处在可塑状态的含水量变化范围，用符号 I_P 表示，即

$$I_P = w_L - w_P \tag{1-1}$$

显然，塑性指数愈大，硬黏土处于可塑状态的含水量范围也愈大，换句话说，塑性指数的大小与土中结合水的含量有关。从硬黏土的颗粒来说，土粒愈细，则其比表面积愈大，结合水含量愈高，因而，I_P 也随之增大。从矿物成分来说，黏土矿物含量愈多，水化作用愈剧烈，结合水含量愈高，因而 I_P 也大。从土中水的离子成分和浓度来说，当水中高价阳离子的浓度增加时，土粒表面吸附的反离子层中阳离子数量减少，层厚变薄，结合水含量相应减少，I_P 也变小；反之随着反离子层中的低价阳离子的增加，I_P 变大。在一定程度上塑性指数综合反映了硬黏土及其三相组成的基本特性。

硬黏土的液性指数是指硬黏土的天然含水量和塑限的差值与塑性指数之比，用符号 I_L 表示，即

$$I_L = \frac{w - w_P}{w_L - w_P} = \frac{w - w_P}{I_P} \tag{1-2}$$

硬黏土的液性指数一般在 0～0.25 之间。

3）天然稠度

硬黏土的天然稠度是指原状土样测定的液限和天然含水量的差值与塑性指数之比，用符号 w_c 表示，即

$$w_c = \frac{w_L - w}{w_L - w_P} \tag{1-3}$$

土的天然稠度试验规定：按烘干法测定原状土样天然含水量；联合测定仪法测定原状土样的液、塑限。土样制备：切削具有天然含水量、土质均匀的试件，其长度、宽度（或直径）不小于 5cm，厚度不小于 3cm，上下面整平。

2. 硬黏土的活动度、灵敏度和触变性

1）活动度

活动度反映了硬黏土中所含矿物的活动性。为了把硬黏土中所含矿物的活动性显示出来，可用塑性指数与黏粒（粒径＜0.002mm 的颗粒）含量百分数之比值，即活动度来衡量所含矿物的活动性，其计算式如下：

$$A = \frac{I_P}{m} \tag{1-4}$$

式中　A——硬黏土的活动度；

　　　I_P——硬黏土的塑性指数；

　　　m——粒径＜0.002mm 的颗粒含量百分数。

2）灵敏度

灵敏度是指天然土的结构受到扰动影响而改变的特性。当土受到扰动时，土粒间的胶结物质以及土粒、离子、水分子所组成的平衡体系就会受到破坏，引起土的强度降低和压缩性增大。硬黏土的灵敏度是以原状土的强度与该土经过重塑（土的结构性彻底破坏）后的强度之比来表示。重塑试样具有与原状试样相同的尺寸、密度和含水量。硬黏土的强度测定通常采用无侧限抗压强度试验，对于饱和硬黏土的灵敏度 S_t 可按式（1-5）计算：

$$S_t = \frac{q_u}{q'_u}$$ (1-5)

式中　　q_u——原状试样的无侧限抗压强度，kPa；

　　　　q'_u——重塑试样的无侧限抗压强度，kPa。

3）触变性

饱和硬黏土的结构受到扰动，导致强度降低，但当扰动停止后，土的强度又随时间而逐渐部分恢复。硬黏土的这种抗剪强度随时间恢复的胶体化学性质称为硬黏土的触变性。例如，在硬黏土中打桩时，往往利用振扰的方法，破坏桩侧土和桩尖土的结构，以降低打桩的阻力，但在打桩完成后，硬黏土的强度可随时间部分恢复，使桩的承载力逐渐增加，这就是利用了硬黏土的触变性机理。

第三节　硬黏土的分布及岩土工程特性

一、概述

我国硬黏土区域分布广泛，以安徽、鲁西南、河南及华北平原区域的硬黏土为典型代表，这些区域的硬黏土既有共性也有其特有的工程性质。硬黏土普遍具有超固结性、剪胀性、低渗透性、非饱和性等特殊工程特性，但不同区域的硬黏土表现出的物理性质有所差异，如安徽地区的硬黏土物理性质呈现为孔隙比和液性指数较小，液限较大，压缩性低，强度较高，具有弱～中等膨胀潜势；鲁西南地区的新近系硬黏土物理性质呈现出湿度大、密度低的特点，由于富含蒙脱石矿物，因而亲水性极强，具有中等～强膨胀性潜势；河南、河北地区硬黏土主要分布于南阳盆地、方城—宝丰、邯郸—永年等区域，普遍具有湿度较大、密度较低、黏粒含量较高的特点，同时液限较大，属于高液限黏土，具有弱～中等膨胀潜势。

二、硬黏土共有的工程特性

硬黏土普遍具有超固结性、剪胀性、低渗透性、非饱和性和膨胀性等工程特性，这些特殊性质会对硬黏土地区桩基及地下工程的应用带来不利影响[4]。

1. 超固结性

超固结土是先期固结压力大于现有自重压力的土（$P_c > P_0$），说明土在历史上曾受过比现有自重压力大的固结压力。由于超固结土中存在较大的残余应力，在基坑开挖过程中，会产生应力释放、回弹等现象，裂隙胀开，致使孔隙比增大；开挖深度越大，回弹量越大（前期固结压力越大，应力释放越明显）（图1-3）。桩基在硬黏土地区的应用中，部分桩基作为支护桩承担水平荷载的作用，由于硬黏土的超固结性，随着基坑的不断开挖而引起较大的应力释放，容易产生桩体偏位

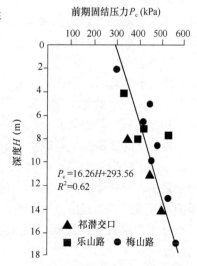

前期固结压力 P_c (kPa)

$P_c = 16.26H + 293.56$
$R^2 = 0.62$

▲ 祁潜交口
■ 乐山路
● 梅山路

图1-3　先期固结压力与深度关系

等问题。此外，送桩深度过深，基坑土体开挖后，引起基底土体回弹量较大，容易产生浮桩、断桩等问题。

2. 剪胀性

剪胀性是指硬黏土在受到剪切力而发生破坏时，土体产生体积膨胀的特性。剪胀性主要是因为硬黏土密实度较大，孔隙比小，当土体剪切破坏时，土体内部出现破裂面，剪切面上土体变松，土颗粒相对位置发生变化，破坏了土颗粒间原有的紧密结构，使土体密度降低、孔隙率增大，宏观上表现为体积膨胀。原状的硬黏土普遍具有剪胀性。

3. 低渗透性

硬黏土的含水量随着深度的变化规律为：上部含水量小，3～5m 处含水量增大，而后逐渐减小。土体中所含水主要为结合水，自由水的渗流受到结合水的黏滞作用产生很大的阻力，因而透水和给水能力很弱，通常可以被视为隔水层。自由水只有克服结合水的抗剪强度后才能开始渗流，其渗透系数 K 一般小于 $10^{-7}\mathrm{cm/s}$。

由于硬黏土具有低渗透性，流动性差，使得桩基沉桩过程中产生较大的孔隙水压力，从而产生浮桩、桩体偏位等问题，如图 1-4 所示。

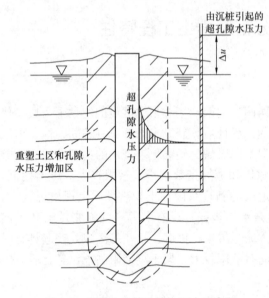

图 1-4　硬黏土中的孔隙水压力示意图

4. 非饱和性

硬黏土普遍为非饱和土，其饱和度为 $84.90\% \sim 99.70\%$，平均值为 94.16%。土体浸水后，土体吸水饱和，强度降低。非饱和土的强度特征参数黏聚力与土体孔隙比息息相关，尤其是非饱和土的基质吸力，反复的胀缩过程和反复的失水吸水过程均会导致硬黏土内部应力的增加，表现为超固结比的增加，进而导致边坡开挖过程中出现应力释放的现象，不利于边坡的稳定性。

5. 膨胀性

硬黏土具有弱—中膨胀潜势，自由膨胀率为 $30\% \sim 92\%$，平均约为 52.1%。膨胀性的大小与黏土中矿物成分有关，硬黏土中矿物成分主要以伊利石为主，其次为高岭石、蒙脱石和绿泥石。其中蒙脱石具有吸水膨胀和失水收缩特性。

硬黏土的膨胀性主要取决于矿物组成，具有显著的吸水膨胀和失水收缩的特性，表现为浸水后土体发生膨胀，产生一定的膨胀力。桩基在沉桩后，其持力层都为具有微膨胀性的硬黏土，膨胀土吸水后膨胀，孔隙比增大，使得处于持力层中的管桩端部阻力增大，在周围桩基的沉桩过程中更加容易产生裂纹。此外，对于桩基应用于基坑支护中，基坑开挖后硬黏土失水收缩，之后又浸水膨胀，产生膨胀力，是支护桩基设计需要考虑的因素之一。

三、安徽地区硬黏土的工程特性

1. 安徽地区硬黏土物理指标

通过对安徽硬黏土地区 2150 份岩土工程勘察报告进行统计分析，得出安徽硬黏土的物理力学性质指标见表 1-2 所示。由表 1-2 可得出硬黏土的物理性质呈现为孔隙比和液性指数较小，液限较大，压缩性低，强度较高，为较好的持力层[5]。

安徽硬黏土物理力学性质指标统计表　　　　　　　　　　　表 1-2

天然重度 γ (kN/m³)	含水量 ω (%)	孔隙比 e	液限 w_L	塑限 w_P	塑性指数 I_P
19.9～20.8	18.5～26.0	0.53～0.72	31.2～44.8	19.2～24.9	17.2～25.6

液性指数 I_L	压缩系数 a_{1-2} (MPa⁻¹)	压缩模量 E_{s1-2} (MPa)	黏聚力标准值 C_k (kPa)	内摩擦角标准值 φ_k (°)	自由膨胀率 δ_{ef} (%)
−0.23～0.24	0.07～0.18	10.06～23.81	51～119	7.1～22.5	37～65

2. 安徽硬黏土岩土特性

1）硬黏土的物理性质和状态特性

（1）湿度和密度特征

硬黏土的含水量在 18.5% ～ 26.0% 之间，含水量较小；天然重度为 19.9～20.8kN/m³。

（2）稠度和软硬度指标

稠度反映黏性土的坚硬程度，安徽硬黏土的液限在 31.2～44.8 之间，由于胶结程度不高，塑性通常不高，一般在 19.2～24.9 之间，液性指数为 −0.23～0.24 之间，说明硬黏土一般处于坚硬或硬塑状态。

2）硬黏土的收缩性和膨胀势

（1）收缩性

硬黏土在干燥失水时会发生收缩变形，硬黏土的收缩系数一般为 0.21～0.61，体缩率为 14.1% ～25.1%，线缩率为 2.2%～5.2%。

（2）膨胀势

硬黏土具有弱—中膨胀潜势，自由膨胀率为 37% ～65%，平均约为 51.0%。膨胀性的强弱与黏土中矿物成分有关，硬黏土中矿物成分主要以伊利石为主，其次为高岭石、蒙脱石和绿泥石。

（3）强度特性

由于硬黏土组成成分的特殊性，决定了硬黏土的强度性质与矿物成分的类型、含量及其组合有密切联系。硬黏土的主要组成矿物是蒙脱石、伊利石和高岭石等矿物，决定了其强度受不同组成矿物的成分和含量的综合影响。研究表明，硬黏土的黏聚力并不随着蒙脱石含量的增加有明显的变化规律，但是摩擦角却有不同表现，硬黏土的摩擦角随蒙脱石含量的增加而逐渐降低，而高岭石和伊利石的含量对摩擦角的影响则较小。

水对硬黏土的抗剪强度有重要的影响，尤其是当水渗入到土的裂隙中时，由于水对裂隙面软化作用，会使土体的整体强度降低。研究表明，硬黏土抗剪强度能敏锐反映土体含水量的变化，比如，在天然干燥下，硬黏土试样的黏聚力可以达到 200kPa，内摩擦角可以达到 40°～60°。相反，硬黏土抗剪强度在试样充分浸水时大为降低，黏聚力可以降低到 1kPa，内摩擦角减小到 1°～3°，这都充分证明了含水量对硬黏土强度的重要影响。

四、鲁西南地区硬黏土的工程特性

1. 鲁西南地区硬黏土物理指标[6]

在鲁西南地区晚古生代煤系地层与第四系之间广泛分布着新近系馆陶组地层，馆陶组中的湖相硬黏土在岩相、成因和层位等方面与徐淮地区的中新世下草湾组硬黏土相当。该地区硬黏土宏观上主要以棕黄、灰绿、灰白色为主，有时夹褐紫色斑纹。根据硬黏土的埋深和岩性大致可分为 4 层，其特征主要见表 1-3。

鲁西南新近系硬黏土的地质特征　　　　　　　　　　　　表 1-3

层位	取样深度(m)	主要地质特征
第一层	169.5～174.0	棕黄、褐黄、灰绿色，质地细腻，有锰质浸染现象，发育少量裂隙
第二层	184.0～189.1	棕黄、褐黄色夹灰绿色，局部夹粉砂层，常有陡倾裂隙发育，样品极易沿裂隙开裂，且沿裂隙颜色有所变化
第三层	189.1～205.0	棕黄、褐黄色夹灰绿色斑纹，有石英碎屑和钙质结核零星分布，裂隙发育，倾角 40°～60°，裂隙面光滑明亮，剪切带宽 1～2cm
第四层	205.0～214.3	灰绿色、灰白色夹棕黄色，质地细腻，剪切裂隙发育，倾角 30°左右，沿裂隙面颜色发生变化

通过室内土工试验得出鲁西南地区硬黏土的物理力学性质指标见表 1-4，从表 1-4 可以得出鲁西南地区的新近系硬黏土物理性质呈现出湿度高、密度低的特点。

鲁西南地区新近系硬黏土物理力学性质指标统计表　　　　　表 1-4

层位	含水量(%)	重度(kN·m⁻³)	干重度(kN·m⁻³)	饱和度(%)	孔隙比	液限(%)	塑限(%)	塑性指数	液限指数	活性指标(%)	无侧限抗压强度(kPa)	黏聚力(MPa)	内摩擦角(°)
第一层	26.43	20.4	16.14	100	0.71	58.65	20.68	37.97	0.151	0.90	446.5	0.055	25.1
第二层	25.10	20.2	16.15	98.28	0.70	63.71	25.80	37.91	0.019	0.78	221.0	0.049	25.3
第三层	26.94	20.2	15.91	100	0.74	71.32	23.06	48.26	0.080	0.92	403.5	0.093	19.0
第四层	24.96	20.2	16.17	97.09	0.71	62.76	20.54	42.22	0.215	0.82	356.5	0.089	23.9

2. 鲁西南地区硬黏土岩土特性

1）硬黏土的物理性质和状态特性

（1）湿度和密度特征

埋深在 169.5～214.3m 范围的新近系硬黏土仍具有湿度高、密度低的特点，其天然含水量为 24.96%～26.94%，重度为 20.2～20.4kN/m³，干重度为 15.91～16.17kN/m³，孔隙比 0.70～0.74，几个层位之间差别不大（表 1-4）。较高的含水量和较低的密度预示着硬黏土的强度较低。

（2）稠度和软硬度指标

稠度反映黏性土的坚硬程度，对于硬黏土/软泥岩来说，稠度指标也反映它们的压实和成岩程度。新近系硬黏土由于富含蒙脱石矿物，因而具有很高的亲水性。几层硬黏土的液限都大于50%，最高可达71.32%；由于胶结程度低，塑限不高，通常为20.54%～25.80%；塑性指数为37.91～48.26，属于高塑性硬黏土；其液性指数在−0.019～0.215之间，天然含水量与塑限之比几乎都接近或大于1.0而小于1.30，属于典型的硬塑状高塑性黏土。

2）硬黏土的收缩性和膨胀势

（1）收缩性

硬黏土较高的含水量意味着土体在开挖暴露条件下，将会因干燥失水而发生显著的收缩变形，并形成大量收缩裂隙。通常含水量越高，体积收缩越强。体缩测定结果表明，新近系硬黏土的体缩值在11.53%～19.18%之间，这与硬黏土中大量蒙脱石矿物晶层收缩有密切的关系。

（2）膨胀势

膨胀性通常是超固结硬黏土的重要属性之一。研究区新近系硬黏土的自由膨胀率最小为75%（第一层），最大为120%（第三层），按照我国膨胀土膨胀势判别的国家标准，属于中—强膨胀性黏土。根据国际上广泛采用的膨胀势判别图，它们属于极强膨胀性的硬黏土。

3）硬黏土的强度特性

国内外大量试验研究表明，裂隙化硬黏土的抗剪强度特性与一般黏性土有显著的区别，这主要与其所具有的裂隙性密切相关。由于裂隙的复杂性及其对硬黏土变形破坏的控制作用，裂隙化硬黏土成为工程上极难对付且常引起工程问题的地质介质。同时，硬黏土的性质又受到环境条件（如荷载、湿度、温度等）变化的影响，这就使硬黏土的抗剪强度性质更为复杂。由于所研究的新近系硬黏土埋深大，无法进行现场大尺寸原位测试；小试件的三轴试验由于裂隙密度、产状的差异常导致在相同的有效应力条件下抗剪强度差异很大，可相差100%以上，因而很难得出公共的包络线。原状土样不排水直剪试验结果表明，研究区硬黏土的抗剪强度较低，内摩擦角范围为19.0°～25.3°，平均23.3°，黏聚力范围为0.049～0.093MPa，平均0.072MPa。裂隙硬黏土的应力-位移曲线特征明显受样品中裂隙和微裂隙控制，表现出不同的应变软化性态。微裂隙不发育时多表现出一定的应力峰值，当直剪面与样品中的弱面相近时，则峰值不明显或没有峰值。应当指出，由于直剪试验试样尺寸小，不能充分反映裂隙构造的影响，因此上述测定结果与实际强度存在较大的差异。

根据新近系硬黏土的研究结果，残余强度比峰值强度降低了1/4，因此鲁西南地区新近系硬黏土的残余内摩擦角在17°左右，这与根据硬黏土比表面反算的结果基本一致。

无侧限抗压强度值虽在一定程度上可以说明土的强度大小，但它通常用于黏性土工程分类即软硬程度分类。鲁西南地区新近系不同层位硬黏土中的裂隙发育程度不一、密度和性质不同，造成上述几层硬黏土的破坏特征出现差异，具有陡倾裂隙的样品常发生劈裂破坏，具有缓倾裂隙的样品也多迁就弱面破坏。裂隙比较发育的第二层和第四层硬黏土的无侧限抗压强度值偏低，平均值分别为221kPa和356.5kPa；而第一层和第三层的无侧限抗压强度相对较高，平均值分别为446.5kPa和403.5kPa（表1-4）。根据传统的土力学分类方法，它们属于极硬的黏土（硬黏土）。

五、河南、河北地区硬黏土的工程特性

1. 河南、河北地区硬黏土物理指标[7]

河南、河北地区硬黏土可以按照沉积环境划分为以还原环境为主的中新世湖积灰绿色裂隙化硬黏土和以氧化环境为主的褐黄色非裂隙化洪积硬黏土两大类，在南阳盆地潦河一带尚有上新世三趾马红土的分布。

1）南阳盆地

南阳盆地是中新生代以来形成的断坳型内陆盆地，盆地内中新统和上新世统合称为上寺组。南阳盆地新近系以湖相沉积为主，厚度40～800m。根据浅层（<50m）工程勘察钻孔岩芯的宏观地质特征和层位关系，南阳盆地新近系上部自上而下可划分为上新世三趾马红土层、中新世褐黄色硬黏土和灰绿色硬黏土三种类型。

（1）三趾马红土层（棕红色硬黏土）

该地区以往从未有过关于上新世三趾马红土分布的文献报道。南阳盆地三趾马红土层的厚度可达20m，以鲜艳的棕红色为特征，其中分布有铁质薄膜，仅局部有裂隙分布，但完整性较好，它们是干燥炎热气候条件下的湖相沉积，在宏观和微观上与中国北方特别是黄土高原东部的三趾马红土特征极为相似[1]。三趾马红土仅在南阳盆地西部的潦河一带分布。

（2）褐黄色硬黏土

南阳盆地褐黄色硬黏土厚度一般为10～15m，最大厚度可达20余米，其中常夹有砂砾层、粗砂层、细砂和粉砂层或透镜体。褐黄色硬黏土的最大特点是富含黑色球状锰质结核，粒径2～4mm，它们是黏土沉积后水介质由还原环境转化为氧化环境的产物。锰质结核在硬黏土中分布较均匀，含量一般为1%～3%。该层为湖滨相或洪积成因沉积。

（3）灰绿色硬黏土

灰绿色硬黏土是南阳盆地中新世硬黏土的主体，岩性较均一，厚度大，可达上百米乃至数百米。该类硬黏土以灰绿色或浅绿色为主，干燥后呈灰白色。由于它们是深水还原环境下形成的，故原生硬黏土中含有不少Fe^{2+}，在氧化水环境下。Fe^{2+}转化为$Fe(OH)_3$沉淀。黏土变为棕色，从而在一些灰绿色硬黏土中形成棕色黏土斑纹或棕色条带。其另一特点是该黏土层中有灰白色的"泥灰岩"夹层或灰绿色硬黏土与灰白色"泥灰岩"（实际上是未成岩的含黏土钙质沉积）交互沉积，这是该地区识别中新世硬黏土的重要标志之一。

南阳盆地新近系硬黏土层中裂隙的发育程度有很大的差异，如三趾马红土中裂隙极少，且往往以高角度构造裂隙为主；褐黄色硬黏土虽裂隙发育程度有所增加，但分布频度仍很低；相比之下，灰绿色硬黏土中裂隙的频度明显增加，且以低角度剪切裂隙为主，埋深较大时，裂隙常呈闭合状态。

2）方城—宝丰地区

南水北调中线工程在南阳盆地邻近的方城—宝丰地区地表和浅层也有新近系硬黏土的分布，且在类型和性状上与南阳盆地极为相似，可以划分为褐黄色硬黏土和灰绿色硬黏土两种类型。因邻近华北盆地边缘，灰绿色硬黏土含砂量增高，且往往分布有红色斑纹。

3）邯郸—永年地区

邯郸—永年地区位于华北盆地西缘的隆起带，因而新近系硬黏土在地表有广泛出露，

以灰绿色或绿色为主，且有褐色、紫褐色硬黏土分布。灰绿色硬黏土层中有时夹有褐色、棕色泥质粉砂岩，这是地处太行山山前带湖盆边缘不同沉积类型的产物，说明中新世湖相沉积物沉积过程中古气候环境和水动力条件不太稳定，风化作用使得本地区新近系硬黏土性状在露头区发生变化，颜色也稍有差异。其浅部的风化带（＜4m）主要可分为褐色和灰绿色两种，性状软弱；风化带下部可分为紫褐色和灰绿色两种，其性状比前者密实和坚硬得多。

邯郸—永年地区新近系不仅地层缓倾，而且具有弱成岩特点，即硬黏土的密度和强度较大。新近系泥质粉砂岩中节理裂隙少，且往往以高角度节理为主，节理面光滑程度也较差；紫褐色硬黏土的节理裂隙发育程度虽然有所增大，但分布频度仍不很高，在20cm×20cm×20cm的样品中一般只有2条节理；灰绿色硬黏土的节理发育程度明显增大，且以低角度为主，节理面往往光亮如镜，擦痕极为发育。在埋深小于4m的浅部，由于侵蚀卸荷和气候的干湿交替变化，节理裂隙的发育频度、张开程度和节理面的水化程度明显增强，节理频度可达20～50条/m，其分布具有随机性，是硬黏土中工程性状最差的部分。

该地区各种类型的新近系硬黏土层中普遍含有大小不等的钙质结核，结核粒径大的数厘米，小的数毫米。在结核数量少的情况下，对硬黏土的工程性质影响不大，当钙质结核密集分布时可明显提高硬黏土的强度。由于黏土和泥质岩的物理性质由其成分、固结成岩程度及风化程度所控制，故能表征其工程性质，因此物理性质的测试研究一直受到人们的重视。南水北调中线工程沿线新近系硬黏土的物理性质测试统计结果如表1-5所示。

河南、河北地区新近系硬黏土物理性质测试结果统计表　　　　表1-5

地区	类型	含水量（%）	重度（g·cm⁻³）	干重度（g·cm⁻³）	孔隙比	液限（%）	塑限（%）	塑性指数	液限指数	无侧限抗压强度（MPa）
南阳盆地	三趾马红土	28.14～31.23(29.60)	1.85～1.93(1.89)	1.41～1.49(1.46)	0.88～0.99(0.92)	49.0～71.0(58.42)	23.96～28.2(26.18)	23.0～43.5(29.45)	0.02～0.25(0.11)	0.48～0.70(0.59)
	褐黄色硬黏土	18.78～29.72(24.0)	1.81～2.11(1.99)	1.40～1.77(1.60)	0.55～0.96(0.72)	40.0～75.85(55.23)	15.97～28.9(21.14)	17.0～46.91(32.62)	−0.07～0.211(0.094)	0.17～0.93(0.30)
	灰绿色硬黏土	21.53～28.61(25.73)	1.83～2.02(1.96)	1.42～1.64(1.56)	0.68～0.94(0.77)	50.0～89.17(68.17)	15.34～27(21.97)	29.0～66.96(46.42)	−0.06～0.206(0.065)	0.16～0.42(0.27)
方城—宝丰	褐黄色硬黏土	11.4～26.91(19.17)	1.94～2.21(2.07)	1.53～1.98(1.73)	0.39～0.81(0.60)	41.38～58.9(52.64)	14.9～19.15(15.47)	28.72～39.73(33.41)	−0.097～0.20(0.074)	0.20～1.68(0.55)
	灰绿色硬黏土	10.86～32.19(21.75)	1.92～2.15(2.02)	1.43～1.94(1.66)	0.44～0.94(0.67)	52.49～101.1(68.08)	13.2～22.9(17.34)	32.84～72.98(50.61)	−0.053～0.252(0.107)	0.15～0.89(0.38)
邯郸—永年	紫褐色硬黏土	16.95～25.90(21.48)	2.04～2.13(2.09)	1.62～1.80(1.70)	0.54～0.72(0.64)	45.0～54.0(49.64)	20.1～28.0(23.53)	21.2～29.0(24.73)	−0.1～−0.03(−0.06)	0.3～0.86(0.45)
	灰绿夹棕色硬黏土	22.56～29.65(26.11)	1.82～2.07(1.95)	1.52～1.70(1.61)	0.62～0.81(0.72)	52.0～74.0(63.0)	23.0～31.0(25.82)	28.0～43.0(35.5)	−0.03～−0.05(−0.04)	0.14～0.33(0.19)

注：1. 液限为76g锥入土深度17mm的结果。
　　2. 括号内数据为平均值。

2. 新近系硬黏土的工程特性

1）硬黏土的物理性质和状态特性

（1）湿度和密度特征

南阳盆地未风化的三种类型硬黏土的天然含水量都较高，且比较接近。在密度方面，新近系硬黏土比一般第四系硬黏土略高，但比古近系泥质岩要低。几种新近系硬黏土相比，三趾马红土的密度明显比其他两种硬黏土的低，因埋藏浅，其固结程度相对较差。总之，它们处于一般硬黏土与软泥岩的过渡状态。根据湿度和密度测试结果统计分析，硬黏土的天然含水量、天然重度、干重度和孔隙比之间有着极好的线性关系，表明这些指标可用于预测工程特性。

在方城一宝丰地区，由于调水工程位于沉积盆地的边缘地带，新近系硬黏土含砂量较高，因此它们与南阳盆地同类型的硬黏土相比，湿度略低，而密度稍高。

邯郸一永年地区新近系硬黏土的性状和测试结果表明，与上述两地区相比，具有密度高、湿度低的特点。其中，灰绿夹棕色硬黏土的湿度高于褐黄色硬黏土，而密度偏低。

综上所述，南水北调中线工程沿线新近系硬黏土与中国东部早第三纪的泥质岩相比，普遍具有湿度较高、密度较低的特点。同一地区灰绿色或灰绿夹棕色硬黏土与褐黄、黄褐、紫褐色硬黏土相比，湿度偏高而密度偏低。同一类型的硬黏土在不同地区的湿度和密度虽有一定差异，但总体上表现出较高的一致性。高含水量和低密度预示着新近系硬黏土具有较低的强度。

（2）稠度和无侧限抗压强度

在工程实践中，液限和塑性指数表示黏性土的亲水性强弱，并用于黏性土的工程分类特别是膨胀势的分类。液性指数虽通常表示黏土的坚硬程度，但对处于向岩石转化的新近系硬黏土来说，可反映它们的压实和早期成岩程度。测试结果表明（表1-5），几个地区硬黏土的液限大多大于50%，属于高液限黏土，塑性指数平均值都在30.0左右，最高可达72.98，故大部分属于典型的高塑性黏土，且具有很高的膨胀势，各种类型硬黏土的液性指数都处于-0.25～0.25之间，南阳、方城一宝丰地区通常大于或接近于0.00而小于0.25，说明河南段新近系硬黏土在天然状态下呈硬塑状，而邯郸一永年地区呈坚硬状，与宏观性状一致。此外，绝大部分硬黏土的天然含水量大于塑限，表明天然条件下硬黏土处于潜塑态。当然，新近系硬黏土的上述特征随地区和硬黏土类型的不同而存在一定差异。

大量测试结果表明，南水北调中线工程沿线新近系硬黏土的无侧限抗压强度处于0.25～1.0MPa之间，比中新生代泥质岩的单轴抗压强度低得多，按照传统的黏性土软硬程度的工程分类标准属于很硬的土，但比极软岩要低。三种类型硬黏土相比，具有铁质胶结的三趾马红土和黄褐色硬黏土的无侧限抗压强度明显高于灰绿色硬黏土。

值得指出，中国东部新近系灰绿色硬黏土通常发育有节理、裂隙，其规模不一、密度和性质不同，因而常造成硬黏土的破坏特征出现一定差异。其具有陡倾裂隙的样品常发生劈裂破坏，具有缓倾裂隙的样品也多迁就弱面破坏，相应地造成无侧限抗压强度值偏低。

2）硬黏土的胀缩性

（1）膨胀性判别与测试

膨胀性是硬黏土的重要属性之一，以往的中国国家标准通常采用粉末样品自由膨胀率指标来判别膨胀土的膨胀性。虽然自由膨胀率在一定程度上反映黏土矿物、粒度成分和交换阳离子成分等基本特性，但与国外较流行的威廉姆判别法相比，常出现结果偏低的现象，为此我们也采用了国外判别法进行判别。由于以往很多研究者把新近系硬黏土作为泥岩进行研究，为了对比分析，采用曲永新等提出的泥质岩不规则块状样品的干燥饱和吸水率指标进行了泥质膨胀岩的判别测试，同时采用岩、土两种方法进行判别无疑是一种相互验证和补充。结果表明，无论是根据自由膨胀率指标、国外膨胀势判别图，还是泥质岩膨胀势判别法，新近系硬黏土特别是灰绿色硬黏土都具有强和很强的膨胀势，属于典型的膨胀性岩土。

　　根据上述三种标准，南阳盆地的三趾马红土为中—强膨胀潜势，南阳、方城—宝丰和邯郸—永年地区褐黄色硬黏土和紫褐色硬黏土均为弱—中膨胀潜势，灰绿色硬黏土则以强膨胀潜势为主。

　　（2）收缩性

　　由于天然硬黏土含有较高的水分特别是层间分子水，因此硬黏土干燥失水后都具有显著的收缩性。根据南水北调中线工程沿线风干条件下的体缩测定结果，新近系硬黏土体缩率平均值都在 10% 以上，最高可达 27.85%，说明其收缩性较高。收缩性常随天然含水量增大而增加，因此灰绿色或灰绿夹棕色硬黏土的体缩率普遍高于其他类型的硬黏土。强烈的体缩将导致表层开裂，形成密集的收缩裂隙，为雨水的渗透及水岩相互作用提供条件（表 1-6）。

新近系硬黏土胀缩性测试结果统计表　　　　　　表 1-6

地区	硬黏土类型	垂直线缩率（%）	水平线缩率（%）	体缩率（%）	自由膨胀率（%）	干燥饱和吸水率（%）	天然状态		风干状态	
							无荷膨胀量（%）	膨胀力（MPa）	无荷膨胀量（%）	膨胀力（MPa）
南阳盆地	三趾马红土	2.4～8.0 (2.54)	3.68～5.79 (4.62)	9.45～16.81 (13.21)	65～105 (82.14)	51.7～63.69 (56.98)	—	—	40.0～55.75 (48.8)	0.4～0.9 (0.68)
	褐黄色硬黏土	2.3～7.22 (4.63)	2.51～7.05 (4.87)	8.57～19.85 (12.24)	40～100 (70.63)	38.27～65.5 (49.21)	1.15～16.1 (5.60)	0.05～0.15 (0.09)	15.7～67.3 (39.83)	0.25～1.7 (0.75)
	灰绿色硬黏土	3.07～7.601 (6.07)	4.0～7.71 (6.15)	9.15～22.8 (16.70)	48.0～118 (83.55)	40.4～73.76 (53.72)	2.56～19.4 (10.19)	0.06～0.35 (0.173)	41.65～72.1 (59.45)	1.0～2.10 (1.73)
方城—宝丰褐	黄色硬黏土	1.16～6.66 (3.56)	1.46～5.67 (3.18)	4.20～20.12 (11.57)	35.0～73.0 (54.25)	36.94～83.9 (48.6)	7.95～30.1 (17.06)	0.15～1.3 (0.34)	25.08～52.8 (41.45)	0.35～1.4 (0.71)
	灰绿色硬黏土	1.57～11.5 (5.76)	1.19～10.12 (5.61)	6.08～27.85 (16.41)	40.0～83.0 (65.65)	37.6～96.9 (52.25)	5.2～25.65 (14.74)	0.15～0.275 (0.196)	47.9～82.9 (63.07)	0.5～2.30 (1.40)
邯郸—永年	紫褐色硬黏土	0.8～5.0 (3.28)	1.84～5.95 (2.09)	4.4～17.4 (10.34)	45.0～70.0 (56.67)	23.84～52.6 (41.49)	1.25～8.6 (4.9)	0.1～0.15 (0.125)	20.6～-60.66 (42.7)	0.7～1.6 (1.24)
	灰绿夹棕色硬黏土	7.0～10.25 (8.26)	6.19～9.09 (7.78)	10.90～20.3 (15.73)	67.0～0.81 (0.72)	44.3～68.7 (52.79)	4.95～6.70 (5.83)	0.075～0.125 (0.10)	50.4～-72.90 (57.95)	1.20～1.90 (1.52)

注：1. 括号内数据为平均值。

3）硬黏土的强度特性

新近系硬黏土因受含水量高、密度低、黏粒含量高和未明显成岩等因素控制，而具有强度低和变形显著的特征。对于裂隙化硬黏土来说，由于裂隙的复杂性及其对硬黏土变形破坏的控制作用，因而成为工程上极难对付且常引起工程问题的地质介质。在多数情况下，裂隙频度、产状的变化既有一定的规律性，又存在随机变化的特点。此外，硬黏土的性质又极易受到环境条件（如荷载、围压、湿度、温度等）变化的影响，使裂隙化硬黏土实际抗剪强度的测定和评价变得十分复杂。

新近系硬黏土的力学性质测试结果　　　　　　　　　　　表 1-7

地区	硬黏土类型	黏聚力（MPa）	内摩擦角（°）	残余强度黏聚力(MPa)	残余强度摩擦角(°)	变形模量（MPa）	纵波速度（m·s^{-1}）	横波波速（m·s^{-1}）
南阳盆地	三趾马红土	0.02	11.4	—	—	49.0~71.0 (58.42)	—	—
	褐黄色硬黏土	0.02~0.05 (0.03)	6.7~16.0 (11.07)			40.0~75.85 (55.23)	—	—
	灰绿色硬黏土	0.03~0.05 (0.037)	10.2~13.0 (11.20)			50.0~89.17 (68.17)	—	—
方城—宝丰	黄色硬黏土	0.02	13.0			41.38~58.9 (52.64)		
	灰绿色硬黏土	0.01~0.06 (0.03)	11.4~16.3 (12.97)			52.49~101.1 (68.08)		
邯郸—永年	紫褐色硬黏土	0.06~0.07 (0.065)	19.3~20.8 (20.05)			33.57~45.07 (39.32)	1762~2016 (1920)	377~564 (467)
		0.085~0.205* (0.1285)	27.0~38.5* (31.25)	0.006~0.015 (0.013)	17.5~25 (21.25)			
	灰绿夹棕色硬黏土	0.02~0.05 (0.03)	17.8~21.2 (19.8)			2.54~19.66 (11.11)	914~1294 (1104)	269~273 (271)
		0.046~0.07* (0.055)	21.6~22.0* (21.8)	0~0.01 (0.006)	12.0~17.0 (14.28)			

备注：1. 括号内数据为平均值。

　　　2. 带"*"者为直剪试验结果，其余为三轴剪试验结果。

　　　3. 变形模量是围压为 0MPa 条件下的结果。

（1）硬黏土的抗剪强度

硬黏土的抗剪强度通常可以通过现场大尺寸原位中型剪试验、小试样的三轴试验和直剪试验等途径进行研究。由于中国东部大部分地区的新近系硬黏土出露少且多数埋深较大，因此只能借助钻孔样品采用天然样在室内三轴试验来获取其抗剪强度。

三轴试验通常可处于与工程相近的三向受力状态，易于反映土体不连续性和各向异性。三轴固结不排水剪切试验（原状样直径为 50mm，高度为 100mm）结果表明，几种新近系硬黏土的强度均较低（表 1-7），同一地区褐黄、紫褐色硬黏土的抗剪强度明显高于灰绿色或灰绿夹棕色硬黏土，这主要是由硬黏土的湿度、密度、物质组成、胶结作用及裂隙发育程度等的差异造成的，邯郸—永年地区的硬黏土因含水量低、密度高，其强度明显加大。同时，同一类型硬黏土可能由于不同试样裂隙密度、产状的差异而出现抗剪强度值差异很大，因而其试验结果具有一定的分散性。

（2）硬黏土的残余强度

残余强度一般代表土体结构强烈破坏或大变形后的强度。在滑坡、土坝、路堤和开挖边坡的长期稳定分析中，残余强度 c_r、φ_r 值常作为设计的重要参考。邯郸—永年地区紫褐色硬黏土的 φ_r 值为 $17.5° \sim 25.0°$，平均 $21.25°$，比峰值强度降低了 32%；c_r 值很低，为 $0.006 \sim 0.015$MPa，平均 0.013MPa。灰绿夹棕色硬黏土的 φ_r 值为 $12.0° \sim 17.0°$，平均 $14.08°$，比峰值强度降低了 35.4%；c_r 值为 $0 \sim 0.01$MPa，平均 0.005MPa，几乎接近于 0（表 1-7）。

第二章 硬黏土的勘察与评价

硬黏土作为岩土体种类之一，既有与一般土体相近的常规性，又有其特殊性。在对硬黏土进行勘察与评价时，既要抓住其常规性，采用常规的勘察、测试以及试验手段对其进行评价，又要重视其特殊性，有针对性地进行相应的勘察、测试和试验，进行重点评价。

硬黏土的勘察阶段划分与常规土体相近，但每个勘察阶段的目的不同，不同勘察阶段有可能根据工程实际情况合并进行。此外，针对硬黏土地区的基坑工程、水利工程以及抗浮工程，往往需进行专项勘察工作。

第一节 硬黏土地区勘察阶段

硬黏土地区的岩土工程勘察一般可分为可行性研究勘察、初步勘察、详细勘察阶段、施工勘察。对场地面积较小、地质条件简单或有建设经验的地区，在工程没有特殊要求的情况下，也可以直接进行详细勘察。对地形、地质条件复杂或由于硬黏土的特性导致大量建筑物破坏的地区，应进行施工勘察等专门性的勘察工作。

一、硬黏土地区可行性研究勘察

可行性研究勘察开展于项目初期，其目的是对拟建场址的稳定性和适宜性作出初步评价。可行性研究阶段勘察的主要工作包括下列内容：

1）搜集区域地质资料，包括土的地质时代、成因类型、地形形态、地层和构造。了解原始地貌条件，划分地貌单元。

2）采取适量原状土样和扰动土样，分别进行室内土工试验，初步判定场地内有无膨胀土等。

3）调查场地内不良地质作用的类型、成因和分布范围。

4）调查地表水集聚、排泄情况，以及地下水类型、水位及其变化幅度。

5）收集当地不少于10年的气象资料，包括降水量、蒸发力、干旱和降水持续时间以及气温、地温等，了解其变化特点。

6）调查当地建筑经验，对地基导致破坏的建筑物进行研究分析。

二、硬黏土地区初步勘察

初勘常在场址经确定后进行。初步勘察主要对场地内各建筑地段的稳定性做出评价，其任务之一就在于查明建筑场地不良地质现象的成因、分布范围、危害程度及其发展趋势，以便使场地主要建筑物的布置避开不良地质现象发育的地段，为建筑总平面布置提供依据。

针对膨胀性硬黏土，初步勘察应确定膨胀土的胀缩等级，并对场地的稳定性和地质条件作出评价，为确定建筑总平面布置、主要建筑物地基基础方案和预防措施，以及不良地质作用的防治提供资料和建议，同时应包括下列内容：

1）工程地质条件复杂且已有资料不满足设计要求时，应进行工程地质测绘；

2）查明场地内滑坡、地裂等不良地质作用，并评价其危害程度；

3）预估地下水位季节性变化幅度和对地基土胀缩性、强度等性能的影响；

4）采取原状土样进行室内基本物理力学性质试验、收缩试验、膨胀力试验和 50kPa 压力下的膨胀率试验，判定有无膨胀土及其膨胀潜势，查明场地膨胀土的物理力学性质及地基胀缩等级。

三、硬黏土地区详细勘察

硬黏土地区详细勘察应查明各建筑物地基土层分布及其物理力学性质和胀缩性能，并应为地基基础设计、防治措施和边坡防护，以及不良地质作用的治理提供详细的工程地质资料和建议，同时应包括下列内容：

1）采取原状土样进行室内试验，膨胀性硬黏土应进行 50kPa 压力下的膨胀率试验、收缩试验及其资料的统计分析，确定建筑物地基的胀缩等级；

2）膨胀性硬黏土进行室内膨胀力、收缩和不同压力下的膨胀率试验；

3）根据硬黏土特性，对于地基基础设计等级为甲级和乙级中有特殊要求的建筑物，应进行现场浸水载荷试验；

4）根据硬黏土特性，对地基基础设计和施工方案、不良地质作用的防治措施等提出建议。

四、硬黏土地区施工勘察

施工勘察就是对岩土技术条件复杂或有特殊使用要求的建筑物地基，需要在施工过程中实地检验、补充或在基础施工中发现地质条件有变化或与勘察资料不符时进行的补充勘察。并非所有的工程都需要进行施工勘察，一般是出现下列情况时应进行施工勘察：

1）在复杂地基上修建重要建筑物时；

2）基槽开挖后，地质条件与原勘资料不符，有可能要做较大设计修改时；

3）深基坑施工设计及施工中需要进行测试工作时；

4）选择地基处理加固方案，需进行设计和检验工作时；

5）需进一步查明及处理地基中出现的不良地质现象，如土洞、溶洞等；

6）对施工出现的边坡失稳等地质问题需进行观察与处理时。

根据上述情况，施工勘察的工作内容和要求主要是配合施工的基槽检验工作；配合深基础施工勘察；地基处理、加固。

第二节　硬黏土地区专项勘察

一、硬黏土地区地下抗浮工程的勘察

由于硬黏土具备的微透水性，导致硬黏土地层中的地库排水不畅，极易形成地下水汇集，地库周边地下水位上升，从而导致地库破坏。因此，为做到前期预防，并为抗浮设计提供有效依据，可针对硬黏土进行专项抗浮工程勘察[8]。

1. 一般要求

1) 抗浮工程勘察宜与设计阶段相适应的场地岩土工程勘察结合开展。当水文地质条件复杂且岩土工程勘察成果不能满足抗浮设计和施工要求时，应进行抗浮工程专项勘察。

2) 抗浮工程勘察应根据工程特点、工程地质和水文地质条件，在收集资料的基础上，采用调查与测绘、物探、钻探和监测等综合勘察手段，查明和评价拟建场地的水文地质及环境特征，分析地下水变化规律，提供抗浮工程设计与施工所需资料及参数。

3) 场地水文地质条件的复杂程度宜按表 2-1 确定。

水文地质条件复杂程度　　　　　　　　　　　　　　　　　　　　　　　表 2-1

复杂程度	水文地质特征
复杂	地质构造复杂，含水层岩性多样，含水层厚度和层面坡度变化大，含水层水力联系不明晰，地下水的补给、径流和排泄条件复杂，地下水动态变化规律不明确
中等	地质构造较复杂，地下水类型较多，含水层岩性多样，厚度和层面坡度变化较大，不同含水层水力联系密切，地下水的补给、径流和排泄条件基本明确，地下水动态变化规律基本明确
简单	地质构造简单，地下水类型单一，含水层岩性单一，厚度和层面坡度变化不大稳定，地下水的补给、径流和排泄条件明确，具有多年地下水动态变化资料

4) 抗浮工程勘察期间，地下水位测量极其关键。当遇有多层地下水影响时，应分层量测地下水位，量测前应采取止水措施隔离被测含水层与其他含水层，必要时应量测孔隙水压力。

5) 地下水试样的采取和分析应符合现行国家标准《岩土工程勘察规范》GB 50021 的有关规定。

6) 水文地质条件复杂或抗浮设计等级为甲级的地下结构应进行地下水动态监测。已建立地下水动态监测网的地区，可利用区域地下水动态监测成果对场地进行评价。地下水动态监测时间不应少于一个水文年，必要时可延长至建（构）筑物的使用期。

7) 抗浮工程专项勘察除符合现行国家标准《岩土工程勘察规范》GB 50021、《高层建筑岩土工程勘察标准》JGJ/T 72[9]的有关规定外，尚应符合下列规定：

（1）勘察前主要收集下列资料：

① 场地已有岩土工程勘察资料；

② 附有地形图、钻孔放样及高程测量依据的建筑总平面图；

③ 设计单位提出的拟建物抗浮勘察技术要求；

④ 场地及其附近已有的水文地质和工程地质资料，地下水动态观测资料；

⑤ 建设单位提供的地下管线、地下构筑物及地下障碍物埋深等基础性资料；

⑥ 场地现状、周边环境及用电、用水等施工条件。

（2）应根据拟建工程的设计阶段、拟建物特点和抗浮设计等级，结合场地水文地质条件的复杂程度、地下水类型、岩土体的渗透性等级及地区经验确定勘察技术方法和勘察工作量；

（3）勘察成果应包括下列内容：

① 区域性气象与水文资料，以及地下水监测资料分析；

② 地下水类型、水位、水量和水质等，调查地下水位的季节和多年动态变化规律，

近 3~5 年的最高地下水位和历史最高地下水位；

③ 含水层和隔水层的埋藏条件、分布规律及其渗透性和富水性，裂隙水层的裂隙性质、空间分布特征及连通状况；

④ 地下水补给与排泄条件、与地表水的水力联系，水位变化主要影响因素及趋势的分析和评价；

⑤ 根据场地所处地貌单元、地层结构、地下水类型和地下水位动态变化规律，对地下结构全寿命期内可能遇到的最高水位进行预测，提供抗浮工程设计所需的各地层参数；

⑥ 分析预测工程活动对地下水位变化的影响，预测和评价地下水位变化对场地和地基稳定性、地基承载力、地下结构及周边环境等可能产生的工程危害，并提出防治措施和建议；

⑦ 根据地下水位变化和抗浮设计等级总体或分区提供抗浮设防水位的建议。

⑧ 勘探结束后应根据现行行业标准《建筑工程地质勘探与取样技术规程》JGJ/T 87 [10] 的规定对钻孔进行回填封闭。

⑨ 抗浮工程勘察成果应符合现行国家标准《岩土工程勘察规范》GB 50021、现行行业标准《高层建筑岩土工程勘察标准》JGJ/T 72 和现行行业标准《建筑工程抗浮技术标准》JGJ 476 的有关规定。

2. 钻探与测试

钻探和测试项目应根据工程建设需要，结合场地水文地质条件、试验目的等因素综合确定，并符合下列规定：

1）测试内容主要包括抽水试验、注水试验、压水试验、渗水试验、连通试验、放射性同位素测试、地下水位量测、孔隙水压力量测、地下水化学分析等；

2）水文地质参数及测定方法宜按表 2-2 执行。

水文地质参数测定方法 表 2-2

参数	测定方法
水位	钻孔、探井或测压管观测
渗透系数、导水系数	抽水试验、注水试验、压水试验、室内渗透试验
给水度、释水系数	单孔抽水试验、非稳定流抽水试验、地下水位长期观测、室内试验
越流系数、越流因数	多孔抽水试验(稳定流或非稳定流)
单位吸水率	注水试验、压水试验
毛细水上升高度	试坑观测、室内试验
透水率	可采用压水试验测定，必要时应进行高压压水试验

3）地下水位可在钻孔、探井或测压管内直接量测，并应符合下列规定：

（1）遇地下水时应量测初见水位、稳定水位，量测允许误差为 20mm；

（2）稳定水位应在揭露含水层后水位稳定时量测，对黏性土间隔时间不得少于 24h。

4）地下水流向可采用几何法三角形布设并应同时测定，测点不应少于 3 个，测点间距根据岩土的渗透性、水力梯度和地形坡度确定；

5）地下水的流速可采用指示剂法或充电法量测；

6）孔隙水压力量测应根据勘察目的和地层条件选定方法，量测瞬时孔隙水压力和动态变化时，应选用反应灵敏的仪器和方法；

7）测试数据应及时整理和分析，出现异常时应查明原因，并采取相应的处置措施。

3. 勘察报告

抗浮工程专项勘察成果报告除满足一般要求外，还包括下列内容：

1）场地地形、地貌及地层结构；

2）场地水文地质条件，包括地下水类型、埋藏条件、水位及其动态变化规律；

3）分析评价地下水对建（构）筑物的作用和影响，预测地下水位变化可能产生的危害；

4）提供抗浮设防水位建议值和抗浮设计有关的岩土参数；

5）对可能的抗浮设计方案和措施进行分析评价，对抗浮方案提出建议；

6）对于城市中的低洼地区，应考虑暴雨形成水涝，若地下结构正值雨期施工，整个基坑可能遭遇全部被淹，此工况下，抗浮设防水位应取室外地坪高程。

二、硬黏土地区基坑工程的勘察

硬黏土由于抗剪强度指标较高，往往被认为是基坑工程开挖的有利地层，但由于硬黏土常具有胀缩性，开挖遇水后，强度急剧降低，从而造成基坑破坏。此外，基坑工程与地基基础工程区别较大，对土体评价的侧重点不同，所以硬黏土常需进行基坑工程专项勘察。

基坑支护勘察除应提供土层分布、参数等以外，还应提供场地内滞水、潜水、裂隙水以及承压水等的有关参数，包括埋藏条件、地下水位、土层的渗流特性及产生管涌、流砂的可能性。当地下水有可能与邻近地表水体沟通时，应查明其补给条件、水位变化规律。当基坑坑底以下有承压水时，应测量其水头高度和含水层界面。对于开挖过程中需要进行降压降水的基坑工程，为了解和控制承压水降压降水可能引起的坑外土体沉降，应开展必要的承压水抽水试验工作。当地下水有腐蚀性时，应查明其污染源和地下水流向[11]。

勘察应提供基坑及围护墙边界附近场地填土、暗浜及地下障碍物等不良地质现场的分布范围与深度，并反映其对基坑的影响情况。常见的地下障碍物有：回填的工业或建筑垃圾；原有建筑物的地下室、浅基础或桩基础；废弃的人防工程、管道、隧道、风井等。

1. 一般规定

1）硬黏土地区深基坑工程的岩土工程勘察主要为深基坑开挖和支护提供地质、水文依据，一般情况下可结合主体结构勘察同时进行或包含在主体结构勘察中。当已有勘察资料不能满足基坑支护设计与施工要求时，应进行专项勘察。

2）在硬黏土地区深基坑工程的岩土工程勘察前，需取得以下资料：

（1）标有用地红线、地下室轮廓线、地面标高及周边现状的总平面图；

（2）拟建建筑物的结构类型、基础形式、开挖深度及施工方法等。

3）硬黏土地区深基坑工程的岩土工程勘察应查明下列问题：

（1）基坑及周边场地的硬黏土的分布及其物理力学性质；

（2）硬黏土是否具有胀缩性、剪胀性等不良性质；

（3）场地内是否存在废旧建筑物基础、废弃管线、洞穴、人防以及其他废弃结构物；

（4）地下水类型、水位、承压性、水量、补给来源、水位变化幅度及其渗透性。

2. 钻探与测试

1）勘察范围应根据开挖深度及场地的岩土工程条件确定，并宜在开挖边界外，开挖深度的2～3倍范围内布置勘探点；当用地红线外无法布置勘探点时，应通过调查取得相应资料，包括原始地貌、新近回填土情况等。钻孔布置范围应满足锚杆、土钉设计与施工对岩土特性了解的要求。

2）基坑周边勘探点的深度应根据基坑支护结构设计要求确定，不宜小于2倍开挖深度，在古河道及河漫滩地貌单元不宜小于3倍开挖深度，或进入中风化不小于1.5m，对极软岩不宜小于3.0m。勘探孔应穿越有承压水的透水层。

3）勘探点间距应视地层条件而定，宜为15～30m，地层变化较大时，应增加勘探点，查明分布规律。

4）取样数量应满足每一土、岩层的原状试样不少于6组（个）。

5）勘探方法主要采用钻探，必要时可补以坑探和物探。对于硬黏土宜作静力触探或标准贯入试验。

6）土的室内试验项目，一般做常规物理力学指标试验，此外，还应进行自由膨胀率和膨胀力试验。试验的重点项目包括：重度、含水量、剪切试验。剪切试验的方法应与分析计算的方法配套，可作直接剪切试验和三轴剪切试验。

7）场地的地下水勘察应达到以下要求：

（1）查明开挖范围及邻近场地地下水含水层和隔水层的层位、埋深和分布情况，查明各含水层（包括上层滞水、潜水、承压水）的补给条件和水力联系；

（2）测量场地各含水层的渗透系数和渗透影响半径，必要时进行抽水试验或压水试验；

（3）分析施工过程中水位变化对支护结构和基坑周边环境的影响，提出应采取的措施。

3. 勘察报告

深基坑工程的岩土工程勘察报告的内容，除应符合一般要求外，尚应包括下列内容：

1）提供基坑支护设计所需的参数指标；

2）提供沿基坑每一侧边的地质剖面图；

3）如场地开阔，应提供自然放坡的坡率建议值；

4）评价地下水对基坑开挖、支护的影响以及基坑开挖、支护、降水、回灌对周边环境的影响；

5）对施工过程中形成基坑潜在破坏的可能性进行评价并提出预防措施。对膨胀土，应提供膨胀潜势和胀缩等级并论证其不良性质对基坑的影响，并提出相应措施；

6）如表层土为回填场地，应描述场地的原始地形地貌，回填土的回填年代及性状。

三、硬黏土地区的水利（渠道）工程的勘察

水利工程，尤其是渠道工程，往往线路长，跨度大，涉及地域广泛；工程竣工后，硬黏土地基在近水环境下，极容易发生胀缩，从而影响工程的使用。例如目前在建的"引江济淮"工程，相当多的区域会涉及膨胀性硬黏土。因此，对硬黏土地区的水利（渠道）工程进行专项勘察显得尤为重要[12]。

1. 一般规定

1）硬黏土地区的渠道勘察应包括以下内容：

（1）查明渠道沿线地层岩性，重点是膨胀土等工程性质不良岩土层的分布和性状。

（2）查明渠道沿线冲洪积扇、滑坡、崩塌、泥石流、新生冲沟等的分布、规模和稳定条件，并评价其对渠道的影响。

（3）查明渠道沿线含水层和隔水层的分布，地下水补排关系和水位，特别是强透水层和承压含水层等对渠道渗漏、涌水、渗透稳定性、浸没、沼泽化、湿陷等的影响及其对环境水文地质条件的影响。

（4）查明渠道沿线地下采空区和隐藏喀斯特洞穴塌陷等形成的地表移动盆地，地震塌陷区的分布范围、规模和稳定状况，并评价其对渠道的影响。对于穿越城镇、工矿区的渠段，还应探明地下建筑物及地下管线的分布。

（5）查明傍山渠道沿线不稳定山坡的类型、范围、规模等，评价其对渠道的影响。

（6）查明深挖方和高填方渠段渠坡和地基岩土性质与物理力学参数及其承载能力，评价其稳定性。

（7）进行渠道工程地主分段，提出各段岩土体的物理力学参数和开挖渠坡坡比建议值，进行工程地质评价，并提出工程处理措施和建议。

2）渠道与渠系建筑物的勘察方法应符合下列规定：

（1）工程地质测绘应符合下列规定：

① 工程地质测绘比例尺：渠道可选用 1：5000～1：1000，渠系建筑物可选用 1：2000～1：500。

② 工程地质测绘范围应包括渠道两侧各 200～1000m 地带，当有局部线路调整、弃土场、移民等要求时，可适当加宽；渠系建筑物测绘范围应包括建筑物边界线外 200～300m 地带，并应包括含有配套建筑物和设计施工要求的地段。

（2）宜采用物探方法探测覆盖层厚度、岩体风化程度、地下水位、古河道、隐伏断层等。

2. 钻探与测试

1）钻探应符合下列规定：

（1）渠道中心线应布置勘探剖面，勘探点间距 200～500m；各工程地质单元（段）均应布置勘探横剖面，横剖面间距宜为渠道中心线钻孔间距的 2～3 倍，横剖面长不宜小于渠道顶开口宽度的 2～3 倍，每条横剖面上的勘探点数不应少于 3 点。钻孔深度宜进入渠道底板下 5～10m。

（2）渠系建筑物应布置纵横勘探剖面，钻孔应结合建筑物基础形式布置。采用桩（墩）基的渡槽，每个桩（墩）位至少应有 1 个钻孔，桩基孔深应进入桩端以下 5m，墩基孔深宜进入墩基以下 10～20m；倒虹吸轴线钻孔间距宜为 40～100m，横剖面间距宜为轴线钻间距的 2～4 倍，钻孔深度宜进入建筑物底板下 10～20m。

2）岩土测试应符合下列规定：

（1）渠道每一工程地质单元（段）和渠系建筑物地基，每一岩土层均应取原状样进行室内物理力学性质试验。每一主要岩土层试验累计有效组不应少于 12 组。

（2）各土层应结合钻深选择适宜的原位测试方法。

（3）特殊性岩土应取样进行特殊性试验。

3）水文地质试验应符合下列规定：

（1）可能存在渗漏、基坑涌水问题的渠段，应进行抽（注）水试验。对于强透（含）水层，抽（注）水试验不应小于3段。

（2）渠道底部和建筑物岩石地基应进行钻孔压水试验。

（3）根据需要可布置地下水动态观测。

4）对渠道沿线的地下采空区，应充分收集矿区开采资料；调查地表移动盆地的分布范围、规模、变形发展与稳定情况，根据需要可进行勘探验证和布置变形监测网。

3. 勘察报告

渠道工程地质条件应包括基本地质条件、地下水源水文地质条件、渠道及渠系建筑物工程地质条件、物理力学参数、主要水文地质、工程地质问题评价及处理措施建议。

第三节　硬黏土室内试验

除常规土工试验以外，硬黏土一般仍需进行胀缩性试验、超固结性试验、剪胀性试验以及流变性试验及评价。

一、胀缩性试验

表征硬黏土膨胀性的指标主要有膨胀率、自由膨胀率、膨胀力和膨胀含水率[13]。

1. 自由膨胀率试验

自由膨胀率试验可用于判定黏性土在无结构力影响下的膨胀潜势。

1）试验仪器设备

（1）玻璃量筒：容积应为50mL，最小分度值应为1mL。容积和刻度应经过校准；

（2）量土杯：容积应为10mL，内径应为20mm；

（3）无颈漏斗：上口直径应为50～60mm，下口直径应为4～5mm；

（4）搅拌器：应由直杆和带孔圆盘构成，圆盘直径应小于量筒直径2mm，盘上孔径宜为2mm（图2-1）；

（5）天平：最大称量应为200g，最小分度值应为0.01g；

（6）应选取的其他试验仪器设备包括平口刮刀、漏斗支架、取土匙和孔径0.5mm的筛。

2）试验方法与步骤

（1）用四分对角法取代表性风干土100g，碾细并全部过0.5mm筛，石子、姜石、结核等应去除，将过筛的试样拌匀，在105～110℃下烘至恒重，在干燥器内冷却至室温。

（2）将无颈漏斗放在支架上，漏斗下口应对准量土杯中心并保持10mm距离，用取土匙取适量试样倒入漏斗中，倒土时匙应与漏斗壁接触，且应靠近漏斗底部，应边倒边用细铁丝轻轻搅动，并应避免漏斗堵塞。当试样装满

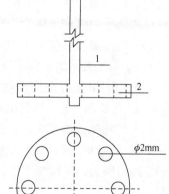

图2-1　搅拌器示意图

1—直杆；2—圆盘

量土杯并开始溢出时，应停止向漏斗倒土，移开漏斗刮去杯口多余的土。

（3）将量土杯中试样倒入匙中，再次将量土杯置于漏斗下方，将匙中土按上述方法倒入漏斗，使其全部落入量土杯中，刮去多余土后称量量土杯中试样质量。本步骤应进行两次重复测定，两次测定的差值不得大于 0.1g；应在量筒内注入 30mL 纯水，并加入 5mL 浓度为 5% 的分析纯氯化钠溶液。

（4）将量土杯中试样倒入量筒内，用搅拌器搅拌悬液，上近液面，下至筒底，上下搅拌各 10 次，用纯水清洗搅拌器及量筒壁，使悬液达 50mL；待悬液澄清后，应每隔 2h 测读一次土面高度（估读 0.1mL。直至两次读数差值不大于 0.2mL，可认为膨胀稳定，土面倾斜时，读数可取其中值，图 2-2 为量样装置）。

按下式计算自由膨胀率。

$$\delta_{ef} = \frac{v_w - v_0}{v_0} \times 100\% \qquad (2-1)$$

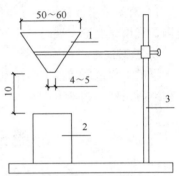

图 2-2　量样装置（单位：mm）
1—无颈漏斗；2—量土杯；3—支架

式中　δ_{ef}——膨胀土的自由膨胀率（%）；

　　　v_w——土样在水中膨胀稳定后的体积（mL）；

　　　v_0——土样原始体积（mL）。

2. 膨胀率与膨胀力试验

不同压力下的膨胀率及膨胀力试验可用于测定有侧限条件下原状土或扰动土样的膨胀率与压力之间的关系以及土样在体积不变时由于膨胀产生的最大内应力。

1）不同压力下的膨胀率及膨胀力试验仪器设备要求

（1）压缩仪试验前应校准仪器在不同压力下的压缩量和卸荷回弹量；

（2）试样面积为 3000mm² 或 5000mm² 时，高应为 20mm；

（3）百分表最大量程应为 5~10mm，最小分度值应为 0.01mm；

（4）环刀面积为 3000mm² 或 5000mm² 时，高应为 25mm；

（5）天平最大称量应为 200g，最小分度值应为 0.01g；

（6）推土器直径应略小于环刀内径，高度应为 5mm。

2）不同压力下的膨胀率及膨胀力试验方法与步骤

（1）用内壁涂薄层润滑油带有护环的环刀切取代表性试样，由推土器将试样推出 5mm，削去多余的土，称其重量准确至 0.01g，测定试前含水量。

（2）按压缩试验要求，将试样装入容器内，放入干透水石和薄型滤纸，调整杠杆使之水平，加 1~2kPa 的压力（保持该压力至试验结束，不计算在加荷压力之内），并加 50kPa 瞬时压力，使加荷支架、压板、试样和透水石等紧密接触，调整百分表，并记录初读数。

（3）对试样分级连续在 1~2min 内施加所要求的压力，施加的压力可根据工程的要求确定，但应略大于试样的膨胀力。当要求的压力大于或等于 150kPa 时，可按 50kPa 分级；当压力小于 150kPa 时，可按 25kPa 分级；压缩稳定的标准应为连续两次读数差值不超过 0.01mm。

（4）向容器内自下而上注入纯水，使水面超过试样上端面约 5mm，并应保持至试验终止。待试样浸水膨胀稳定后，应按加荷等级分级卸荷至零；试验过程中每退一级荷重，应相隔 2h 测记一次百分表读数。当连续两次读数的差值不超过 0.01mm 时，可认为在该级压力下膨胀达到稳定，但每级荷重下膨胀试验时间不应少于 12h。

（5）试验结束后应吸去容器中的水，取出试样称量，准确至 0.01g。将试样烘至恒重，在干燥器内冷却至室温，称量并计算试样的试验后含水量、密度和孔隙比。

3）不同压力下的膨胀率及膨胀力试验资料的整理和校核（图 2-3）

（1）各级压力下的膨胀率

$$\delta_{epi} = \frac{z_p + z_{cp} - z_0}{h_0} \times 100\% \tag{2-2}$$

式中　δ_{epi}——某级荷载下膨胀土的膨胀率（%）；

　　　z_p——在一定压力作用下试样浸水膨胀稳定后百分表的度数（mm）；

　　　z_{cp}——在一定压力作用下，压缩仪卸荷回弹的校准值（mm）；

　　　z_0——试样压力为零时百分表的初始读数（mm）；

　　　h_0——试样加荷前的原始高度（mm）。

（2）试样的试后孔隙比

$$e = \frac{\Delta h_0}{h_0}(1 + e_0) + e_0 \tag{2-3}$$

$$\Delta h_0 = z_{p0} + z_{c0} - z_0 \tag{2-4}$$

式中　e——试样的试后孔隙比；

　　　Δh_0——卸荷至零时试样浸水膨胀稳定后的变形量（mm）；

　　　z_{p0}——试样卸荷至零时浸水膨胀稳定后百分表读数（mm）；

　　　z_{c0}——为压缩仪卸荷至零时的回弹校准值（mm）；

　　　e_0——试样的初始孔隙比。

（3）计算的试后孔隙比与实测值之差不应大于 0.01。

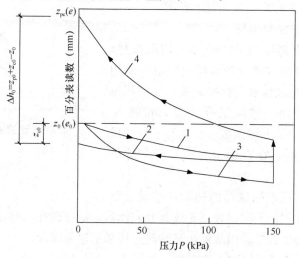

图 2-3　Δh_0 计算示意图

1—仪器压缩校准曲线；2—仪器回弹校准曲线；

3—土样加荷压缩曲线；4—土样浸水卸荷膨胀曲线

（4）应以各级压力下的膨胀率为纵坐标，压力为横坐标，绘制膨胀率与压力的关系曲线，该曲线与横坐标的交点为试样的膨胀力（图2-4）。

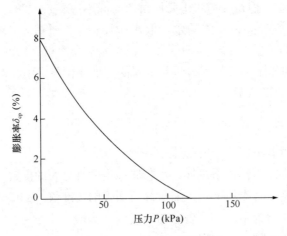

图 2-4　膨胀率—压力曲线示意

3. 收缩试验

收缩试验可用于测定黏性土样的线收缩率、收缩系数等指标。

1）收缩试验的仪器设备及要求

（1）收缩试验装置的测板直径应为 10mm，多孔垫板直径应为 70mm，板上小孔面积应占整个面积的 50％以上；

（2）环刀面积为 3000mm² 时，高应为 20mm；

（3）推土器直径应为 60mm，推进量应为 21mm；

（4）天平最大称量应为 200g，最小分度值应为 0.01g；百分表最大量程应为 5mm，最小分度值应为 0.01mm。图 2-5 为收缩试验装置示意图。

2）收缩试验的方法与步骤

（1）用内壁涂有薄层润滑油的环刀切取试样，用推土器从环刀内推出试样（若试样较松散应采用风干脱环法），立即把试样放入收缩装置，使测板位于试样上表面中心处；称取试样重量，准确至 0.01g；调整百分表，记下初读数。在室温下自然风干，室温超过 30℃ 时，宜在恒温（20℃）条件下进行。

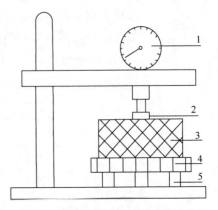

图 2-5　收缩试验装置示意图
1—百分表；2—测板；3—土样；
4—多孔垫板；5—垫板

（2）试验初期，应根据试样的初始含水量及收缩速度，每隔 1～4h 测记一次读数，先读百分表读数，后称试样的重量；称量后，应将百分表调回至称重前的读数处。因故停止试验时，应采取措施保湿。

（3）两日后，应根据试样收缩速度，每隔 6～24h 测读一次，直至百分表读数小于 0.01mm。

（4）试验结束，应取下试样，称量，在 105～110℃下烘至恒重，称干土重量。

3）收缩试验资料整理及计算

（1）试样含水量

$$w_i = \left(\frac{m_i}{m_d} - 1\right) \times 100\%$$　　　　　　　（2-5）

式中　w_i——对应的试样含水量（%）；

　　　m_i——某次称得的试样重量（g）；

　　　m_d——试样烘干后的重量（g）。

（2）竖向线缩率

$$\delta_{si} = \frac{z_i - z_0}{h_0} \times 100\%$$　　　　　　　（2-6）

式中　δ_{si}——与 z_i 对应的竖向线缩率（%）；

　　　z_i——某次百分表读数（mm）；

　　　z_0——百分表初始读数（mm）；

　　　h_0——试样原始高度（mm）。

（3）以含水量为横坐标、竖向线缩率为纵坐标，绘制收缩曲线图；应根据收缩曲线确定下列各指标值（图 2-6）：

① 竖向线缩率，按式（2-6）计算；

② 收缩系数，按式（2-7）计算：

$$\lambda_s = \frac{\Delta\delta_s}{\Delta w}$$　　　　　（2-7）

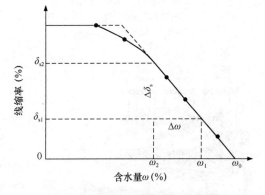

式中　$\Delta\delta_s = \delta_{s2} - \delta_{s1}$；$\Delta w = w_1 - w_2$；

　　　λ_s——膨胀土的收缩系数；

　　　$\Delta\delta_s$——收缩过程中直线变化阶段与两点含水量之差对应的竖向线缩率之差（%）；

　　　Δw——收缩过程中直线变化阶段两点含水量之差（%）。

图 2-6　收缩率与含水率关系曲线

（4）收缩曲线的直线收缩段不应少于三个试验点数据，不符合要求时，应在试验资料中注明该试验曲线无明显直线段。

二、超固结性试验

固结试验是指测定硬黏土试样在侧限的条件下加压的压缩试验。将试样在侧限和容许轴向排水的容器中逐渐增加压力，测定压力和试样变形或孔隙比的关系，变形和时间的关系，以便计算土的单位沉降量、压缩系数、压缩指数、回弹指数、压缩模量、固结系数及原状土的前期固结压力等。测定项目视工程需要而定。有常规固结试验、快速固结试验、高压固结试验和连续加荷固结试验，包括等应变速率固结试验、等速加荷固结试验、等梯度固结试验等。

1. 固结试验的仪器设备

目前常用的压缩试验仪分杠杆加压式和磅秤式两种。试验常用杠杆加压式（图 2-7）。

常用固结仪型号为 WG 系列三联固结仪（图 2-8）和 GDG-4S 三联高压固结仪（图 2-9）。

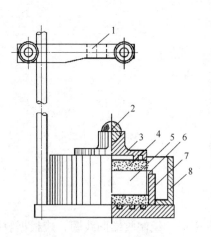

图 2-7　固结仪示意图

图 2-8　WG 系列三联固结仪

1—量表架；2—钢珠；3—加压上盖；
4—透水石；5—试样；6—环刀；
7—护环；8—水槽

图 2-9　GDG-4S 三联高压固结仪

1）压缩仪（土样面积 30cm²，土样高度 2cm），固结压力应满足 12.5、25.0、50.0、100.0、200.0、300.0、400.0、600.0、800.0、1600.0（kPa）的等级荷载，杠杆比 1∶12。

2）测微表（最大量程为 10mm、最小分辨率为 0.01mm 的百分表）。

3）透水石（试样上下放透水石，以便于土样受压后土中空隙水排除）。

4）其他：刮土刀、电子天平、秒表等。

2. 试验步骤

1）环刀选用：按工程需要选择（大环刀）50cm² 或（小环刀）30cm² 切土环刀（试验用 50cm² 切土环刀），调整天平平衡，称量环刀的重量 m_1，计算初始密度 ρ_0，填入表中。

2）套切试样前环刀内壁涂一薄层凡士林，以减少试样与环刀壁的摩擦及对试样的扰动，整平试样两端用环刀套切试样。

3）试样制备：切取原状土样时刀口朝下，土层受压方向应与天然土层受压方向一致，并观察土样的层次、颜色、有无杂质等，如有杂质时取出并用余土填补空缺处，小心地边压边削，注意避免环刀偏心入土，将土样修成略大于环刀的土柱，直至试样突出环刀为止。用钢丝锯拉断土样，然后修去上下两端余土，再修平试样两端表面，擦净环刀外壁，称环刀与湿土的质量 m_2，求得实验前的湿密度 ρ_0，立即用玻璃板将环刀两端盖上，防止水分蒸发。再用天平称两个铝盒的重量，取 10g 左右的土样，称两个铝盒加湿土样的重量，放在烘箱烘干 8h，称铝盒加干土的重量，计算初始含水量 w_0，并将有关数据填入表中。

　　4）安装试样：装入护环，在固接仪底部的透水石上放湿润的滤纸一张，将带有环刀的试样刀口朝上，再放湿润的滤纸一张，然后放上透水石、加压盖板和定向钢球。

　　5）固结容器和量表安装：将装好的固结容器放在加压框架上，对准加压框架正中，装上量表，并调节其可伸长距离不大于 8mm，然后检查量表是否灵敏和垂直，使百分表长针正好对准"0"，短针对准刻度的中间（注意要将百分表活动杆提到上部再调"0"。）

　　6）施加预压荷载：在砝码盘上加预压荷载 1kPa（此时试样所受压力约 1kPa），检查试样与仪器上下各部件之间接触是否良好，如果良好则表针转动，然后微调表盘，使长指针对准零点方便计算。

　　7）施加第一级荷载并测读压缩量：工程上加载大小与级数根据土质实际情况需要确定。采用常规试验 12.5、25、50、100、200、300、400（kPa）等七级荷载顺序加压。施加第一级荷载 $P1=12.5$kPa，注意加砝码为吊盘＋0.319kg＋0.637kg，要轻放，避免发生冲击，在加荷的同时开动秒表，记录表读数。根据《水电水利工程土工试验规程》DL/T 5355—2006[14]，当只需测定沉降速率时，每一级压力施加后，可按下列时间测记百分表读数：6s、15s、1min、2min15s、4min、6min15s、9min、12min5s、16min、20min15s、25min、30min15s、36min、42min15s、49min、64min、100min、200min、400min、23h、24h。在测记 24h 百分表读数后，即可施加下一级压力，依次逐级加压至试验结束。只进行压缩系数的试验时，每一级压力施加后，按每 2h 测记百分表读数一次，直至 2h 的变形量不大于 0.01mm 为止。依次逐级施加至试验结束。

　　8）根据上述施加一级荷载的步骤施加：

$P1=12.5$kPa（吊盘＋0.319kg）；

$P2=25$kPa（吊盘＋0.319kg＋0.637kg）；

$P3=50$kPa（吊盘＋0.319kg＋0.637kg＋1.275kg）；

$P4=100$kPa（吊盘＋0.319kg＋0.637kg＋1.275kg＋2.55kg）；

$P5=200$kPa（吊盘＋0.319kg＋0.637kg＋1.275kg＋2.55kg＋2.55kg）；

$P6=300$kPa（吊盘＋0.319kg＋0.637kg＋1.275kg＋2.55kg＋2.55kg＋5.1kg）；

$P7=400$kPa（吊盘＋0.319kg＋0.637kg＋1.275kg＋2.55kg＋2.55kg＋5.1kg＋5.1kg）等各级荷载，并记录压缩量填在表中。

　　9）试验结束，迅速拆除仪器各部件，将环刀中的试样取出，洗净环刀放到规定的地点。

3. 试验数据的记录和整理

　　1）基本数据

试样面积 S，土粒比重 G_s，试样初始高度 h_0。

　　2）计算试样初始孔隙比 e_0

$$e_0 = \frac{G_s(1+w_0)\rho_w}{\rho_0} - 1 \tag{2-8}$$

式中　ρ_0——初始密度（g/cm³）

w_0——初始含水量（％）。

3）试样颗粒净高 h_s（mm）

$$h_s = \frac{h_0}{e_0 + 1} \tag{2-9}$$

4）计算各级荷载下压缩稳定后的孔隙比 e_i

$$e_i = e_0 - \frac{1 + e_0}{h_0} \Delta h_i \tag{2-10}$$

式中　Δh_i——某一级荷载下土样变形量（mm）。

5）计算压缩系数 a_i

$$a_i = \frac{e_i - e_{i+1}}{p_{i+1} - p_i} \tag{2-11}$$

式中　p_i——某一级荷载值（kPa）；

p_{i+1}——对应于时的荷载值（kPa）。

6）计算某一压力范围内的压缩模量 E_s

$$E_s = \frac{1 + e_0}{a_i} \tag{2-12}$$

三、剪胀性试验

剪胀是指在法向应力作用下沿着具有一定粗糙度的裂面剪切时所产生的膨胀。这是由于结构面或软弱层两壁不可能十分光滑，剪切面也不可能很平整而产生的膨胀现象。

1. 直接剪切试验

在直接剪切试验中，不能量测孔隙水应力，也不能及时控制排水，为了考虑固结程度和排水条件对抗剪试验的影响，根据加荷速率的快慢将直剪试验划分为快剪、固结快剪和慢剪三种实验类型。

1）快剪（Q）。现行国家标准《土工试验方法标准》GB/T 50123[15]规定快剪试验适用于渗透系数小于 10^{-6} cm/s 的细粒土，试验时在试样上施加垂直压力后，拔去固定销钉，立即以 0.8mm/min 的剪切速度进行剪切，使试样在 3～5min 内剪破。试样每产生剪切位移 0.2～0.4mm 时，测记测力计和位移读数，直至测力计读数出现峰值，或继续剪切至剪切位移为 4mm 时停机，记下破坏值；当剪切过程中测力计读数无峰值时，应剪切至位移为 6mm 时停机，抗剪强度指标以 c_Q、φ_Q 表示。

2）固结快剪（R）。固结快剪也适用于渗透系数小于 10^{-6} cm/s 的细粒土。试验时对试样施加垂直压力后，每小时测读垂直变形一次，直至固结变形稳定。变形稳定标准为变形量每小时不大于 0.005mm，在拔去销钉，剪切过程与快剪相同，抗剪强度指标以 c_R、φ_R 表示。

3）慢剪（S）。慢剪试验是对试样施加垂直压力，待固结稳定后，拔去销钉，以小于 0.02mm/min 的剪切速度使试样在充分排水条件下进行剪切，抗剪强度指标以 c_S、φ_S 表示。

直剪试验是测定土的抗剪强度指标的室内试验方法之一，它可以直接测出给定剪切面上土的抗剪强度。它所使用的仪器称为直接剪切仪或直剪仪，分为应变控制式和应力控制式两种。前者对试样采用等速剪应变测定相应的剪应力，后者则是对试样分级施加剪应力测定相应的剪切位移。我国普遍采用应变控制式直剪仪。其结构构造如图 2-10 所示，其受力状态如图 2-11 所示。仪器由固定的上盒和可移动的下盒构成，试样置于上、下盒之间的盒内。试样上、下各放一块透水石以利于试样排水。试验时，首先由加荷架对试样施加竖向压力 F_N，水平推力 F_S 则由等速前进的轮轴施加于下盒，使试样在沿上、下盒水平接触面产生剪切位移。总剪力 F_S（即水平推力）由量力环测定，切变形由百分表测定。在施加每一种法向应力后（$\sigma = F_N/A$，A 为试件面积），逐渐增加剪切面上的剪应力 τ（$\tau = F_S/A$），直至试件破坏。一般由曲线的峰值作为该法向应力 σ 下相应的抗剪强度 τ_f，必要时也可取终值作为抗剪强度。

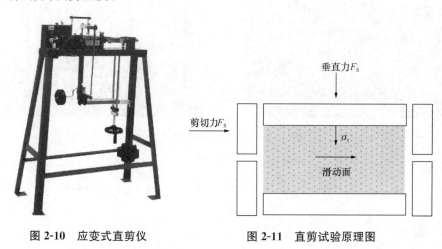

图 2-10　应变式直剪仪　　　　图 2-11　直剪试验原理图

采用几种不同的法向应力，测出相应的几个抗剪强度 τ_f。在 $\sigma - \tau_f$ 坐标上绘制 $\sigma - \tau_f$ 曲线，即为土的抗剪强度曲线，也就是摩尔—库伦破坏包线，如图 2-12 所示。

2. 三轴试验

土工三轴仪是一种能较好地测定土的抗剪强度的试验设备。与直剪仪相比，三轴仪试样中的应力相对比较均匀和明确。三轴仪也分为应变控制和应力控制两种，目前由计算机和传感器等组成的自动控制系统可同时具有应变控制和应力控制两种功能。图 2-13 给出了三轴仪的照片，三轴仪的核心部分是压力室，它是一个金属活塞、底座和透明有机玻璃圆筒组成的封闭容器；轴向加压系统用以对试样施加轴向附加压力，并可控制轴向应变的速

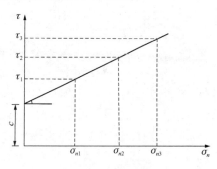

图 2-12　直剪试验结果

率；周围压力系统则通过液体（通常是水）对试样施加围压；试样为圆柱形，并用橡皮膜包裹起来，以使试样中的孔隙水与膜外液体（水）完全隔开。试样中的空隙水通过其底部的透水面与孔隙水压力量测系统连通，并由孔隙水压力阀门控制。

试验时，先打开围压系统阀门，使试样在各向受到的围压达到 σ_3（图 2-14a），并维持不变，然后由轴压系统通过活塞对试样施加轴向附加应力 $\Delta\sigma$（$\Delta\sigma = \sigma_1 - \sigma_3$，称为偏应力）。试验过程中，$\Delta\sigma$ 不断增大而 σ_3 维持不变，试样中的轴向应力（大主应力）σ_1（$\sigma_1 = \sigma_3 + \Delta\sigma$）也不断增大，其应力摩尔圆亦逐渐扩大至极限应力圆，试样最终被剪破（图 2-14b）。

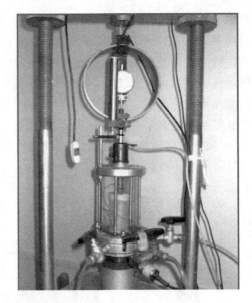

图 2-13　三轴剪切试验机照片

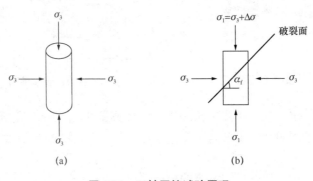

(a)　　　　　　　　　　　(b)

图 2-14　三轴压缩试验原理

在给定的围压 σ_3 作用下，一个试样的试验只能得到一个极限应力圆。同种土样至少需要 3 个以上试样在不同的 σ_3 作用下进行试验，得到一组极限应力圆。由于这些试样均被剪破，绘极限应力圆的公切线，即为该土样的抗剪强度包线（图 2-15）。它通常呈直线状，其与横坐标的夹角即为土的内摩擦角 φ，与纵坐标的截距即为土的黏聚力 c。

三轴压缩试验可根据工程实际情况的不同，采用不同的排水条件进行试验。在试验中，既能令试样沿轴向压缩，也能令其沿轴向伸长。

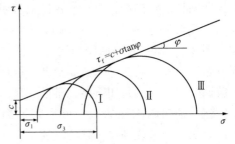

图 2-15　抗剪强度包线

通过试验，还可以测定试样的应力、应变、体积应变、孔隙水压力变化和静止侧压力系数等。如试样的轴向应变可根据其顶部刚性试样帽的轴向位移量和起始高度算得，试样的侧向应变可根据其体积变化量和轴向应变间接算得，那么对饱和试样而言，试样在试验过程中的排水量即为体积变化量。排水量可通过打开量水管阀门，让试样中的水排入量水管，并由量水管中水位的变化算出。在不排水条件下，如要测定试样中的孔隙水压力，可关闭排水阀，打开孔隙水压力阀门，对试样施加轴向压力后，由于试样中孔隙水压力增加而迫使零位指示器中水银面下降，此时可用调压筒施反向压力，调整零位指示器的水银面始终保持原来的位置，从孔隙水压力表中即可读出孔隙水压力值。

与直剪试验相似，三轴试验根据固结排水条件不同，也可分为以下三种方法：

（1）不固结不排水剪试验（UU 试验）。将试验土样放入三轴试验仪内，在排水阀关闭的情况下，先向土样施加围压 σ_3，不待土样固结和孔隙水消散，随即施加轴向压力 $\Delta\sigma_1(\Delta\sigma_1 = \sigma_1 - \sigma_3)$ 进行剪切，直至剪坏。在施加 σ_3 过程中，自始至终关闭排水阀门，不让土中水排出，即在施加周围压力和剪切力时均不允许土样发生排水固结，这种试验称不固结不排水剪试验。一般来说，对不易透水的饱和黏性土，当土层较厚、排水条件差、施工速度快时，为保证施工期土体稳定可采用不固结不排水剪方法测定。

（2）固结不排水剪试验（CU 试验）。试验时先对土样施加围压 σ_3，并打开排水阀门，使土样在 σ_3 作用下固结。土样排水终止，固结完毕时，关闭排水阀，然后施加轴向应力 $\Delta\sigma_1$，直至土样破坏。在剪切过程中，土样处于不排水状态，试验过程中可测得孔隙水压力变化过程。对于土层较薄、透水性较大、排水条件好、施工速度不快的短期稳定问题可采用固结不排水剪方法测定。

（3）固结排水剪试验（CD 试验）。进行固结排水试验时，试样先在 σ_3 作用下固结，然后在排水条件下缓慢剪切，使孔隙水压力充分消散，在整个固结和剪切过程中不产生孔隙水压力，因此总应力总是等于有效应力。对于施工速度慢、土层透水性及排水条件都很好的情况，可采用固结排水剪方法测定。

四、无侧限抗压强度试验

无侧限抗压强度试验是三轴压缩试验中 $\sigma_3 = 0$ 时的特殊情况。试验时，将圆柱形试样置于图 2-16 所示无侧限压缩仪中，对试样不施加周围压力，仅对它施加垂直轴向压力 σ_1，剪切破坏时试样所承受的轴向压力称为无侧限抗压强度。由于试样在试验过程中在侧向不受任何限制，故称无侧限抗压强度试验。无黏性土在无侧限条件下难以成型，故该试验主要用于黏性土，尤其适用于饱和黏性土。

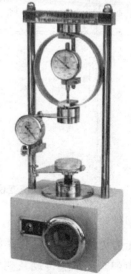

无侧限抗压强度试验中，试样破坏时的判别标准类似三轴压缩试验。坚硬黏土的 $\sigma_1 - \varepsilon_1$ 关系曲线常出现 σ_1 的峰值破坏点（脆性破坏），此时的 σ_{1f} 即为 q_u；而软黏土的破坏常呈现为塑流变形，$\sigma_1 - \varepsilon_1$ 关系曲线常无峰值破坏点（塑性破坏），此时可取轴向应变 $\varepsilon_1 = 15\%$ 处的轴向应力值作为 q_u。无侧限抗压强度 q_u 相当于三轴压缩试验中试样在 $\sigma_3 = 0$ 条件下破坏时的大主应力 σ_{1f}，故可得

$$q_u = 2c\tan\left(45° + \frac{\varphi}{2}\right) \quad (2-13)$$

式中　q_u——无侧限抗压强度（kPa）。

无侧限抗压强度试验结果只能做出一个极限应力圆（$\sigma_{1f} = q_u$，$\sigma_3 = 0$），因此，对一般黏性土难以作出破坏包线。试验中若能测

图 2-16　无侧限压缩仪

得试样的破裂角 σ_{1f}，则理论上可根据式 $\alpha_f = 45° + \varphi/2$ 推算出黏性土的内摩擦角 φ，再推得土的黏聚力 c。但一般 α_f 不易量测，要么因为土的不均匀性导致破裂面形状不规则；要么由于软黏土的塑流变形而不出现明显的破裂面，只是被挤压呈鼓形。而对于饱和软黏土，在不固结不排水条件下进行剪切试验，可认为 $\varphi = 0$，其抗剪强度包线与 σ 轴平行。因而，由无侧限抗压强度试验所得的极限应力圆的水平切线，即为饱和软黏土的不排水抗剪强度包线。

不排水抗剪强度 c_u 计算公式为：

$$c_u = \frac{q_u}{2} \tag{2-14}$$

但在使用这种方法时应该注意，由于取样过程中土样受到扰动，原位应力被释放，用于这种土样测得的不排水强度并不能够完全代表原位不排水强度。一般而言，它低于原位不排水强度。

五、流变性试验

土的流变规律主要包括以下四个特性：蠕变特性、流动特性、应力松弛特性和长期强度特性，各种特性试验资料可以分别用蠕变曲线、流动曲线、应力松弛曲线以及长期强度曲线表征，根据这些曲线进而找到计算公式，以作为实际应用的依据。

土的流变试验包括现场试验和室内试验。现场试验需到实际工程中测试土介质材料及岩土工程结构物的流变数据，如测试地基的长期沉降、基坑开挖后侧壁向基坑临空面的位移以及边坡的位移等，这些资料在一般的岩土工程监测过程中都能得到。在十字板剪力仪的基础上，对变形观测部分作进一步改进而成的十字板流变仪，如图 2-17 所示，用来现场实施测量土的长期强度参数。

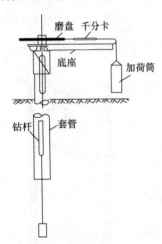

图 2-17　十字板流变仪

在研究土强度和变形的流变问题的流变时效性试验中，按照所施加外荷载的方式不同，可以将室内流变试验分为两大类：直接法和间接法。直接法是指施加剪力的试验方法，包括直接剪切和扭转试验；间接法是利用单轴或三轴压缩或拉伸荷载，包括一维固结（渗透）试验和三轴剪切试验。相应地，针对不同的研究目的、研究对象和研究内容，流变试验的方法及其仪器设备也是多种多样。

1. 单轴压缩流变仪

前苏联学者研制了系列小试样（M-2、M-4 和 M-9 型）和大试样（M-3 型）所用的固结—渗透试验仪，能够进行任意含水量各类黏性土的时效变形研究。

M-2 和 M-9 型采用直径 70mm、高度 10mm 和 20mm 的土样，压力可加压至 1.0MPa；M4 型可加压至 10MPa。M-3 型试验压力为 0.5MPa，土样直径 210mm，高度 60mm。直径 70mm 土样直至 1.0MPa 的压力可通过普通杠杆系统施加，而 1.0～10MPa、直径 210mm 土样的加压则是通过带强力弹簧或螺进传动及测力计的加载框进行的（图 2-18）。

S. A. Rosa 和 A. I. Kotov 曾设计过一种可试验更大型土样（直径 500mm）的固结装

置，用于研究几乎完全饱和黏性土的长期应变，且可以测定孔隙水压力。该装置配有流体静压计、气压计、温度计和摄像机，在一维由顶向下的孔隙水压力差作用下，可以对厚度为 $14\sim20.4cm$ 的土样进行试验。为了减少土样与容器壁间的摩擦，器壁内表面涂上油脂，其上粘以铝箔。将灌有煤油的流体静压计读数管沿垂直方向布设在 5 个不同水平上，用以测量土样中部的孔隙水压力。

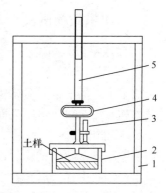

图 2-18　M-3 型大直径固结仪
1—框架；2—固结仪；3—位移表；
4—测力计；5—螺杆推进杆

2. 三轴流变仪

1）三轴蠕变试验仪

三轴蠕变试验仪主要包括压力室、加压系统和量测系统。压力室与常规三轴剪力仪的压力室相似，土样由橡皮薄膜固定在压力室内。试验时，室内充水，通过气压压水，由水压向土样施加围压。土样上端排水，并与排水量测管相连以便观测试验过程中水的排出量；下端与孔隙水压力检测仪相连，以便监测孔隙水压力随时间的变化。围压通过空压泵产生，压力的大小由调压阀调节，通过压力室水的传递，向土样施加均匀的围压。竖向偏压通过施加砝码来实现，并保证形成蠕变的应力条件，即在围压不变的条件下，产生恒定的偏应力。

在蠕变过程中，要分别获取应力水平、应变量、孔隙水压力及排水量等数据。围压大小由调压阀控制，并有压力表监测；竖向偏应力根据砝码的重量和土样截面积得到；应变大小通过百分表对应变的测量测得；孔隙水压力通过压力传感器以及与之相连的孔压检测仪量测；排水量由与排水管相通的排水量测管测得。

土样尺寸：为截面积 $12cm^2$、高度 8cm 的圆柱体。

2）三轴应力松弛试验仪

三轴松弛试验仪可在普通三轴剪力仪基础上改装借用。其组成部分包括：压力室、加压系统以及量测系统。压力室采用普通三轴剪力仪的压力室；加压系统主要为空气泵（产生围压），通过压力室内水的传递，向土样均匀加压。为了形成应力松弛状态，即应变保持一常数，通过合上离合器，使压力室压力逐渐上升，土样产生变形。该变形值达到预定值后，断开离合器，使压力不再上升，而土样的应变值为常数。

量测系统：土样内产生的内力，通过与压力杆相连的压力传感器来监测，应力的大小由电阻应变仪读出。在试验过程中，压力传感器以及电阻应变仪改用钢环量力以及千分表，以解决由于传感器受温度的影响产生一定的零飘。

土样尺寸：面积为 $12cm^2$、高度 8cm 的圆柱体。

第四节　硬黏土现场试验

硬黏土现场试验和测试，排除了试验取土带来的误差，而且和工程本身接近度较高，能够为项目提供更为直接和有效数据。硬黏土现场试验及原位测试主要有平板载荷试验、静力触探试验、标准贯入试验、十字板剪切试验、波速测试以及抽水（注水）试验。

一、平板载荷试验

1. 浅层平板载荷试验

1）适用范围

地基土浅层平板载荷试验适用于确定浅部地基土层的承压板下应力主要影响范围内的承载力和变形参数，承压板面积应小于 $0.25m^2$。

2）仪器设备

仪器设备：载荷试验的设备由承压板、加荷装置及沉降观测装置等部件组合而成。目前，组合型式多样，成套的定型设备已应用多年。

（1）承压板，承压板面积不应小于 $0.25m^2$，对于软土不应小于 $0.5m^2$。

（2）加荷装置，加荷装置包括压力源、载荷台架或反力构架。加荷方式可分为两种，即重物加荷和油压千斤顶反力加荷。

（3）沉降观测装置，沉降观测仪表有百分表、沉降传感器或水准仪等。

3）现场检测

（1）加载步骤

① 加荷分级不应少于 8 级。最大加载量不应小于设计要求的两倍。

② 每级加载后，按间隔 10、10、10、15、15（min），以后为每隔半小时测读一次沉降量，当在连续两小时内，每小时的沉降量小于 0.1mm 时，则认为沉降已趋稳定，可加下一级荷载。

（2）当出现下列情况之一时，即可终止加载：

① 承压板周围的土明显地侧向挤出；

② 沉降 s 急骤增大，荷载—沉降（p-s）曲线出现陡降段；

③ 在某一级荷载下，24h 内沉降速率不能达到稳定标准；

④ 沉降量与承压板宽度或直径之比大于或等于 0.06。

4）检测数据分析与判定

（1）当 p-s 曲线上有比例界限时，取该比例界限所对应的荷载值；

（2）当极限荷载小于对应比例界限的荷载值的 2 倍时，取极限荷载值的一半；

（3）当不能按上述两条要求确定时，当压板面积为 $0.25{\sim}0.50m^2$，可取 $s/b{=}0.01{\sim}0.015$ 所对应的荷载，但其值不应大于最大加载量的一半；

（4）同一土层参加统计的试验点不应少于三点，各试验实测值的极差不得超过其平均值的 30%，取此平均值作为该土层的地基承载力特征值（f_{ak}）。

2. 深层平板载荷试验

1）适用范围

深层平板载荷试验适用于确定深部地基土层及大直径桩桩端土在承压板下应力主要影响范围内的承载力和变形参数。

2）仪器设备

（1）承压板。承压板采用直径为 0.8m 的刚性板，紧靠承压板周围外侧的土层高度不应小于 80cm。

（2）加荷装置。加荷装置包括压力源、载荷台架或反力构架。加荷方式可分为两种，即重物加荷和油压千斤顶反力加荷。

（3）沉降观测仪。沉降观测表有百分表、沉降传感器或水准仪等。

3）现场检测

（1）加载步骤

① 加荷等级可按预估极限承载力的 1/10～1/15 分级施加；

② 每级加荷后，第一小时内按间隔 10、10、10、15、15（min），以后为每隔半小时测读一次沉降。当在连续两小时内，每小时的沉降量小于 0.1mm 时，则认为沉降已趋于稳定，可加下一级荷载。

（2）当出现下列情况之一时，可终止加载：

① 沉降 s 急剧增大，荷载—沉降（p-s）曲线上有可判定极限承载力的陡降段，且沉降量超过 0.04d（d 为承压板直径）；

② 在某级荷载下，24h 内沉降速率不能达到稳定；

③ 本级沉降量大于前一级沉降量的 5 倍；

④ 当持力层土层坚硬，沉降量很小时，最大加载量不应小于设计要求的 2 倍。

4）检测数据分析与判定

（1）当 p-s 曲线上有比例界限时，取该比例界限所对应的荷载值；

（2）满足终止加载条件前 3 条的条件之一时，其对应的前一级荷载定为极限荷载，当该值小于对应比例界限的荷载值的 2 倍时，取极限荷载值的一半；

（3）不能按照上述两条要求确定时，可取 s/d＝0.01～0.015 所对应的荷载值，但其值不应大于最大加载量的一半；

（4）同一土层参加统计的试验点不应少于三点，当试验实测值的极差不超过平均值的30％时，取此平均值作为该土层的地基承载力特征值（f_{ak}）。

二、静力触探试验

1. 适用范围

静力触探试验适用于硬黏土土层的天然地基及其采用换填垫层、预压、压实、挤密、强夯处理的人工地基的地基承载力和变形参数评价，地基处理效果评价[16]。

2. 仪器设备

静力触探仪器设备有单桥触探头和双桥触探头，其规格见表2-3，且触探头的外形尺寸和结构应符合下列规定：

1）锥头与摩擦筒应同心；

2）双桥探头锥头等直径部分的高度，不应超过 3mm，摩擦筒与锥头的间距不应大于 10mm。

单桥和双桥静力触探头规格 表 2-3

锥底截面积（cm²）	锥底直径（mm）	锥角（°）	单桥触探头 有效侧壁长度(mm)	双桥触探头	
				摩擦筒表面积(cm²)	摩擦筒长度(mm)
10	35.7	60	57	150	133.7
15	43.7	60	70	300	218.5
20	50.4	60	81	300	189.5

触探主机能匀速贯入，贯入速度为（20±5）mm/s。当使用孔压探头触探时，宜有保证标准贯入速度 20mm/s 的控制装置；贯入和起拔时，施力作用线应垂直机座基准面，垂直度公差不大于 30′；额定起拔力不小于额定贯入力的 120%。

在额定荷载下，探头检测总误差不应大于 3%FS（精度和满量程的百分比），其中非线性误差、重复性误差、滞后误差、归零误差均应小于 1%FS；传感器出厂时的对地绝缘电阻不应小于 500MΩ；在 300kPa 水压下恒压 2h 后，绝缘电阻应大于 300MΩ；探头在工作状态下，各部传感器的互扰值应小于本身额定测值的 0.3%；探头应能在 −10~45℃ 的环境温度中正常工作。由于温度漂移而产生的量程误差，按公式（2-15）计算，应不大于满量程的 ±1%。

$$\frac{\Delta V}{V} = \Delta t \cdot \eta \tag{2-15}$$

式中　ΔV ——温度变化所引起的误差（mV）；

$\quad\quad V$ ——全量程的输出电压（mV）；

$\quad\quad \Delta t$ ——触探过程中气温与地温引起触探头的最大温差（℃）；

$\quad\quad \eta$ ——温飘系数，一般采用 0.0005（℃）。

各种探头，自锥底起算，在 1m 长度范围内，与之连接的杆件直径不得大于探头直径；减摩阻器应在此范围以外（上）的位置加设。

3. 现场检测

1）静力触探试验现场操作步骤

（1）贯入前，应对触探头进行试压，检查顶柱、锥头、摩擦筒是否能正常工作；

（2）装卸触探头时，不应转动触探头；

（3）先将触探头贯入土中 0.5~1.0m，然后提升 5~10cm，待记录仪无明显零位漂移时，记录初始读数或调整零位，方能开始正式贯入；

（4）触探的贯入速度应控制在 (1.2±0.3)m/min 范围内。在同一检测孔的试验过程中宜保持匀速贯入；

（5）深度记录的误差不应大于触探深度的 ±1%；

（6）当贯入深度超过 30m，或穿过厚层软土后再贯入硬土层时，应采取防止孔斜措施，或可配置测斜探头，量测触探孔的偏斜角，校正土层界线的深度。

2）终止试验条件

（1）达到试验要求的贯入深度；

（2）试验记录显示异常；

（3）反力装置失效；

（4）触探杆的倾斜度已经超过了 10°。

4. 检测数据分析与判定

单桥探头的比贯入阻力，双桥探头的锥尖阻力、侧壁摩阻力及摩阻比，应分别按下列公式计算：

$$p_s = K_p \cdot (\varepsilon_p - \varepsilon_0) \tag{2-16}$$

$$q_c = K_q \cdot (\varepsilon_p - \varepsilon_0) \tag{2-17}$$

$$f_s = K_f \cdot (\varepsilon_f - \varepsilon_0) \tag{2-18}$$

$$\alpha = f_s / q_c \times 100\% \tag{2-19}$$

式中 p_s——单桥探头的比贯入阻力（kPa）；

q_c——双桥探头的锥尖阻力（kPa）；

f_s——双桥探头的侧壁摩阻力（kPa）；

α——摩阻比（%）；

K_p——单桥探头率定系数（kPa/$\mu\varepsilon$）；

K_q——双桥探头的锥尖阻力率定系数（kPa/$\mu\varepsilon$）；

K_f——双桥探头的侧壁摩阻力率定系数（kPa/$\mu\varepsilon$）；

ε_p——单桥探头的比贯入阻力应变量（$\mu\varepsilon$）；

ε_q——双桥探头的锥尖阻力应变量（$\mu\varepsilon$）；

ε_f——双桥探头的侧壁摩阻力应变量（$\mu\varepsilon$）；

ε_0——触探头的初始读数或零读数应变量（$\mu\varepsilon$）。

当采用单桥探头测试时，应根据比贯入阻力与深度的关系曲线进行土层力学分层。当采用双桥探头测试时，应以锥尖阻力与深度的关系曲线为主，结合侧壁摩阻力和摩阻比与深度的关系曲线进行土层力学分层；划分土层力学分层界线时，应考虑贯入阻力曲线中的超前和滞后现象，宜以超前和滞后的中点作为分界点；每层中最大贯入阻力与最小贯入阻力之比，不应超过表 2-4 的规定。

土层力学分层按贯入阻力变化幅度的分层标准　　　　　　　　表 2-4

p_s 或 q_c（MPa）	最大贯入阻力与最小贯入阻力之比
≤1.0	1.0~1.5
1.0~3.0	1.5~2.0
≥3.0	2.0~2.5

静力触探结果评价硬黏土地基土承载力特征值和压缩模量 E_s 时，应结合载荷试验的比对试验结果或地区经验进行。初步评价时，可参照表 2-5～表 2-7 所列经验式。

硬黏土静力触探承载力经验式　　　　　　　　表 2-5

f_{ak}	P_s 适用范围	公式来源
$f_0 = 104p_s + 26.9$	$0.3 \leq p_s \leq 6$	原勘察规范(TJ21-77)
$f_0 = 183.4\sqrt{p_s} - 46$	$0 \leq p_s \leq 5$	铁三院
$f_0 = 17.3p_s + 159$	北京地区硬黏土	原北京市勘察处
$p_{0.026} = 91.4p_s + 44$	$0.6 \leq p_s \leq 4$	四川省综合勘察院
$f_0 = 45.3 + 86p_s$	$p_s = 0.3 \sim 0.35$（无锡地区）	无锡市建筑设计室
$f_0 = 100p_s$	硬黏土	铁路工程地质原位测试规程(TB 10018-2018)
$f_0 = 5.8\sqrt{1000p_s} - 46$	一般黏性土 $p_s \leq 6$	铁路工程地质原位测试规程(TB 10018-2018)

压缩模量 E_s （MPa）与比贯入阻力或锥尖阻力标准值的关系　表 2-6

E_s	p_s 适用范围	适用土类
$E_0 = 11.78 p_s - 4.69$	3～6	硬黏土

压缩模量 E_s （MPa）经验值　表 2-7

p_s	2.5	3	4	5	6
E_s	10.5	12.5	16.5	20.5	24.4

三、标准贯入试验

1. 适用范围

标准贯入试验适用于硬黏土等天然地基及其采用换填垫层、压实、挤密、夯实、注浆加固等方法处理的人工地基的地基承载力、变形参数、液化特性，鉴别其岩土性状。

2. 仪器设备

标准贯入试验的设备主要由标准贯入器、触探杆和穿心锤三部分组成。触探杆一般用直径为 42mm 的钻杆，穿心锤重 63.5kg。

标准贯入试验所用穿心锤质量、导向杆和钻杆相对弯曲度应定期标定，使用前应对管靴刃口的完好性、钻杆相对弯曲度、穿心锤导向杆相对弯曲度及表面的润滑程度等进行检查，确保设备与机具完好。标准贯入试验的设备见表 2-8 所示。

标准贯入试验设备规格　表 2-8

落锤		锤的质量(kg)	63.5
		落距(cm)	76
贯入器	对开管	长度(mm)	>500
		外径(mm)	51
		内径(mm)	35
	管靴	长度(mm)	50～76
		刃口角度(°)	18～20
		刃口单刃厚度(mm)	1.6
钻杆		直径(mm)	42～50
		相对弯曲	<1/1000

注：穿心锤导向杆应平直，保持润滑，相对弯曲<1/1000。

3. 现场检测

标准贯入试验应在平整的场地上进行，测试点应根据工程地质分区或加固处理分区均匀布置，应具有代表性。标准贯入试验的测试深度应达到主要受力层深度以下；对于处理土地基应达到加固深度及其主要影响深度以下；复合地基的桩间土测试深度应达到竖向增强体底部深度以下；用于判断地基土液化特性时，测试深度应超过 15～20m 可液化层底部。

标准贯入试验孔采用回转钻进，并保持孔内水位略高于地下水位。在不能保持孔壁稳定的钻孔中进行试验时，应下套管保护孔壁，但试验深度须在套管底端下部 75cm 以下，或采用泥浆护壁。

先钻至需进行试验的土层标高以上 15cm 处，清除孔底残土后，换用标准贯入器，并量得深度尺寸再进行试验。

采用自动脱钩的自由落锤法进行锤击，并减小导向杆与锤间的摩阻力，避免锤击时的偏心和侧向晃动，保持贯入器、探杆、导向杆联结后的垂直度。

先将贯入器垂直打入试验土层中 15cm 不计击数；继续贯入，记录每贯入 10cm 的锤击数，累计 30cm 的锤击数即为标准贯入击数 N。锤击速度应小于 30 击/min。当锤击数已达 50 击，而贯入深度未达到 30cm 时，应终止试验，记录 50 击的实际贯入深度，按式（2-20）换算成相当于贯入 30cm 的标准贯入试验实测锤击数 N。

$$N = 30 \times \frac{50}{\Delta S} \tag{2-20}$$

式中 ΔS——50 击时的贯入度（cm）。

贯入器拔出后，应对贯入器中的土样进行鉴别、描述、记录。必要时留取土样进行试验分析。

标准贯入试验点竖向间距应视工程特点、地层情况、加固目的综合分析后确定，宜为 1.0m。

4. 检测数据分析与判定

标准贯入试验成果应绘制标有工程地质柱状图的单孔标准贯入击数 N 与深度关系曲线图。

标准贯入试验锤击数 N 值，可对硬黏土的物理状态、土的强度、变形参数、地基承载力、成桩的可能性等做出评价。应用 N 值时是否修正和如何修正，应根据建立统计关系时的具体情况确定。

当需作杆长修正时，锤击数可按式（2-21）进行钻杆长度修正。

$$N' = \alpha N \tag{2-21}$$

式中 N'——标准贯入试验修正锤击数；

N——标准贯入试验实测锤击数；

α——触探杆长度修正系数，可按表 2-9 确定。

标准贯入试验触探杆长度修正系数 　　　　　表 2-9

触探杆长度（m）	≤3	6	9	12	15	18	21	25	30
α	1.00	0.92	0.86	0.81	0.77	0.73	0.70	0.68	0.65

锤击数需要修正时，应根据不同深度的标准贯入试验修正锤击数，剔除异常值后，计算每个检测孔的各分层土的标准贯入修正锤击数标准值 N'_k。

硬黏土可根据标准贯入试验实测锤击数标准值 N_k 或修正后锤击数标准值 N'_k 按下列规定进行评价：

硬黏土的状态可按表 2-10 分为硬可塑、硬塑、坚硬。

硬黏土的状态分类　　　　　　表 2-10

I_L	N'_k（修正值）	状态
$0.25 < I_L \leqslant 0.5$	$8 < N_k \leqslant 14$	硬可塑
$0 < I_L \leqslant 0.25$	$14 < N_k \leqslant 25$	硬塑
$I_L \leqslant 0$	$N_k > 25$	坚硬

标准贯入试验结果评价地基土承载力特征值时，应结合载荷试验比对试验结果和地区经验进行评价。初步评价时，可按表 2-11 进行。

硬黏土承载力特征值 f_{ak}（kPa）　　　　　　表 2-11

标贯击数修正值 N'	11	13	15	17	19	21
f_{ak}	220	260	310	360	410	450

根据标准贯入试验确定硬黏土承载力可按表 2-12 进行。

硬黏土标准贯入试验经验式　　　　　　表 2-12

f_{ak}	适用范围	公式来源
$f_0 = 23.3N$	一般硬黏土	江苏省水利工程总队
$f_0 = 19N - 74$	一般硬黏土	冶金部成都勘察公司
$f_0 = 80 + 20.2N$	一般硬黏土	湖北勘察院

根据标准贯入试验确定硬黏土抗剪强度指标可按表 2-13 进行。

硬黏土 N 与 c、φ 的关系　　　　　　表 2-13

N	15	17	19	21	25	29	31
C（kPa）	78	82	87	92	98	103	110
φ（°）	24.3	24.8	25.3	25.7	26.4	27.0	27.3

四、十字板剪切试验

1. 适用范围

在硬黏土的抗剪强度现场原位测试方法中，最常用的是十字板剪切试验。它无需钻孔取得原状土样，使土少受扰动，试验时土的排水条件、受力状态等与实际条件十分接近，因而特别适用于难于取样和高灵敏度的饱和黏土。

2. 仪器设备及原理

1）仪器设备

十字板剪切仪的构造如图 2-19 所示，其主要部件为十字板头、轴杆、施加扭力设备和测力装置。近年来已有用自动记录显示和数据处理的微机代替旧有测力装置的新仪器问世。

2）工作原理

十字板剪切试验的工作原理是将十字板插入土中待测的标高处，然后在地面上对轴杆施加扭转力矩，带动十字板旋转。十字板头的四翼矩形片旋转时与土体间形成圆柱体表面形状的剪切面，如图 2-20 所示。通过测力设备测出最大扭转力矩 M，据此可推算出土的抗剪强度。

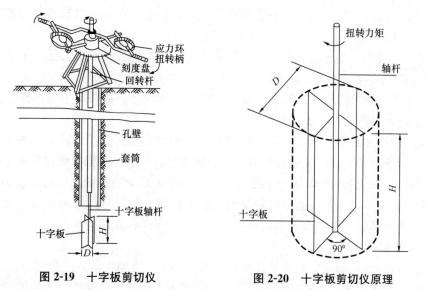

图 2-19　十字板剪切仪　　　图 2-20　十字板剪切仪原理

土体剪切破坏时，其抗扭力矩由圆柱体侧面和上、下表面土的抗剪强度产生的抗扭力矩部分组成。

（1）圆柱体侧面上的抗扭力矩 M_1

$$M_1 = \left(\pi DH \frac{D}{2}\right)\tau_f \tag{2-22}$$

式中　D——十字板的宽度，即圆柱体的直径（m）；

$\quad$　H——十字板的高度（m）；

$\quad$　τ_f——土的抗剪强度（kPa）。

（2）圆柱体上、下表面上的抗扭力矩 M_2

$$M_2 = \left(2 \times \frac{\pi D^2}{4} \times \frac{D}{3}\right)\tau_f \tag{2-23}$$

式中　$D/3$——力臂值（m），由剪力合力作用的矩圆心三分之二的圆半径处所得。

应该指出，为简化起见，实际上式（2-22）和式（2-23）的推导中假设了土的强度为各向相同，即剪切破坏时圆柱体侧面和上、下表面土的抗剪强度相等。

由土体抗剪破坏时所量测的最大扭矩，应与圆柱体侧面和上、下表面所产生的抗扭力矩相等，可得

$$M = M_1 + M_2 = \left(\frac{\pi D^2 H}{2} + \frac{\pi D^3}{6}\right)\tau_f \tag{2-24}$$

于是，由十字板原位测定的土的抗剪强度 τ_f 为

$$\tau_f = \frac{2M}{\pi D^2 \left(H + \dfrac{D}{3}\right)} \tag{2-25}$$

3. 现场检测

用普通十字板剪切仪于现场测定硬黏土的不排水抗剪强度和残余强度等的基本方法和

要求如下：

1）先钻探开孔，下直径为127mm套管至预定试验深度以上75cm。再用提土器逐段清孔至套管底部以上15cm处，并在套管内灌水，以防止土在孔底涌起及尽可能保持试验土层的天然结构和应力状态。

2）将十字板头、离合器、轴杆与试验钻杆及导杆等逐节接好下入孔内至十字板与孔底接触。各杆件要直，各接头必须拧紧，以减少不必要的扭力损耗。

3）用手摇套在导杆上向右转动，使十字板离合齿咬合。再将十字板徐徐压入土中至预定试验深度，并静置2~3min。

4）装好底座和加力、测力装置，以约1°/10s速度旋转转盘，每转1°，测记钢环变形读数一次，直至读数不再增大或开始减小时，即表示土体已被剪损。此时，施于钢环的作用力（以钢环变形值乘以钢环变形系数算得）就是把原状土剪损的总作用力 p_f 值。

5）拔下连接导杆与测力装置的特制键，套上摇把，按顺时针方向连续转动导杆、轴杆和十字板头6转，使土完全扰动，再按步骤4）以同样的剪切速度进行试验，可得重塑土的总作用力 p'_f 值。

6）拔下控制轴杆与十字板头连接的特制键，将十字板轴杆向上提3~5cm，使连接轴杆与十字板头的离合器处于离开状态，然后仍按步骤4）可测得轴杆与土间的摩擦力和仪器机械阻力值 f。

7）完成上述基本试验步骤后，拔出十字板，继续钻进至下一深度的试验。

4. 检测数据分析

1）计算各试验点原状土的不排水抗剪强度、重塑土抗剪强度和土的灵敏度

计算土的抗剪强度 C_u： $C_u = k(p_f - f)$ (2-26)

计算重塑土的抗剪强度 C'_u： $C'_u = k(p'_f - f)$ (2-27)

计算土的灵敏度 S_t： $$S_t = \frac{C_u}{C'_u}$$ (2-28)

2）绘制各个单孔土的不排水抗剪强度、重塑土抗剪强度和灵敏度随深度的变化曲线；

3）根据需要绘制各试验点土的抗剪强度与扭转角的关系曲线；

4）应根据地区经验和土层条件，对实测的不排水抗剪强度进行必要的修正。

五、波速试验

1. 适用范围

波速试验适用于测定各类岩土体的压缩波、剪切波或瑞利波的波速，可根据任务要求，采用单孔法、跨孔法或面波法。利用铁球水平撞击木板，使板与地面之间发生运动，产生丰富的剪切波，从而在钻孔内不同高度处分别接收通过土层向下传播的剪切波。因为这种竖向传播的路径接近于天然地层由基岩竖直向上传播的情况，因此对地层反应分析较为有用。通过在硬黏土中的波速试验，可以间接评价硬黏土的承载力水平等。

2. 仪器设备与方法

1）试验设备

试验设备一般包含激振系统、信号接收系统（传感器）和信号处理系统。测试方法不同，使用的仪器设备也各不相同。

2）测试方法

由于土中的纵波速度受到含水量的影响，不能真实地反映土的动力特性，故通常测试土中的剪切波速，测试的方法有单孔法（检层法）、跨孔法以及面波法（瑞利波法）等。

（1）单孔法

单孔法是在一个钻孔中分土层进行检测，故又称检层法，因为只需一个钻孔，方法简便，在实测中用得较多，但精度低于跨孔法。单孔法的现场测试情况如图 2-21 所示。

（2）跨孔法

跨孔法有双孔和三孔等距方法，以三孔等距法用得较多。跨孔法测试精度高，可以达到较深的测试深度，因而应用也比较普遍，但该法成本高，操作也比较复杂。三孔法是在测试场地上钻三个具有一定间隔的测试孔，选择其中的一个孔为振源孔，另外两个相邻的钻孔内放置接收检波器，如图 2-22 所示。

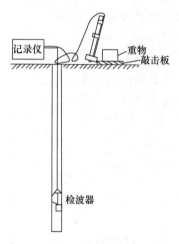

图 2-21 单孔法现场测试示意图

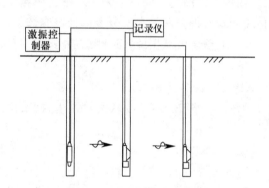

图 2-22 跨孔法测试示意图

（3）面波法

瑞利波是在介质表面传播的波，其能量从介质表面以指数规律沿深度衰减，大部分在一个波长的厚度内通过，因此在地表测得的面波波速反映了该深度范围内土的性质，而用不同的测试频率就可以获得不同深度土层的动参数。

面波法有两类测试方式：一是从频率域特性出发，通过变化激振频率进行量测称，为稳态法；另一种从时间域特性出发，瞬态激发采集宽频面波，这种方法操作容易，但是资料处理复杂。

3. 现场试验

以单孔法为例介绍土的现场波速试验。

现场试验时应做好以下准备工作：

1）钻孔时应注意保持井孔垂直，并宜用泥浆护壁或下套管，套管壁与孔壁应紧密接触。

2）当剪切波振源采用锤击上压重物的木板时，木板的长向中垂线应对准测试孔中心，孔口与木板的距离宜为 1～3m；板上所压重物宜大于 400kg；木板与地面应紧密接触。

3）当压缩波振源采用锤击金属板时，金属板距孔口的距离宜为 1～3m。

4）应检查三分量检波器各道的一致性和绝缘性。

测试时，要求做到：

1）应根据工程情况及地质分层，每隔1～3m布置一个测点，并宜自下而上按预定深度进行测试；

2）剪切波测试时，传感器应设置在测试孔内预定深度处并予以固定；沿木板纵轴方向分别打击其两端，可记录极性相反的两组剪切波波形；

3）压缩波测试时，可锤击金属板，当激振能量不足时，可采用落锤或爆炸产生压缩波。

测试工作结束后，应选择部分测点作重复观测，其数量不应少于测点总数的10%。

4. 检测数据分析与判定

以单孔法为例，介绍检测数据的分析工作。

确定压缩波或剪切波从振源到达测点的时间时，应符合下列规定：

1）确定压缩波的时间，应采用竖向传感器记录的波形；

2）确定剪切波的时间，应采用水平传感器记录的波形。由于三分量检波器中有两个水平检波器，可得到两张水平分量记录，应选最佳接收的记录进行整理。

压缩波或剪切波从振源到达测点的时间，应按下列公式进行斜距校正。

$$T = KT_L \tag{2-29}$$

式中　K——斜距校正系数；

　　T_L——压缩波或剪切波从振源到达测点的实测时间（s）。

$$K = \frac{H + H_0}{\sqrt{L^2 + (H + H_0)^2}} \tag{2-30}$$

式中　H——测点的深度（m）；

　　H_0——振源与孔口的高差（m），当振源低于孔口时，H_0为负值；

　　L——从板中心到测试孔的水平距离（m）。

时距曲线图的绘制，应以深度H为纵坐标，时间T为横坐标。波速层的划分，应结合地质情况，按时距曲线上具有不同斜率的折线段确定。每一波速层的压缩波波速或剪切波波速，应按下式计算：

$$v = \frac{\Delta H}{\Delta T} \tag{2-31}$$

式中　ΔH——波速层的厚度（m）；

　　ΔT——压缩波或剪切波传到波速层顶面和底面的时间差（s）。

六、抽水、注水试验

1. 抽水试验

1）适用范围

查明建筑场地地基土层渗透系数、导水系数、压力传导系数、给水度或弹性释水系数、越流系数、影响半径等有关水文地质参数，为设计提供水文地质资料。抽水试验往往采用单孔（或有一个观测孔）的稳定流抽水试验。

2）仪器设备与测试方法

（1）试验设备

设备一般包括过滤器、离心泵、深井泵或潜水泵、空压机、抽筒以及量测器具等。

（2）测试方法

根据抽水试验孔中存在含水岩层的多少可分为分层（段）抽水试验与混合抽水试验。

根据抽水孔进水段长度与含水层厚度的关系可分为完整孔抽水试验与非完整孔抽水试验。

根据抽水试验时水量、水位与时间关系可分为稳定流抽水试验与非稳定流抽水试验。

3）现场试验

以稳定流抽水试验为例，介绍抽水试验的操作步骤。

（1）抽水试验成孔宜为清水钻进，当钻孔工艺必须采用泥浆护壁时，应进行严格细致的洗井。

（2）抽水试验时的排水，应根据抽水场地情况，确定排水方向与距离。

（3）抽水试验过程中，应同步观测、记录抽水孔的涌水量和抽水孔及观测孔的动水位。涌水量和动水位的观测时间，宜在抽水开始后的第 1、2、3、4、5、10、15、20、30、40、50、60（min）各观测一次，出现稳定趋势以后每隔 30min 观测一次，直至结束。

（4）抽水试验宜三次降深，最大降深应接近工程设计所需的地下水位降深的标高。三次降深的分配原则宜满足：最大降深 S_3（m），$S_2=2/3S_3$，$S_1=1/3S_3$（S_1 为第一次降深，S_2 为第二次降深）。

（5）抽水试验每次落程的稳定延续时间应符合下列要求：卵石、砾石、粗砂含水层，三次降深的稳定延续时间为 4h、4h、8h；中砂、细砂、粉砂含水层，稳定延续时间为8h、8h、16h；裂隙和岩溶含水层，稳定延续时间为 16h、16h、24h。

（6）试验结束后，应进行恢复水位观测，停泵时按 1、3、5、10、15、30（min）的间隔进行水位观测，以后每小时进行一次水位观测。

4）检测数据分析与判定

以潜水非完整井稳定流单孔抽水试验为例（图 2-23），介绍稳定流抽水试验资料整理工作。

潜水非完整井，单孔抽水试验计算渗透系数 k：

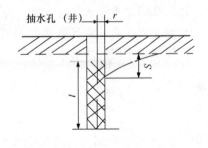

$$k=\frac{0.366Q}{LS}\lg\frac{0.66L}{r} \tag{2-32}$$

图 2-23　抽水试验

式中　k——渗透系数（m/d）；

　　　Q——抽水井涌水量（m^3/d）；

　　　L——过滤器长度（m）；

　　　S——抽水井水位下降值（m）；

　　　r——抽水井半径（m）。

2. 注水试验

1）适用范围

通过钻孔向试验段注水，以确定岩土层的渗透系数的原位试验方法，分为钻孔常水头注水试验和钻孔降水头注水试验。

2）仪器设备与方法

（1）试验设备

设备一般包括水箱、水泵、水表、量筒、瞬时流量计、秒表、米尺、栓塞、套管塞、电测水位计等。

（2）测试方法

钻孔常水头注水试验适用于渗透性较大的壤土、粉土、砂土和砂卵砾石层，或者能进行压水试验的风化、破碎岩体，断层破裂带和其他透水性强的岩体等。

钻孔降水头注水试验适用于地下水位以下渗透系数比较小的黏土层或岩层。

3）现场试验

以钻孔降水头注水试验为例，介绍注水试验的操作步骤。

（1）试验段隔离后，向套管内注入清水，应使管中水位高出地下水位一定高度（初始水头值）或至套管顶部后，停止供水，开始记录管内水位高度随时间的变化。

（2）管内水位下降速度观测应符合下列规定：

① 量测管中水位下降速度，开始间隔为 5min 观测 5 次，然后间隔为 10min 观测 3 次，最后根据水头下降速度，一般可按 30min 间隔进行观测。

② 在现场采用半对数坐标纸绘制水头下降比时间（$\ln H_t / H_{0-t}$）的关系曲线。当水头比与时间关系呈直线时说明试验正确。

③ 当试验水头下降到初始试验水头的 0.3 倍或联系观测点达到 10 个以上时，即可结束试验。

4）检测数据分析与判定

以钻孔降水头注水试验为例，介绍注水试验的数据整理分析。

根据注水试验的边界条件和套管中水位下降速度与延续时间的关系，采用公式（2-33）计算试验土层的渗透系数：

$$k = \frac{\pi r^2}{A} \cdot \frac{\ln \dfrac{H_1}{H_2}}{t_2 - t_1} \tag{2-33}$$

式中　H_1——在时间 t_1 时的试验水头（cm）；

　　　H_2——在时间 t_2 时的试验水头（cm）；

　　　r——套管内径（cm）；

　　　A——形状系数（cm）。

第五节　硬黏土地基的评价

一、硬黏土胀缩性及其对地基承载力的影响评价

硬黏土具有弱－中膨胀潜势，自由膨胀率为 37%～65%，平均约为 51.0%。硬黏土区域地基承载力特征值可由载荷试验或其他原位测试，结合工程实践经验等方法综合确

定，并应符合下列要求：

1）荷载较大的重要建筑物宜采用现场浸水载荷试验确定；

2）已有大量试验资料和工程经验的地区，可按当地经验确定。

现场浸水载荷试验可用于确定膨胀土地基的承载力和浸水时的膨胀变形量（图 2-24）。

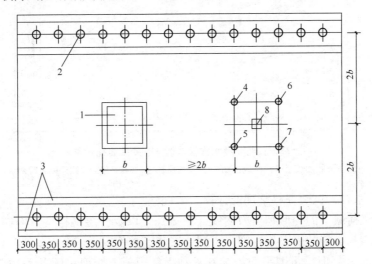

图 2-24 现场浸水载荷试验试坑及设备布置示意

1—方形压板；2—ϕ127 砂井；3—砖砌砂槽；4—1b 深测标；

5—2b 深测标；6—3b 深测标；7—大气影响深度测标；8—深度为零的测标

1）现场浸水载荷试验的方法与步骤

（1）试验场地应选在有代表性的地段；

（2）试验坑深度应不小于 1.0m，承压板面积不应小于 0.5m² 时，采用方形承压板时，其宽度 b 不应小于 707mm；

（3）承压板外宜设置一组深度为零、1b、2b、3b 和等于当地大气影响深度的分层测标，或采用一孔多层测标方法，以观测各层土的膨胀变形量；

（4）可采用砂井和砂槽双面浸水。砂槽和砂井内应填满中、粗砂，砂井的深度应不小于当地的大气影响深度，且应不小于 4b；

（5）应采用重物分级加荷和高精度水准仪观测变形量；

（6）应分级加荷至设计荷载。当土的天然含水量大于或等于塑限含水量时，每级荷载可按 25kPa 增加；当土的天然含水量小于塑限含水量时，每级荷载可按 50kPa 增加；每级荷载施加后，应按 0.5h、1h 各观测沉降一次，以后可每隔 1h 或更长一些时间观测一次，直至沉降达到相对稳定后再加下一级荷载；

（7）连续 2h 的沉降量不大于 0.1mm/h 时可认为沉降稳定；

（8）当施加最后一级荷载（总荷载达到设计荷载）沉降达到稳定标准后，应在砂槽和砂井内浸水，浸水水面不应高于承压板底面；浸水期间应每 3d 观测一次膨胀变形；膨胀变形相对稳定的标准为连续两个观测周期内，其变形量不应大于 0.1mm/3d。浸水时间不应少于两周；

（9）浸水膨胀变形达到相对稳定后，应停止浸水并按第（6）、（7）条要求继续加荷直至达到极限荷载；试验前和试验后应分层取原状土样在室内进行物理力学试验和膨胀试验。

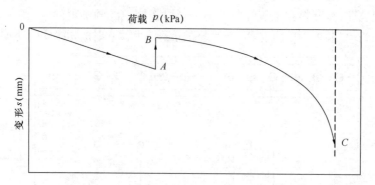

图 2-25　现场浸水载荷试验 p-s 关系曲线示意

OA—分级加载至设计荷载；AB—浸水膨胀稳定；BC—分级加载至极限荷载

2）现场浸水载荷试验资料整理及计算

应绘制各级荷载下的变形和压力曲线（图 2-25）以及分层测标变形与时间关系曲线，确定土的承载力和可能的膨胀量；同一土层的试验点数不应少于 3 点，当实测值的极差不大于其平均值的 30％时，可取平均值为其承载力极限值，应取极限荷载的 1/2 作为地基土承载力的特征值；必要时可用试验指标按承载力公式计算其承载力，并应与现场载荷试验所确定的承载力值进行对比。在特殊情况下，可按地基设计要求的变形值在 p-s 曲线上选取所对应的荷载作为地基土承载力的特征值。

二、硬黏土剪胀性及其对成桩条件的影响评价

原状的硬黏土普遍发生剪胀现象，会对该地区桩基的应用带来不利的影响。为探讨桩基在贯入过程中硬黏土的剪切效应，课题组针对硬黏土开展了应变控制式三轴试验仪进行不固结不排水（UU）试验以模拟桩基贯入饱和硬黏土时桩尖及桩侧对土体的作用。通过分析轴向应变 ε_1 和压缩过程中的体积应变 ε_v 来判断剪胀效应的正负性和明显程度。

试验土样为安徽马鞍山市某工程场地不同深度的老黏土，并制备相应的重塑土作为对比试验，土样总计 3 组，分别为三个钻孔中的原状土，每组 4 个土样，分别为 3 个不同深度下的原状土和 1 个重塑土样。

各土样在三轴试验中的围压设置（表 2-14）按照不同土样在各自深度所受水平应力来虑，水平应力可按公式求得，并取整数作为围压：

$$\sigma_3 = K\gamma H \tag{2-34}$$

式中　σ_3 ——土样的围压；

　　K ——水平压力系数，本书取 0.5；

　　γ ——土体的天然重度，取 18kN/m³；

　　H ——土样所在深度。

土样信息　　　　　　　　　　　　　　　　　　　表 2-14

钻孔编号	土样编号	深度（m）	围压（kPa）
38 号	38 号-1	3	30
	38 号-2	8	70
	38 号-3	13	120
	38 号-4	18	160
55 号	55 号-1	3	30
	55 号-2	8	70
	55 号-3	13	120
	55 号-4	18	160
60 号	60 号-1	3	30
	60 号-2	8	70
	60 号-3	13	120
	60 号-4	18	160

试验步骤按照《土工试验方法标准》GB/T 50123—2019[15]进行，试验步骤分别为制样、抽气饱和、安装试样、施加围压及进行剪切并读数。试验土样总计 12 个，从试验结果中分析可得：

试验中呈现出剪切破坏和鼓状破坏两种破坏模式，如图 2-26 和图 2-27 所示。

图 2-26　剪切破坏

图 2-27　鼓状破坏

在土样埋藏深度较浅，即围压较小、应力较小时，容易发生剪切破坏；而土样深度较深、围压较大时，常发生鼓状破坏。相应的，在硬黏土地区沉桩中，深度较浅的土体容易发生剪切破坏，沉桩相对容易，随着深度的增大，土体不易发生剪切破坏，需要更大的压桩力。

通过试验结果可见硬黏土在三轴条件下，普遍出现剪胀现象，并且随着深度的增大，剪胀效果越明显。重塑土样的剪切先呈现出剪缩（负剪胀），然后随着轴向应变的增大，转为剪胀（正剪胀）；硬黏土的剪胀主要集中在前 5% 的轴应变内，轴应变超过 5%，体积趋于稳定。稳定后体应变范围在 0～3%。不同地点相同深度的硬黏土剪胀性有所差异，这是由于不同地点的固结度不同造成的。图 2-28～图 2-30 分别对应钻孔 38 号、55 号、60号三处土样的剪胀情况。

图 2-28 给出了钻孔 38 号处 3m、8m、13m、18m 处土样体应变-轴应变曲线。从图 2-28 可见，38 号钻孔处原状的硬黏土普遍发生剪胀现象，剪胀的最终稳定体应变值在 0.6%～2.8% 的范围内；重塑的硬黏土（38 号-3）先发生剪缩再转为剪胀，发生最大剪缩时体应变为 -0.273%。硬黏土在三轴条件下，普遍出现剪胀现象，并且随着深度的增大，剪胀效果越明显。重塑土样的剪切先呈现出剪缩（负剪胀），然后随着轴向应变的增大，转为剪胀（正剪胀）；其剪胀主要集中在前 5% 的轴应变内，轴应变超过 5%，体积趋于稳定。稳定后体应变范围在 0%～3%。三轴剪胀试验对认识硬黏土地区桩基沉桩效应有着重要的作用，通过试验发现在桩端贯入硬黏土时的挤土效应和土体的破坏机理。

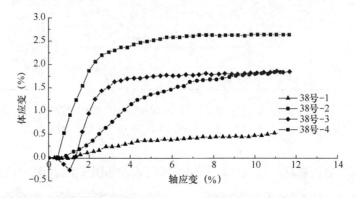

图 2-28　土样体应变-轴应变曲线

图 2-29 反映了 55 号钻孔处的不同深度土体在三轴应力状态下的剪胀效应。由图可知，在土质相同的情况下，随着埋藏深度的增大，剪胀效应越明显，而 55 号-4 的粉质黏土虽然埋藏深度较大，但是相对于硬黏土，剪胀性较小。这说明了土体的剪胀性除了和固结度、围压大小有关之外，还和土质密切相关，硬黏土较之粉质黏土具有更细的粒径和更加致密的结构，在压缩过程中更易产生较大的体积变形（剪胀），因此在工程中应该注意硬黏土的剪胀效应。

图 2-30 反映的钻孔 60 号处原状硬黏土和重塑硬黏土的剪胀规律与 38 号基本相同，

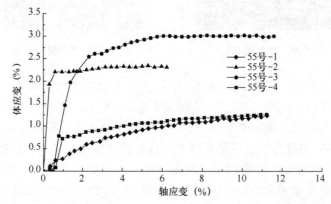

图 2-29　钻孔 55 号处 3m、8m、13m、18m 处土样体应变-轴应变曲线

一方面随着深度的增大，剪胀效应越明显，另一方面剪胀率也随着深度的增大有着较为明显的增大。对比 38 号钻孔剪胀曲线，60 号钻孔处的硬黏土剪胀发生得较缓，持续时间较长，最终体变较小。

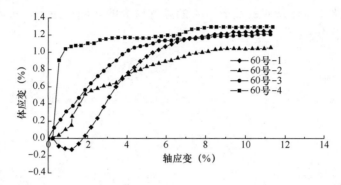

图 2-30　钻孔 60 号处 3m、8m、13m、18m 处土样体应变-轴应变曲线

上述结果表明，在土样埋藏深度较浅时，容易发生剪切破坏，而土样深度较大时，常发生鼓状破坏。老黏土剪切膨胀现象主要出现在轴应变为 5％以内，当轴应变超过 5％后，土体体积就逐渐稳定，稳定后体应变范围在 1％～3％之间，而且剪胀效应随着深度的增大有着较为明显的增强。

三、硬黏土结构与强度特性及其对边坡（基坑）稳定性的影响

1. 超固结性形成的初始应力对边坡稳定性的影响

硬黏土大多具有超固结性，天然孔隙比较少，干密度较大，初始结构强度较高。硬黏土的强烈收缩性及其黏粒的胶体性质是其超固结性的两个主要原因。硬黏土的超固结性具有与一般黏性土不同的特性，黏性土的超固结性是历史上的最大载荷基础上覆载荷而引起的，称为载荷引起的超固结，它所引起的强度称为结构强度。而对于硬黏土，则还有一种超固结作用，即由于土中存在基质吸力，当土中水分较少时这种基质吸力相当大，基质吸力的存在相当于土中增加了一个有效应力，它也会使土体体积缩小，这种与气候有关的超固结作用称为吸力超固结作用。硬黏土由于吸力的超固结作用会随环境条件的变化对土体的扰动和开挖的影响而变化，超固结硬黏土路基开挖后，将产生土体超固结应力释放，边坡与路基面出现卸荷膨胀，并常在坡脚形成应力集中区和塑性区，使边坡容易破坏。

2. 裂隙性及其对边坡稳定性的影响

硬黏土是一种膨胀性黏土，在膨胀土边坡中，反复膨胀与收缩会造成土体内外部原生裂隙的进一步扩大和次生裂隙的迅速发育。裂隙的不断发展使土体结构变得松散，大气降水与水分蒸发作用通过土体表面裂隙影响土体内更深处，逐步形成了风化层。在剪力作用下某些顺坡向的裂隙交叉相连，形成贯通的破裂带。该破裂带会与张裂隙底部形成顺坡向的软弱夹层，土内具备较好的积水条件，形成潜在滑动面，滑动面受重力作用或是荷载作用最终剥离土体。

3. 非饱和性及其对边坡稳定性的影响

硬黏土是由亲水矿物成分组成的一种典型的非饱和土。基质吸力的作用对于土体的整体性和边坡稳定性具有至关重要的作用。而影响吸力的主要因素是土体含水量的大小和裂

隙发育的程度。大量的降水（雨）会使地下水位上升，而干旱少雨时地下水位会下降，在地下水升降的交替变化中，水位附近的土体在吸水与脱水的反复过程中整体性破坏。当地下水位长时间维持在较高水平时，土体因长期浸水而膨胀软化，基质吸力的消散会大幅削弱土体的强度，此外在外来荷载及地下水的渗透压力的共同作用下，边坡稳定性显著降低，最终会引起滑塌。

第三章 地基承载力与沉降计算

地基承受着基础传来的各类荷载，荷载又通过地基传布到土体中去。荷载的类型有竖向的、水平的、永久的或者瞬间的，其在地基中产生的应力和应变具有较大的差别。通常情况下，荷载可分为以竖向为主和以水平向为主的两大类。房屋建筑传给地基的荷载主要为竖向荷载，在地基中所产生的变形对建筑的安全是主要研究对象，但对坡上建筑、挡土墙、水工建筑、风荷载较大地区的高耸结构和地震区的建筑，水平荷载在地基中引起的剪应力往往很大，地基的稳定性成为设计中的主要研究对象[17]。

地基计算包括土中应力、地基变形、地基承载力、地基稳定、边坡及土压力等内容。其中应力与变形问题属于线性变形体的应力-应变范畴，其他方面属于刚塑性极限平衡问题。应力用于预估建筑物的沉降是否满足设计功能的要求，属于按正常使用极限状态设计；变形用于评价坡体或水平力较大时地基的稳定性，确保在极限状态下不发生倾覆，属于按承载能力极限状态设计。两者计算模式完全不同，但在设计上均需满足要求。

本章以沉降计算方面的内容为主线，所提及的计算方法或者计算公式分为两类，一类为理论公式，一类为修正后的公式。理论公式仅限于常规的或经典的，修正公式是根据实践证明的且易于使用的公式。两者都有其局限性和适用范围，应根据工程实际情况选用。

第一节 地 基 承 载 力

一、概述

浅基础的埋深较浅，如多层房屋基础；或者埋深虽大，但与宽度之比小于 $1.5\sim2.0$，如箱基、筏基等。浅基础承载能力计算模型与深基础的根本区别在于基础假定放在地平面上，埋深部分土重作为超载放在基础的四周，忽略了基础周围土的抗剪强度对地基承载能力的影响。在此基础上从地基极限平衡条件出发，可导出极限荷载公式，它用来反映地基作为刚体失去平衡面临倾覆的极限承载力。如果从容许地基在使用过程中出现局部塑性区的原则出发，可导出临塑荷载公式或局部塑性荷载公式，它反映地基处于压缩状态下的最大荷载，也是容许采用弹性理论确定土中应力分布的极限值。

原位测试是用于确定地基承载力的另一种方式。荷载试验使用较为广泛。由于荷载试验是模拟试验，所得到的荷载-沉降以及沉降-时间的关系可直接判定在各级荷载下地基的工作状态，所以极限承载力及承载力特征值可由荷载试验同时确定。荷载试验实际上相当于埋深为零时小压板加荷试验。压板宽度不宜太小，太小易于过早出现刺入变形和侧向挤出；压板宽度过大则所需费用昂贵，不利于生产实践。根据许多学者从事过的系统试验，压板宽度大于 30cm 时，荷载试验曲线能较好地符合地基上作用的局部荷载与沉降的关系。从大量荷载试验特性研究及理论分析表明，地基受荷后的力学性能在不同加荷阶段有其基本特征，通常分为 3 个阶段，见图 3-1。

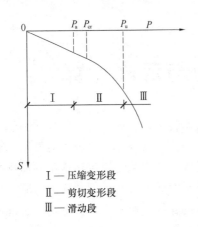
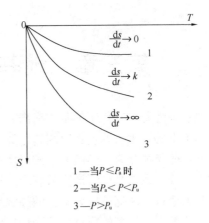

Ⅰ — 压缩变形段
Ⅱ — 剪切变形段
Ⅲ — 滑动段

1 — 当 $P \leqslant P_a$ 时
2 — 当 $P_a < P < P_u$
3 — $P > P_u$

图 3-1　地基变形的三种状态

1. 压缩变形段

当作用在荷载板上的压力小于比例界限 p_a 时，压力与沉降存在近似的直线关系。这种情况下，土体可近似地看成线性变形体，即地基中应力按弹性半无限空间理论计算，但采用压缩模量计算变形。

压缩变形段中另一重要特征是土的压缩需要经过一段时间才能完成。在加荷后的较短期间沉降速度往往很大，但随着时间的增加沉降速度逐渐减少并趋于零。由此说明压缩变形段内土的变形主要为固结或压缩变形。该段内任何荷载都可选用为设计计算压力，而最大值 p_a 通常称为比例界限。

土的压缩模量很小，一般在 2~20MPa 之间。对高压缩性地基，多层房屋沉降为数十厘米，沉降稳定需要数年乃至数十年。中压缩性地基上十余层房屋沉降也可达到十余厘米，所以，许多体形复杂、刚度不协调以及地质不均匀的房屋常常开裂。为保证房屋的正常使用，需要选择合适的压力，使沉降或差异沉降控制在允许范围内。该压力称为允许压力。

2. 剪切变形段

从比例界限值 p_a 到极限荷载 p_u 之间的变形段通常划为剪切变形段。从 p-s 曲线上看它是非线性的，同时沉降稳定期随荷载的增加而延长，到某一荷载时它发展为等速变形。剪切变形发展过程极为复杂，当荷载超过比例界限后，在基础底面沿边缘出现小的塑性区，如图 3-2 所示。区内土中的剪应力均大于抗剪强度，但区外仍为压缩区。地基变形主要由压缩产生，仍然认为土体具有压缩变形的特点，同样可以用来确定地基承载力。

当荷载继续增加后，塑性区将向深处发展，剪切变形比重逐渐增加。塑性区相连时，基础犹如放在塑性体上，极易发生倾斜或倾覆。这类状态称为危险应力状态，通过地基中的剪应力与抗剪强度相等原则，可求得危险应力状态时的应力。

3. 滑动段

继续增加荷载时，沉降量可能大幅度增长，在较长的时间内不能达到稳定，或者会出现沉降速度增大的现象。这些都是地基达到极限状态，濒临破坏的象征。如果地基内出现连续滑动面、土体不断向四周挤出、地面隆起等现象，p-s 曲线将呈陡降段趋势，称为整体剪切破坏，如图 3-3 中 a 所示。著名的加拿大特纳谷仓的倾覆就是属于此类破坏。极限

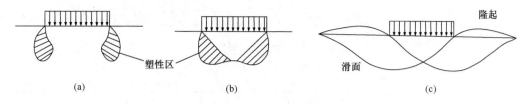

图 3-2　剪切变形示意图

（a）局部塑性区；（b）压密核形成；（c）滑动面形成

平衡理论也建立在整体剪切破坏的基础上。然而，大
量荷载试验结果表明，地基处于极限平衡状态或整体
剪切破坏模式只在极少的土质情况及加载条件下出现，
大多情况如图 3-3 中 b 所示，太沙基称为局部破坏，并
认为它是由于土在加载过程中产生压缩造成的，这是
被大家普遍接受的概念。但是，研究人员对于如何确
定地基的破坏状态及相应的极限荷载并没有一致的看
法。太沙基建议用 1ft 宽的方形载荷板，取 0.5in 时的
沉降对应荷载的一半作为容许承载力，它回避了极限
承载力的破坏数值。实际上它是从实际应用要求，按

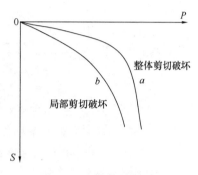

图 3-3　剪切变形示意图

经验取值的一种方法，如果取安全度为 2，太沙基将极限荷载定为沉降为 0.042 基宽所对
应的荷载。

综上所述，荷载试验曲线各个阶段的性状具有规律性，但是应当注意到各个阶段的特
征界限值是随基础宽度、埋深、加载速度而有所不同，所以用标准荷载试验所得到的承载
力特征值并不等于基础宽度与埋深不同时的相应值，还需根据土的性质加以修正。修正方
法应当由各国工程技术人员根据本国工程经验制订。文中各节所提供的常见公式也都需要
结合工程实际加以修正后使用。

二、不同基础型式土体中的应力分布

在地基土层上建造建筑后，地基中原有的应
力状态发生变化，引起地基变形。当应力引起的
变形量在容许范围以内，不会影响建筑物的正常
使用；但当外荷载在土体中引起的应力过大时，
则会使建筑发生不能容许的过量的变形，甚至使
土体发生整体破坏而失去稳定性。所以，研究土
中应力分布的规律是研究地基基础变形和稳定性
的依据。

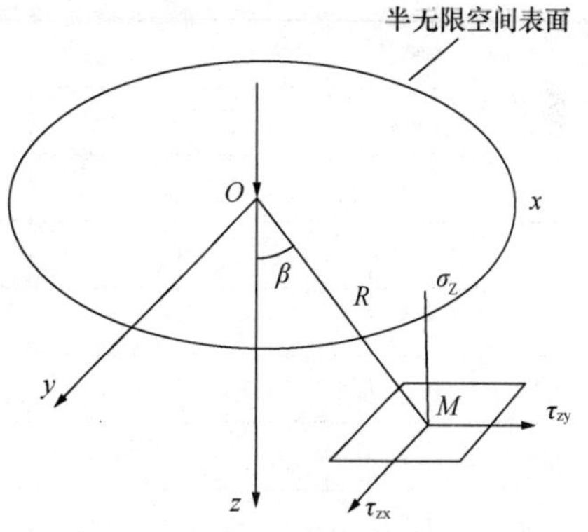

1. 集中力作用下的应力分布

在弹性半空间表面上作用一个竖向集中力时，
如图 3-4 所示，半空间中任意点 M（x，y，z）处的 6 个应力分量的解答如下：

图 3-4　集中力作用下地基应力示意图

$$\sigma_{x} = \frac{3P}{2\pi}\left[\frac{x^{2}z}{R^{5}} + \frac{1-2\mu}{3}\left(\frac{R^{2}-Rz-z^{2}}{R(R+z)} - \frac{x^{2}(2R+z)}{R^{3}(R+z)^{2}}\right)\right] \tag{3-1}$$

$$\sigma_y = \frac{3P}{2\pi}\left[\frac{y^2 z}{R^5} + \frac{1-2\mu}{3}\left(\frac{R^2 - Rz - z^2}{R(R+z)} - \frac{y^2(2R+z)}{R^3(R+z)^2}\right)\right] \tag{3-2}$$

$$\sigma_z = \frac{3P}{2\pi}\cdot\frac{z^3}{R^5} = \frac{3P}{2\pi R^2}\cos^3\theta \tag{3-3}$$

$$\tau_{xy} = \tau_{yx} = -\frac{3P}{2\pi}\left[\frac{xyz}{R^5} - \frac{1-2\mu}{3}\cdot\frac{xy(2R+z)}{R^3(R+z)^2}\right] \tag{3-4}$$

$$\tau_{yz} = \tau_{zy} = -\frac{3P}{2\pi}\cdot\frac{yz^2}{R^5} = -\frac{3Py}{2\pi R^3}\cos^2\theta \tag{3-5}$$

$$\tau_{xz} = \tau_{zx} = -\frac{3P}{2\pi}\cdot\frac{xz^2}{R^5} = -\frac{3Px}{2\pi R^3}\cos^2\theta \tag{3-6}$$

式中　　σ_x、σ_y、σ_z——分别平行于 x、y、z 坐标轴的正应力；

τ_{xy}、τ_{yz}、τ_{xz}——剪应力，其中前一角标表示与它作用的微面的法向方向平行的坐标轴，后一角标表示与它作用方向平行的坐标轴；

P——作用于坐标原点 o 的竖向集中力；

R——M 点至坐标原点 o 的距离；

θ——R 线与 z 坐标轴的夹角。

公式（3-3）通常简化为：

$$\sigma_z = K\frac{P}{2} \tag{3-7}$$

$$K = \frac{3}{2\pi}\frac{1}{\left[1+\left(\frac{r}{z}\right)^2\right]^{5/2}} \tag{3-8}$$

式中　K——集中力作用下地基竖向附加应力系数，可从表 3-1 中直接查出；

r——M 点与集中力作用点的水平距离。

集中应力系数表 表 3-1

r/z	K	r/z	K	r/z	K	r/z	K	r/z	K
0	0.4775	0.50	0.2733	1.00	0.0844	1.50	0.0251	2.00	0.0085
0.05	0.4745	0.55	0.2466	1.05	0.0744	1.55	0.0224	2.20	0.0058
0.10	0.4657	0.60	0.2214	1.10	0.0658	1.60	0.0200	2.40	0.0040
0.15	0.4516	0.65	0.1978	1.15	0.0581	1.65	0.0179	2.60	0.0029
0.20	0.4329	0.70	0.1762	1.20	0.0513	1.70	0.0160	2.80	0.0021
0.25	0.4103	0.75	0.1565	1.25	0.0454	1.75	0.0144	3.00	0.0015
0.30	0.3849	0.80	0.1386	1.30	0.0402	1.80	0.0129	3.50	0.0007
0.35	0.3577	0.85	0.1226	1.35	0.0357	1.85	0.0116	4.00	0.0004
0.40	0.3294	0.90	0.1083	1.40	0.0317	1.90	0.0105	4.50	0.0002
0.45	0.3011	0.95	0.0956	1.45	0.0282	1.95	0.0095	5.00	0.0001

当局部荷载的平面形状或分布不规则时，可采用等代荷载法求土中应力，即将荷载面分成若干个形状规则的矩形面积单元，每个单元上的分布荷载近似地作用在单元面积形心

上的集中力代替。

2. 矩形均布荷载面积下的应力分布

在实际工程中，多数基础底面积为矩形，如图 3-5 所示。角点应力公式是目前使用较多的来确定地基中应力，根据应力叠加原理对整个矩形面积进行积分可得公式如下：

$$\sigma_z = \frac{p_0}{2\pi}\left[\frac{lbz(l^2+b^2+2z^2)}{(l^2+z^2)(b^2+z^2)\sqrt{l^2+b^2+z^2}} + \arctan\frac{lb}{z\sqrt{l^2+b^2+z^2}}\right] \tag{3-9}$$

当矩形边长 l、b 为已知，z 为所求点的深度时，式（3-9）可简化为

$$\sigma_z = K_c p_0 \tag{3-10}$$

式中　K_c——角点应力系数，可参见《建筑地基与基础工程》[①] 书中表 4.2.2。

3. 圆形面积上均布荷载和三角形分布荷载下地基的应力分布

圆形建筑物多为油罐、塔、烟囱等，其基础也分为圆形、环形或方形。

1）圆形面积上的均布荷载（图 3-6）

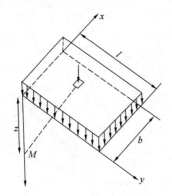

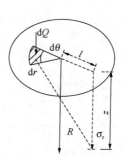

图 3-5　均布矩形荷载
角点下附加应力

图 3-6　圆形面积上的
均布荷载积分

为求出地基中任意点 $M(\theta, l, z)$ σ_z 的值，用 $\mathrm{d}Q = p_0 r\mathrm{d}\theta\mathrm{d}r$ 代替式（3-3）中的 p，并以 $R = (r^2 + z^2 + l^2 - 2lr\cos\theta)^{1/2}$ 代入该式，再在全部荷载面积内积分，得：

$$\sigma_z = \frac{3p_0 z^3}{2\pi}\int_0^{2\pi}\!\!\int_0^a \frac{r\mathrm{d}\theta\mathrm{d}r}{(r^2+z^2+l^2-2lr\cos\theta)^{5/2}} = K_0 p_0 \tag{3-11}$$

式中　p_0——基底附加应力（kPa）；

　　　a——圆面积的半径（m）；

　　　K_0——应力系数，可根据 l/a 及 z/a 值可参见《建筑地基与基础工程》[①] 书中
　　　　　表 4.2.3；

　　　l——应力计算点 M 至 Z 轴的水平距离。

对圆心下深度 z 处的点，有：

$$\sigma_z = \frac{3p_0 z^3}{2\pi}\int_0^{2\pi}\!\!\int_0^a \frac{r\mathrm{d}\theta\mathrm{d}r}{(r^2+z^2)^{5/2}} = p_0\left[1 - \left(\frac{1}{1+a^2/z^2}\right)^{3/2}\right] \tag{3-12}$$

① 黄熙龄，钱力航. 建筑地基与基础工程［M］. 北京：中国建筑工业出版社，2016.

2）圆形面积上三角形分布的荷载（图 3-7）

这种情况下可采用均布荷载下类似办法进行积分，求出任意点处的 σ_z 值。对圆周上压力为零的点（点 1）下 z 深度处 σ_{z1} 可由（3-13）求得：

$$\sigma_{z1} = K_{T1} p_T \tag{3-13}$$

式中　　K_{T1}——应力系数；

p_T——分布荷载最大值。

对于圆周上压力最大的点 p_T 下 z 深度的压力由 $\sigma_{z2} = K_{T2} p_T$ 求出，应力系数 K_{T1} 和 K_{T2} 均可参见《建筑地基与基础工程》书中表 4.2.4。

4. 矩形面积上三角形分布荷载下地基的应力分布

设竖向荷载沿矩形面积一边 b 方向呈三角形分布，另一边 l 的荷载分布不变，荷载最大值为 P，见图 3-8。在整个矩形荷载面积进行积分后得到荷载零值边角点 1 下任意深度 z 处竖向应力 σ_z：

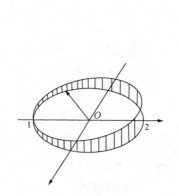
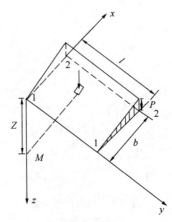

图 3-7　圆形面积上的三角形荷载　　　　图 3-8　矩形面积上的三角形荷载

$$\sigma_z = K_{t1} P_0 \tag{3-14}$$

式中　　K_{t1}——三角形分布的矩形荷载零值边角点附加应力系数。

利用叠加原理可以求得荷载最大边的角点 2 下任意深度 z 处的竖向附加应力 σ_z：

$$\sigma_z = K_{t2} = (K_c - K_{t1}) \tag{3-15}$$

式中　　K_{t2}——三角形分布的矩形荷载最大值边角点附加应力系数；

K_c——矩形均布荷载角点附加应力系数。

在实际工程中，经常遇到由三角形荷载与均布荷载作用在基础上的荷载出现偏心情况时，假定基底反力为线形分布，将出现梯形荷载。计算沉降时，按角点法分别求得三角形荷载和均布荷载产生的应力，然后进行叠加。

三、地基承载力的确定

地基承载力的确定有很多种方法，有根据原位测试试验确定地基承载力，有根据理论公式计算得到地基承载力，还可以根据经验公式及规范计算得到地基承载力。下面分别介绍几种确定地基承载力的方法。

1. 按原位测试法确定地基承载力

工程中常见的原位测试方法如荷载试验、静力触探、标准贯入试验等，都可用其测试结果推算出相应的地基承载力。这些方法在难以取得地基土原状土样的情况下，或为避免原状土样被扰动时最为适合。当确定浅部地基土层的承压板下应力主要影响范围内的承载力时，可采用浅层平板荷载试验；当确定深部地基土层及大直径桩的桩端土层在承压板下应力主要影响范围内的承载力时，可采用深层平板试验，且荷载试验承载力应取特征值。

1）平板载荷试验

平板载荷试验是一种模拟实体基础受荷的原位试验，用以测定地基土变形模量、地基承载力、估算建筑物沉降等。

（1）试验方法

在待测岩土体上放置圆形或方形的具有一定柔性的承压板，在其上逐级施以静荷载（p），观测承压板的相应沉降（s），直至土体达到破坏。绘出荷载与沉降的关系（p-s）曲线，据以计算或评价岩土体承载力、变形模量等参数。

试验可通过直接荷载板上加铁块等重物施加荷载，也可在荷载板和固定于地面的装置放置液压缸或千斤顶，利用反压达到加荷目的。

（2）p-s 曲线分析

原始数据经整理后可得出每级荷载与相应的地基变形关系（p-s 曲线）。一般情况下，承压板下的土体受荷沉降过程可分为三阶段：

① 压密阶段：此阶段中土颗粒主要产生竖向位移，土体以弹性变形为主，p-s 曲线接近线性关系。

② 局部剪切或塑性变形阶段：载荷板下土体颗粒有侧向位移，土体局部剪切破损，实际进入屈服状态。

③ 完全破坏阶段：土粒向外上方滑移，土体中形成连续剪切破坏滑动面。

（3）地基承载力的确定

采用平板载荷试验确定地基承载力特征值时，是对试验基坑（基坑宽度不应小于承压板宽度或直径的三倍）内地基土上面积大于或等于 0.25m² （对软土，大于或等于 0.5m²）的刚性承压板分级加载，测读每级荷载下地基土的沉降量直至地基土破坏。当荷载-沉降（p-s）曲线上有比例界限时，取该比例界限所对应的荷载值作为特征值 f_{ak}；当极限荷载小于对应比例界限的荷载值的 2 倍时，取极限荷载荷载值的一半作为 f_{ak}；当不能按上述两种方法确定，承压板面积为 0.25～0.5m² 时，可取 $s/b=0.01～0.015$ 所对应的荷载作为 f_{ak}（对砂土、硬黏性土取 0.01，对可塑性黏性土取 0.015），但其值不应大于最大加载量的一半。同一土层参加统计的试验点不应少于三点，当实验实测值的极差不超过其平均值的 30％时，取此平均值作为该土层的地基承载力特征值 f_{ak}。

2）标准贯入试验

标准贯入试验在国内外应用均很广泛。原始的方法是用人力拉绳，通过绞车、滑轮将重锤提升，再靠其自重落下，随着机械化的发展，发展了多种型式的自动脱钩落锤方法。标准贯入试验适用于黏性土、中砂、细砂、粉砂层。标准贯入指标 N 可以用来确定地基承载力；确定黏性土的强度参数值 c、φ 以及无侧限抗压强度；还可以来确定黏性土的侧限模量。关于标准贯入试验与硬黏土承载力的关系见表 3-2[19]。

标准贯入试验锤击数与地基承载力的关系　　　　表 3-2

研究者	回归式	适用范围	备注
江苏省水利工程总队	$P_0 = 23.3N$	黏性土、粉土	不作杆长修正
冶金部成都勘察公司	$P_0 = 56N - 558$	老堆积土	
	$P_0 = 19N - 74$	一般黏性土、粉土	
冶金部武汉勘察公司	$N = 3 \sim 23$ $P_0 = 4.9 + 35.8N_{机}$	第四纪冲、洪积黏土、 粉质黏土、粉土	
	$N = 23 \sim 41$ $P_0 = 31.6 + 33N_{手}$		
	$N = 23 \sim 41$ $P_{kp} = 20.5 + 30.9N_{手}$		
武汉市规划设计院 湖北勘察院 湖北水利水电勘察设计院	$N = 3 \sim 18$ $f_k = 80 + 20.2N$	黏性土、粉土	
	$N = 18 \sim 22$ $f_k = 152.6 + 17.48N$		
Terzaghi	$f_k = 12N$	黏性土、粉土	条形基础 $F_s = 3$

注：1. P_0 为载荷试验比例界限。

　　2. f_k 为地基承载力（kPa）。

　　3. $N_{机}$ 与 $N_{手}$ 的关系参见《工程地质手册》第四版（2007）表 3-3-6。

国内外关于依据标准贯入锤击数计算地基承载力的经验公式有 Peck、Hanson 和 Tgornburn 为代表的如下计算公式：

当 $D_w \geqslant B$ 时，$f_k = S_a(1.36\overline{N} - 3)\left(\dfrac{B + 0.3}{2B}\right)^2 + \gamma_2 D_t$　　　　　　　　(3-16)

当 $D_w < B$ 时，$f_k = S_a(1.36\overline{N} - 3)\left(\dfrac{B + 0.3}{2B}\right)^2 \left(0.5 + \dfrac{D_w}{2B}\right) + \gamma_2 D_t$　　　(3-17)

式中　D_w——地下水离基础底面的距离（m）；

f_k——地基承载力（kPa）；

S_a——允许沉降（cm）；

$\overline{N}$——地基土标准贯入锤击数的平均值；

B——基础短边宽度（m）；

D_t——基础埋置深度（m）；

γ_2——基础底面以上土的重度（kN/m³）。

3）静力触探试验

静力触探是通过一定的机械装置，将一定规格的探头用静力压入土中，同时用传感器或直接测量仪表量测土层对触探头的贯入阻力，以此作为试验成果。比贯入阻力（p_s）是总贯入力 P 与锥底截面积 A_c 的比值。利用比贯入阻力 p_s 确定地基承载力、侧限压缩模量、变形模量。

目前，各地区制定的相应技术规范中，给出按当地工程实践经验并根据地基土的物理力学指标、标准贯入击数 N 值及静力触探试验的比贯入阻力 p_s 值等确定地基承载力特征值时的标准，可参照使用。为了利用静力触探确定地基土的承载力，国内外都是根据对比试验结果提出经验公式，以解决生产上的应用问题。

建立经验公式的途径主要是将静力触探试验结果与荷载试验求得的比例界限值进行对比，并通过对比数据的相关分析得到用于特定地区或特定土性的经验公式。表 3-3 是不同单位得到的不同地区黏性土的经验公式。[18]

黏性土静力触探承载力经验公式　　　　　表 3-3

序号	公式	适用范围	公式来源
1	$f_0=104p_s+26.9$	$0.3{\leqslant}p_s{\leqslant}6$	勘察规范（TJ 21—77）
2	$f_0=17.3p_s+159$	北京地区老黏性土	原北京市勘察处
3	$P_{0.026}=91.4p_s+44$	$1{\leqslant}p_s{\leqslant}3.5$	湖北综合勘察处
4	$f_0=249\lg p_s+157.8$	$0.6{\leqslant}p_s{\leqslant}4$	四川省综合勘察院
5	$f_0=45.3+86p_s$	无锡地区 $p_s=0.3\sim3.5$	无锡市建筑设计室
6	$f_0=90p_s+90$	贵州地区红黏土	贵州省建筑设计院

4）十字板剪切试验

十字板剪切试验（VST）是用插入土中的标准十字板探头，以一定速度扭转，量测土破坏时的抵抗力矩，测定土的不排水的抗剪强度和残余抗剪强度。十字板剪切试验可用于测定饱和软黏性土的不排水抗剪强度和灵敏度。

一般认为十字板测得的不排水抗剪强度是峰值强度，其值偏高。长期强度只有峰值强度的 $60\%\sim70\%$。因此，十字板测得的强度 S_u 需进行修正后才能用于设计计算。Daccal 等建议用修正系数 μ 来折减，由此得到抗剪强度，见公式（3-18）：

$$\tau_f = uS_u \tag{3-18}$$

《铁路工程地质原位测试规程》TB 10018[19] 规定：当 $I_p{\leqslant}20$ 时，$\mu=1$；当 $20<I_p{\leqslant}40$ 时，$\mu=0.9$。

根据抗剪强度 τ_f，中国建筑科学研究院、华东电力设计院给出了地基承载力的计算公式：

$$q = 2\tau_f + \gamma h \tag{3-19}$$

式中　q——地基承载力（kPa）；

　　　τ_f——修正后的十字板剪切强度（kPa）；

　　　γ——土的重度（kN/m³）；

　　　h——基础埋置深度（m）。

2. 按理论公式计算地基承载力

地基承载力的计算公式很多，它们大多包括三项：一项反映黏聚力 c；一项反映基础宽度 b 的作用；一项反映基础埋深 d 的作用。在这三项中都含有一个数值不同的无量纲系数，称为承载力系数，它们都是内摩擦角的函数。不同的地基承载力公式，其主要差别通常就表现在承载力系数的数值不同。造成这现象的原因主要是有的公式考虑的是整体剪切破坏，有的公式考虑的是局部剪切破坏。因此，选用承载力公式时一定要注意其适用条件。

以下介绍三中常用的承载力计算公式：太沙基承载力公式、魏锡克（Vesic）极限承载力公式、梅耶霍夫极限承载力公式。有关地基承载力理论公式的推导，可参阅一般土力学书籍。

1）太沙基承载力公式

L. 普朗特在1920年首先根据极限平衡理论导出了条形基础的极限承载力计算公式。普朗特在推导公式时，假定基础底面与土之间是光滑的、基础下土是无重量的介质，这样得到的滑动面是由两组平面及中间过渡的对数螺旋曲面组成。由于普朗特所做的假定条件与实际不符，故其结果是粗略的。在此以后，不少学者在他的研究基础上做了进一步的修正和发展。20世纪40年代太沙基根据普朗特的基本理论，提出了考虑基础下土自重的极限承载力公式，从而发展出太沙基承载力理论。

对于塑性体极限状态的模式，其基本假定为：基础底面光滑，即没有摩擦力，基底压力垂直于地面；地基土没有质量，即基底以下的土的重度为0；荷载为无限长的条形荷载。当土体处于塑性平衡状态时，塑性边界为如图3-9所示的 $d'c'bcd$。地基土分为三个区，区域Ⅰ为主动朗肯区，破裂面与水平面成 $45°+\varphi/2$；Ⅲ区为被动朗肯区，破裂面与水平线夹角为 $45°-\varphi/2$；Ⅱ区为放射推挤区，滑动线 $c'b$ 为对数螺旋线（图3-10），对数螺旋线的方程为：

$$r = r_0 e^{(\theta\tan\varphi)} \tag{3-20}$$

式中　r——起点 0 到任意点 m 距离；

r_0——Ⅱ区起始半径；

θ——on 和 om 之间的夹角；

φ——内摩擦角，即 m 点半径与该点的法线成 φ 角。

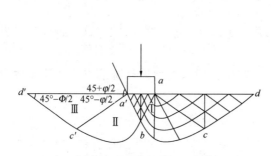

图3-9　条形刚性板下的滑动曲线

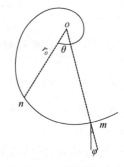

图3-10　对数螺线

（1）当 $\varphi=0$ 时，对数螺旋线为一圆弧，基础埋深为 d，将基底水平面以上的土重用均布超载代替，地基土的极限承载能力为：

$$P_u = (\pi+2)c + \gamma_0 d \tag{3-21}$$

式中　P_u——极限承载力；

c、φ——土的抗剪强度指标，c 为土的黏聚力，φ 为土的内摩擦角；

γ_0——基础底面以上土的加权平均重度，地下水位以下取有效重度。

当基础为方形时（按 Ishlinskii，1994），

$$P_u = 5.71c + \gamma_0 d \tag{3-22}$$

当基础为矩形时按 (Shield, 1960) $b/l > 0.53$ 时,
$$P_u = (5.24 + 0.47b/l)c + \gamma_0 d \tag{3-23}$$

当 $b/l < 0.53$ 时,
$$P_u = (5.14 + 0.56b/l)c + \gamma_0 d \tag{3-24}$$

上述公式用于硬黏土极限承载能力,经与荷载试验对比,其结果偏于安全。

(2) 基础底面往往是粗糙的,太沙基假定基底与土之间的摩擦力阻止了在基底处的剪切位移的发生,使它不能处于极限平衡状态,基底下的土体形成了一个刚性核,与基础称为一个整体竖直向下移动,这时Ⅰ区滑裂面与水平面成 ϕ 角,一般 $\varphi < \phi < 45° + \varphi/2$,$\phi$ 角是未知的,需要用试算法确定;当考虑地基土的重度时,Ⅱ区为对数螺旋线过渡区,bc 在圆弧与螺旋线之间变化。这种情况下边界条件复杂,目前的解答是经验性的,通常先假定刚性核的滑裂面的形状,将古典刚塑性理论中的 N_c 和 N_q 值与在 $c=0$,$d=0$ 条件下得到 N_r 的值叠加而成。由此得到著名的太沙基表达式:

$$P_u = cN_c + qN_q + \frac{1}{2}\gamma b N_r \tag{3-25}$$

$$q = \gamma_0 d \tag{3-26}$$

式中　c——地基土的黏聚力;

　　　γ——地基土的重度;

　　　q——基础水平面以上基础两侧的超载;

　b、d——基础的宽度和埋置深度;

　　　N_r——无量纲的承载力系数。

地基完全破坏的范围比较小,当土存在压缩性时,能否发挥土的抗剪强度以及滑裂面的形成都有待商榷。特别重要的是基宽越大,承载力与基宽成正比增加这种概念在一般黏性土中不能得到证明,其原因在于基宽越大,应力扩散越深,沉降也越大。另一方面,当荷载增加到某一限值时,基础以下部分土层将发生冲切破坏,造成地基土的大量下沉,但是到目前为止,还未能就此问题得到合理的解决。

太沙基采用折减后的 c' 和 φ' 计算承载力公式中的系数 N_c、N_q、N_r:

$$c' = \frac{2}{3}c \tag{3-27}$$

$$\varphi' = \arctan\left(\frac{2}{3}\tan\varphi\right) \tag{3-28}$$

上述折减方法实际上限制了承载力的上限值,解决了砂类土由于内摩擦角较大带来的承载能力急剧增大的问题。但是荷载试验结果证实:当 $\varphi=0$ 时,将黏聚力 c 折减 1/3 后,极限承载力略大于塑性荷载,如果采用固结排水剪切试验指标,对饱和软土将得到过大的内摩擦角,即使加以折减,它的承载能力比完全破坏条件下的承载力大得多,其原因在于室内固结程度远比荷载试验条件下地基的实际固结程度高。

由于理论公式本身带有较多的不定因素,太沙基建议的折减方法有其适用性。对于硬黏性土,建议使用公式 (3-25) 时,只将 φ 值用 φ' 代入,求出各承载力因子,这时土的抗剪强度采用三轴不排水。目前各国以计算结果为依据采用经验的安全度,以求得地基容许承载力,安全度一般达到了 3~4。在考虑土的压缩性时,需将内摩擦角 φ 按式 (3-28) 折算后求 N_c、N_q、N_r。黏聚力 c 不需折减。

2）魏锡克（Vesic）极限承载力公式

建筑物因地基问题引起的破坏，一般有两种可能：一种是由于建筑物基础在荷载作用下产生了过大的沉降差，致使建筑物严重下沉、上部结构开裂、倾斜而失去使用价值；另一种是由于建筑的荷载过大，超过了持力层上所能承受荷载的能力而使地基发生破坏。建筑物因承载力不足而引起的破坏，通常是由于基础下持力层土的剪切破坏所造成的。魏锡克极限承载力公式是由 A. S. 魏锡克于 20 世纪 70 年代提出的地基极限承载力公式。在普朗德尔承载力理论基础上，考虑了土自重，并考虑了超载土的抗剪强度、荷载倾斜和偏心、基底倾斜、地面倾斜等因素对地基极限承载力的影响。魏锡克还提出可以判别地基三种剪切破坏型式的刚度指标和临界刚度指标，在地基极限承载力公式中列入压缩影响系数，以考虑局部剪切破坏或冲剪破坏时土压缩变形的影响。把整体剪切破坏条件下的极限承载力公式推广应用于局部或冲剪破坏时承载力的计算。其形式如下：

$$p_u = cN_c + qN_q + \frac{1}{2}\gamma b N_r \tag{3-29}$$

式中　　　c——地基土的黏聚力；

γ——地基土的重度；

q——基础水平面以上基础两侧的超载；

N_c、N_q、N_r——为承载力系数，分别由下式确定：

$$N_q = \exp(\pi\tan\varphi)\,\tan^2(45° + \varphi/2) \tag{3-30}$$

$$N_c = (N_q - 1)\cot\varphi \tag{3-31}$$

$$N_r = 2(N_q + 1)\tan\varphi \tag{3-32}$$

式中　φ——为土的内摩擦角。

魏锡克地基承载力理论的基本假定为：刚塑体假定；土不可压缩；土体遵循莫尔——库仑强度理论；平面问题求解；基底完全光滑；地基土为均质单层土。普朗特尔和太沙基极限承载力公式都是在条形基础受中心竖直荷载并忽略基础两侧土的抗剪强度的影响的条件下得到的。在工程实践中，经常可能遇到非条形基础、倾斜荷载或偏心荷载作用等情况。对于这些情况，一般都引入一些半经验的系数对承载力加以修正，即魏锡克极限承载力公式。魏锡克极限承载力公式计算硬黏性土的极限承载力结果与试验结果吻合较好，误差较小。

3）梅耶霍夫极限承载力公式

1951 年梅耶霍夫对太沙基理论做了进一步的改进，即考虑了基底以上土体的剪切强度对地基极限承载力的影响。在浅基础的地基极限承载力计算中，将基础两侧底面以上的土层简单当作荷载，忽视作为过载土层的抗剪强度，这无疑会低估地基的承载力。在基础埋深较浅的情况下，作为过载的土层的抗剪强度也相对较小，忽略其对地基承载力的影响所造成的误差也较小。若基础埋置深度较大，但仍采用浅埋基础的影响，把基底以上土层简单地作为荷载，这显然会带来较大误差，梅耶霍夫在计算地基土的极限承载力公式中，考虑了基底以上土的抗剪强度这一因素。对于均质地基，用简化方法导得条形基础在中心荷载作用下的地基极限承载力公式：

$$q_f = cN_c + \sigma_0 + N_q + \frac{1}{2}\gamma B N_\gamma \tag{3-33}$$

其中：　　　$\sigma_0 = \frac{1}{2}\gamma D\left(k_0\sin^2\beta + \frac{k_0}{2}\mathrm{tg}\delta\sin2\beta + \cos^2\beta\right) \tag{3-34}$

式中 c——地基土的黏聚力；

           γ——地基土的重度；

    B、D——基础的宽度和埋置深度；

       k_0——静止土压力系数；

       σ_0——等代自由面上的法向应力；

       δ——土与基础侧面之间的摩擦角；

       β——等代自由面的倾角；

N_c，N_q，N_γ——为承载力系数。

梅耶霍夫理论假定如下：基础底面完全粗糙，条形地基为整体剪切破坏，地基土为均质非饱和土，且地下水位处于地基滑动面以下，基质吸力沿深度均匀不变；滑动面上的土体处于塑性极限平衡状态。基础侧面上的法向应力按静止土压力计算。梅耶霍夫地基极限承载力由地基土黏聚力与基础旁侧荷载、滑动土体自重与被动土压力等提供，采用刚塑性体的极限平衡法，根据线性叠加原理进行公式推导。在计算地基土黏聚力与基础旁侧荷载所提供的承载力时，用"等代自由面"上的法向应力和切向应力来反映基础旁侧土抗剪强度的影响，这种处理方式更符合实际情况。

3. 按地基基础规范计算地基承载力

我国《建筑地基基础设计规范》GB 50007 中规定，当偏心距 e 小于或等于 0.033 倍基础底面宽度时，根据土的抗剪强度指标确定地基承载力特征值可按下式计算：

$$f_a = M_b \gamma b + M_d \gamma_m d + M_c c_k \tag{3-35}$$

式中 f_a——由土的抗剪强度指标确定的地基承载力特征值；

M_b、M_d、M_c——承载力系数，见表 3-4；

        γ——基础底面以下土的重度，地下水位以下取浮重度；

       γ_m——基础底面以上土的加权平均重度，地下水位以下取浮重度；

        b——基础底面宽度（m），大于 6m 时按 6m 取值，对于砂土小于 3m 时按 3m 取值；

       c_k——基底下一倍短边宽度的深度范围内土的黏聚力标准值（kPa）。

硬黏土承载力系数 M_b、M_d、M_c 表 3-4

土的内摩擦角标准值（°）	M_b	M_d	M_c
8	0.14	1.55	3.93
10	0.18	1.73	4.17
12	0.23	1.94	4.42
14	0.29	2.17	4.69
16	0.36	2.43	5.00
18	0.43	2.72	5.31
20	0.51	3.06	5.66
22	0.61	3.44	6.04
24	0.80	3.87	6.45
26	1.10	4.37	6.90
28	1.40	4.93	7.40
30	1.90	5.59	7.95
32	2.60	6.35	8.55
34	3.40	7.21	9.22
36	4.20	8.25	9.97
38	5.00	9.44	10.80
40	5.80	10.84	11.73

当基础宽度大于 3m 或埋置深度大于 0.5m 时，从荷载试验或其他原位试验、经验值等方法确定的地基承载力特征值，应按式（3-36）修正：

$$f_a = f_{ak} + \eta_b \gamma (b-3) + \eta_d \gamma_m (d-0.5) \tag{3-36}$$

式中　f_a——修正后的地基承载力特征值；

　　　f_{ak}——地基承载力特征值；

　　　η_b、η_d——基础宽度和埋置深度的地基承载力修正系数，按基底下土的类别查表 3-5 取值；

　　　γ_m——基础底面以上土的加权平均重度，地下水位以下取浮重度；

　　　b——基础底面宽度（m），大于 6m 时按 6m 取值，小于 3m 时按 3m 取值；

　　　d——基础埋置深度（m），宜自室外地面标高算起。

<table>
<tr><td colspan="4">硬黏土承载力修正系数　　　　　　　　　　　　　　　　表 3-5</td></tr>
</table>

土的类别		η_b	η_d
人工填土 e 或 I_L 大于等于 0.85 的黏性土		0	1.0
红黏土	含水比 $\alpha_w > 0.8$	0	1.2
	含水比 $\alpha_w \leqslant 0.8$	0.15	1.4
大面积　压实填土	压实系数大于 0.95、黏粒含量 $\rho_c \geqslant 10\%$ 的粉土	0	1.5
	最大干密度大于 2100kg/m³ 的级配砂石	0	2.0

确定硬黏土地基承载力时，应对各种具体情况进行综合分析，要将地基土性状及物理力学指标、基础和上部构件特征、理论公式的适用条件及建筑经验等诸因素综合权衡，决不能仅靠某一个理论公式或某一测试结果就确定出承载力，否则其结果的可靠性差，且可能会给工程带来不安全隐患，或者使工程造价提高。

第二节　常用地基基础类型

常用的基础类型有独立基础、条形基础、片筏基础、箱型基础、桩基础等。对于不同建筑物，考虑不同用途、不同安全等级，设计单位往往会采用不同的基础类型。对于高层建筑，目前在硬黏土地区片筏基础与桩基础使用较为广泛。

一、独立基础

独立基础一般用于工业厂房的柱基、民用建筑框架结构基础等。在木结构的建筑物中，如古建筑中的楼、台、亭、阁也大多采用这种基础型式。

根据材料的性能，独立基础可分为刚性基础和钢筋混凝土独立基础，从形式上又可分为台阶式、板式和墩式三类，如图 3-11 所示。砖、石、混凝土材料做成的刚性独立基础多用于荷重较小的柱基，且一般筑成台阶式。钢筋混凝土材料由于具有抗剪、抗弯、抗拉能力，可筑成台阶式、板式或墩式等形式，它是目前独立基础中主要材料，其使用范围最为广泛。钢筋混凝土基础与刚性基础相比，它可承受较大的荷重而不受深宽比的限制。因此，在同样荷重条件下，刚性基础的埋深受材料刚性角的限制，其埋深一般大于钢筋混凝土基础。

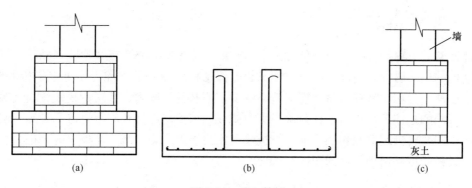

图 3-11　独立基础

（a）台阶式；（b）板式；（c）墩式

　　独立基础之间是互不联系的，当荷载不同，影响上部结构的变形时，只能以调整基础面积方式来调整地基的不均匀变形。对于多跨厂房和框架结构，除了按地基容许承载力计算基础面积外，还应验算它们之间的沉降差，特别不可忽视边排柱与中排柱间的沉降差。通常，在独立基础之间用基础梁联结来达到调整不均匀沉降的目的，但实践效果很有限。

二、条形基础

　　条形基础一般指墙下条形基础和柱下条形基础，由于墙身长度与基底宽度相比达 5 倍以上，荷重呈线性分布，在设计时可按平面问题考虑。基础的宽度决定单位长度内的荷载与地基承载力的比值。墙下条形基础在横剖面上主要为阶梯型，一般用砖砌体或毛石砌体。实际上，一般民用建筑都是纵横墙交叉，平面或者立面又存在形状上的变化，条形基础下地基中的应力分布是非常复杂的，所以引起的沉降通常情况下是不均匀的。对于砖石结构的条形基础，砌体整体性较差，导致抗剪或抗弯能力很差，在设计时要充分考虑差异沉降的问题。

　　常见的条形基础为柱下条形基础，有单向的，也有十字交叉的，如图 3-12 所示。基础材料一般均采用钢筋混凝土，由于受力条件不同，墙下条基所受的荷载为均匀荷载，地基反力也是线性分布；柱下条基为集中荷载，地基反力是非线性的。所以柱下条基必须在横向和纵向考虑弯曲应力和剪应力。为了增强整个建筑物的刚度，使各柱间的沉降比较均

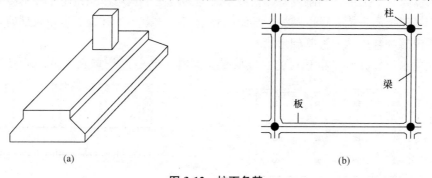

图 3-12　柱下条基

（a）柱下条基剖面；（b）柱下条基平面

匀，一般采用高度较大的十字交叉条基。

三、片筏基础

片筏基础简称筏基，分为两种形式：即梁板式片筏基础和平板式片筏基础，用以支撑上部结构的柱、墙或其他设备。土质情况和上部结构荷载的分布和大小决定了板的厚度。当地质条件均匀和土质较软时，筏板基础减少了地基附加压力，埋深一般较浅，效果是很好的。不同的是柱下筏基由于柱荷载为集中荷载，筏板厚度和柱间距决定了筏基基底压力的分布，同时要满足抗冲切的要求，筏板厚度往往很大。为了减低筏板厚度，提高材料利用率，梁板式筏基出现了，如图 3-13 所示。

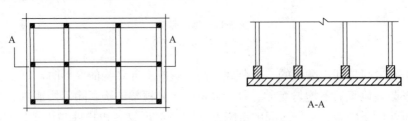

图 3-13　梁板式筏板基础

片筏基础有着多种功能性，对于上部结构刚度较好的建筑物，筏基可以增加整体性，增加了结构与地基的相互作用；相对沉降也可以随之减少。对于现代化工业生产的自动化设备，各设备之间不允许有沉降差异，在这种情况下，厚筏基础体相对于其他基础型式体现出了优越性。

但是，当地基土有明显的软弱不均的情况时，采用片筏基础时要慎重，必须要考虑到可能出现的方向挠曲和倾斜。

四、箱形基础

箱形基础是以钢筋混凝土为材料的格式基础，简称箱基，如图 3-14 所示。箱基的高度可以根据设计要求决定，当高度不能满足要求时可做成多层箱基，可作人防、车库、设备间等。箱基的刚度较大，可利用箱基所排除的土重，减少地基的附加压力及沉降。箱基的空间可做成通风隔热层，解决温度过高或者过低引起的收缩和冻胀问题。多层箱基具有更大的刚度，对于上部结构刚度差，荷载不均匀的情况下也可以满足地基变形要求。箱基还具有较好的抗震功能，可以减少上部结构在地震中的破坏。在地下水位较低时，箱形基础是高层建筑物常用的一种基础形式。

当地下水位较高时，箱基的施工容易受到影响，需要进行降水支护，从而使造价提

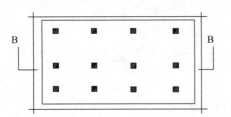
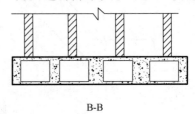

B-B

图 3-14　箱形基础

高，施工周期变长。所以在考虑箱形基础设计时必须要结合地下空间的综合利用，发挥最大的经济效益。

五、桩基础

桩基础是比较古老的基础型式之一。早在有文字记载的历史以前，人类就有用木桩处理软弱土层的工程实践。随着钢筋混凝土材料的出现和机械设备产能的提高，目前桩基类型很多，主要为钢筋混凝土预制桩和灌注桩，钢管桩也有在大型工程中得到使用。

桩基础根据桩的受力与工作状态分为单桩和群桩两类，如图 3-15 所示。单桩主要用于墙柱结构，承载力可以充分发挥。群桩多用于整体建筑物或者与筏基及箱基结合使用，其优点主要是刚度大，沉降均匀，抗水平力及抗震能力强。

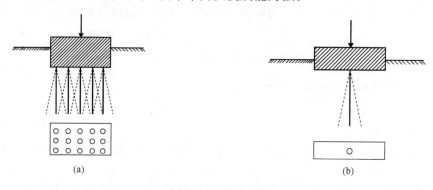

图 3-15　单桩和群桩

（a）群桩；（b）单桩

根据施工工艺桩基础可分为预制桩和灌注桩两大类。尤其是预制桩的施工周期短，施工无污染等优点，目前已在工程中大规模使用。灌注桩不受桩径的限制，适用于岩基起伏的地区。

在硬黏土地区，桩基础应用比较广泛。不同的基础形式代表着不同的设计理念，综合考虑工程地质、造价、材料对工程结构的不同影响，选择最优的基础形式是工程建设的发展方向。

第三节　地基的沉降计算

建筑物的沉降是引起上部结构变形的一个重要因素，由于差异沉降使得上部结构产生次应力和变形，造成上部结构的损坏或沉降过大，引起使用上的困难。所以，在基础设计时，对某些建筑物应当谨慎地考虑地基变形可能产生的后果，将其控制在容许范围内。

一、硬黏土的沉降机理

根据对硬黏土地基在局部（基础）荷载作用下的实际变形特征的观察和分析，硬黏土地基的沉降 S 可以认为是由机理不同的三部分沉降组成，即：

$$S = S_d + S_c + S_s \tag{3-37}$$

式中　S_d——瞬时沉降（亦称初始沉降）；

S_c——固结沉降（亦称主固结沉降）；

S_s——次固结沉降（亦称蠕变沉降）。

瞬时沉降是指加载后地基瞬时发生的沉降。由于基础加载面积为有限尺寸，加载后地基中会有剪应变产生，剪应变会引起侧向变形而造成瞬时沉降。

固结沉降是指饱和与接近饱和的黏性土在基础荷载作用下，随着超静孔隙水压力的消散，土骨架产生变形所造成的沉降（固结压密）。固结沉降速度取决于孔隙水的排出速度。

次固结沉降是指主固结过程（超静孔隙水压力消散过程）结束后，在有效应力不变的情况下，土的骨架仍随时间继续发生变形。这种变形的速度取决于土骨架本身的蠕变性质。

1. 瞬时沉降计算

瞬时沉降没有体积变形，可认为是弹性变形，因此一般按弹性理论计算，按式（3-38）求解。

$$S_d = \omega \frac{p_0 \cdot B}{E_u}(1 - \mu^2) \tag{3-38}$$

式中　ω——沉降系数，可从表3-6中查用；

　　　p_0——基底附加应力；

　　　B——基础宽度；

　　　μ——泊松比，这时是在不排水条件下没有体积变形所产生的变形量，所以应取 $\mu = 0.5$；

　　　E_u——不排水变形模量，常根据不排水抗剪强度 C_u 和 E_u 的经验关系式（3-39）求得。

$$E_u = (300 \sim 1250)C_u \tag{3-39}$$

式（3-38）中的低值适用于较软的、高塑性有机土，高值适用于一般较硬的黏性土。

沉降系数 ω 值

表3-6

受荷面形状	L/B	中点	矩形角点，圆形周边	平均值[①]	刚性基础
圆形	—	1.00	0.64	0.85	0.79
正方形	1.00	1.12	0.56	0.95	0.88
矩形	1.5	1.36	0.68	1.15	1.08
	2.0	1.52	0.76	1.30	1.22
	3.0	1.78	0.89	1.52	1.44
	4.0	1.96	0.98	1.70	1.61
	6.0	2.23	1.12	1.96	—
	8.0	2.42	1.21	2.12	—
	10.0	2.53	1.27	2.25	2.12
	30.0	3.23	1.62	2.88	
	50.0	3.54	1.77	3.22	
	100.0	4.00	2.00	3.70	

注：① 平均值指柔性基础面积围内各点瞬时沉降系数的平均值。

2. 固结沉降计算

固结沉降是黏性土地基沉降的最主要的组成部分，可用分层总和法计算。但是分层总和法采用的是一维课题（有侧限）的假设，这与一般基础荷载（有限分布面积）作用下的地基实际性状不尽相符。

对于固结沉降的计算，常用的计算公式均基于太沙基关于固结概念发展起来的，基本假定如下：

1）对于饱和土均匀加载时，加荷后瞬间全部压力由孔隙水承担，随着水的排出，传至骨架的压力随之增加，当全部压力为土颗粒骨架承受时，固结过程全部停止。水的排除量等于土中孔隙的减少量，即

$$\frac{\partial q}{\partial z} = -\frac{\partial n}{\partial t} \tag{3-40}$$

式中　q——流量，与渗透系数有关；

　　　n——土的孔隙；

　　　z——土的厚度。

2）水在土中渗透速度与水力坡降成正比

根据荷载在土中产生的附加应力状态，很容易得到在 t 时间内的固结下沉量 S_c 与最终沉降量 S 之比，又称为固结度 U。在垂直方向称为垂直固结度 U_v；径向（砂井排水时）称为径向固结度 U_r。如果仅考虑竖向荷载所产生的垂直附加应力的固结作用，则固结度可近似用通式表示：

$$U_v = \frac{S_c}{S} = 1 - \frac{8}{\pi^2}\exp\left(-\frac{\pi^2}{4}T_v\right) \tag{3-41}$$

$$T_v = \frac{c_v t}{H^2} \tag{3-42}$$

$$c_v = \frac{k_v(1+e)}{\gamma_w \alpha} \tag{3-43}$$

式中　T_v——竖向固结时间因素；

　　　c_v——竖向固结系数；

　　　H——压缩层最远的排水距离，当土层为单面排水时，H 为土层厚度；双面排水
　　　　　时，水由土层中心分别向上下两个方向排出，H 为土层厚度一半。

　　　k_v——竖向渗透系数；

　　　γ_w——水的重度；

　　　α——土的压缩系数。

司开普敦（Skempton，A·W.）和贝伦（Birrum，L.）建议根据有侧向变形条件下产生的超静孔隙水压力计算固结沉降 S_c。以轴对称为例，分层总和法计算的沉降量为 S，S_c 可用下式求解：

$$S_c = \alpha_u \cdot S \tag{3-44}$$

式中　α_u——S_c 与 S 之间的比例系数，有

$$\alpha_u = A + (1-A)\frac{\sum\limits_{i-1}^{n}\Delta\sigma_3 \cdot H_i}{\sum\limits_{i=1}^{n}\Delta\sigma_1 \cdot H_i} \tag{3-45}$$

式中　$\Delta\sigma_1$、$\Delta\sigma_3$——第 i 层土处主应力；

　　　A——孔隙水压力系数；

H_i——第 i 层土的厚度。

α_u 与土的性质密切相关，另外，还与基础形状及土层厚度 H 与基础宽度 B 之比有关。

3. 次固结沉降的计算

对一般黏性土来说，次固结沉降数值 S_s 不大，但如果是塑性指数较大的、正常固结的软黏土，尤其是有机土，S_s 值有可能较大，不能不予考虑。

目前在生产中主要使用半经验方法估算土层的次固结沉降。利用室内压缩实验得出的变形 S 与时间对数 $\lg t$ 的关系曲线，取曲线反弯点前后两段曲线的切线的交点 m 作为主固结段与次固结段的分界点；设相当于分界点的时间为 t_1，次固结段（基本上是一条直线）的斜率反映土的次固结变形速率，一般用 C_s 表示，称为土的次固结指数。知道 C_s 也就可以按（3-46）式计算土层的次固结沉降 S_s：

$$S_s = \frac{H}{1+e_1} C_s \lg \frac{t_2}{t_1} \qquad (3\text{-}46)$$

式中　H——土层的厚度；

e_1——土层的初始孔隙比；

t_1——主固结完成的时间；

t_2——欲求次固结沉降量的时间。

4. 建筑物的沉降稳定时间

一般情况下，压缩变形随着时间的推移逐渐停止。土的含水量、饱和度、渗透性、压缩性都对沉降稳定的时间有密切的关系。粉土及粉质黏土的孔隙比常在 $0.65 \sim 0.85$ 之间，多为中压缩性土，多层房屋在施工期的沉降可完成 50% 以上，因总沉降量小，后期沉降在一年内即可完成，高层建筑的基础面积大，压缩层深度一般超过 10m，施工时间按主体结构完成计算也需一年以上，后期沉降稳定时间大约需要 $3 \sim 5$ 年，但沉降速率较低。最有效的估算方法，是从施工起开始沉降观测，测出主体结构完成时的沉降量，继续观测一年以后再推算沉降稳定的时间及沉降量。实际工程中，理论计算公式还存在一定的局限性。最有效的方法，仍是通过沉降观测求综合的 c_v 值，然后推算出最终沉降需要的时间。如果在同类场地上已有建筑沉降观测资料，也可利用 $s\text{-}t$ 曲线求 c_v 值。

二、非饱和硬黏土沉降计算

在以往的地面沉降模型中，人们常用饱和土有效应力原理来计算沉降量。实际上，地下水位的降低也会引起非饱和区域土体饱和度的减小，导致净平均应力降低和基质吸力增大。随着非饱和土力学的发展，人们逐渐认识到土体基质吸力的增大也可造成土体的压缩变形[20]。现阶段非饱和土力学研究者所需要面对的巨大挑战是，通过非饱和土力学将传统的土力学理论发展为广义的土力学理论，并在实际工程中的应用中不断得到发展[21]。

对于水位线的降低引起地面沉降问题中，本文认为传统的沉降计算方法仅仅考虑饱和土区域沉降变形有着不足之处，非饱和土区域的沉降变形是不可忽略的。随着饱和土力学的发展，也许要采用新的理念来计算问题。

根据 Barcelona 弹塑性模型，当净平均应力 p 达到屈服应力 p_0 时，引起的弹性体应变和总体积应变可表达为：

$$d\varepsilon_v^e = -\frac{dv}{v} = \frac{k}{v} \frac{dp}{p} \qquad (3\text{-}47)$$

$$d\varepsilon_{vp} = \frac{\lambda(s)}{\nu} \frac{dp_0}{p_0} \tag{3-48}$$

式中　ν——比容；

　　　k——回弹指数；

　　　p——净平均应力；

　　　s——土体基质吸力；

　　$\lambda(s)$——对应于净平均应力的压缩指数；

　　　p_0——屈服应力。

则由应力 p 引起的塑性体应变为：

$$d\varepsilon_{vp}^p = \frac{\lambda(s) - k}{\nu} \frac{dp_0}{p_0} = \frac{\lambda(0) - k}{\nu} \frac{dp_0^*}{p_0^*} \tag{3-49}$$

式中　$\lambda(0)$——饱和状态下土的正常压缩曲线率；

　　　p_0^*——为饱和条件下的先期固结应力。

同样，由吸力引起的弹性应变为：

$$d\varepsilon_{vs}^e = \frac{k_s}{\nu} \frac{ds}{(s + p_{atm})} \tag{3-50}$$

式中　p_{atm}——大气压值。

当吸力 s 达到屈服吸力 s_0 时，土体的总体积应变和塑性体积应变分别为：

$$d\varepsilon_{vs} = \frac{\lambda_s}{\nu} \frac{ds_0}{(s_0 + p_{atm})} \tag{3-51}$$

$$d\varepsilon_{vs}^p = \frac{\lambda_s - k_s}{\nu} \frac{ds_0}{(s_0 + p_{atm})} \tag{3-52}$$

当土体同时受到基质吸力和净平均应力作用时，土体的塑性总应变为：

$$d\varepsilon_v^p = d\varepsilon_{vs}^p + d\varepsilon_{vp}^p \tag{3-53}$$

因为地下水位的降低而引起饱和土区域和非饱和土区域的沉降变形有着本质的区别，所以需分别估算饱和土区域和非饱和土区域的沉降变形量。当地下水位下降时，饱和土区域的土体有效应力增大使得土体压缩变形，根据饱和土域有效应力原理可计算出饱和土区的压缩变形量；而非饱和土区域的含水率减小而使土的重度减小从而引起土体回弹，但含水率的减小却使得土体的基质吸力增大使土体收缩变形，在这两种变形趋势中，往往基质吸力引起的变形占主导地位，所以在非饱和土区域土体发生收缩变形使得地面沉降，根据非饱和土体本构模型可计算出非饱和区土体的收缩变形量。

非饱和土层中基质吸力的分布比较复杂，外界环境的变化常对基质吸力值产生显著影响。对于土层中初始基质吸力大小的分布，一般常采用两种方法：一种是假定土层中初始孔水压大小分布为静水分布；另外一种可先求得开始时刻稳定状态下土层的水头分布，以此为初始吸力大小的分布条件。若考虑地面沉降的时空变化效应时，在进行非稳定渗流计算时可取任一时刻的渗流状态为初始吸力分布状态。

当地下水位线发生变动时，土层内部将发生形成饱和—非饱和渗流，由于非饱和渗流的高度非线性和复杂性，一般采用数值方法进行计算，可使用有限差分或有限元法进行饱和—非饱和稳态渗流的数值模拟。假定在考虑二维非稳态渗流情况下，由模拟结果可分别得到不同 t 时刻水位线以上非饱和土区域基质吸力 $u_s(x, y, t)$ 和饱和土区域孔水压力

u_w (x, y, t)。

而土体应力大小可根据下式计算：

$$\sigma = \frac{(W_s + W_w)}{A} = \frac{(G_s\rho_w V_s + \theta V\rho_w)g}{A} \tag{3-54}$$

式中　W_s——土体中土颗粒的重量；

　　　W_w——土体中水的重量；

　　　V——土体总体积；

　　　V_s——土颗粒体积；

　　　θ——体积含水率。

在式（3-54）中，体积含水率 θ 和土体的基质吸力密切相关，所以土体应力值依赖于土体基质吸力大小。

由于水位线的降低，非饱和区土体的含水率减小而引起回弹，当采用 Barcelona 弹塑性模型对非饱和区进行变形计算时，可由式（3-47）计算出非饱和区土体的回弹变形量；由式（3-51）和式（3-52）分别计算出土体吸力变化引起的总变形量和塑性变形量：

$$de = C_c d\lg(\sigma - u_w) = C_c d\lg\sigma' \tag{3-55}$$

式中　C_c——弹塑性阶段的压缩指数。

当水位线下降时，根据分层总和法的基本原理来估算最终地面变形量。将土层自上而下分成若干个土层，各层厚分别为 h_i，分层时一般保持各层土的厚度大致相等，同时应尽可能保持每层内土的性质基本相同。当基坑降水使得周围土层水位线下降时，对于非饱和土区域，根据初始孔水压大小分布为静水分布的假设或稳定状态下土层的水头分布计算土体初始基质吸力。由非饱和土体变本构模型，可分别计算出非饱和土区域含水率减小而引起土体回弹为弹性变形和吸力增大而引起的压缩变形；同样，对于饱和土区域，根据式（3-54）可计算出基坑降水后由于土体有效应力增大而产生压缩变形量。

地面总沉降量 h 为非饱和土层沉降量 h_s 和饱和土层沉降量 h_w 之和。根据每层土的体积变形可求出每层土的竖向变形：

$$dh_i = \frac{de_i}{1+e_0}h_i \tag{3-56}$$

则总沉降量为：

$$h = \sum_{i=1}^{n} dh_i \tag{3-57}$$

在水位线降低引起地面沉降的计算分析中，人们常采用饱和土有效应力原理来计算沉降量。随着非饱和土力学的发展，人们逐渐认识到土体基质吸力的增大也可造成土体的压缩变形。实际上，地下水位的降低将导致部分饱和土区域转变为非饱和土区域，并且原非饱和区土体饱和度减小将导致净应力降低和基质吸力增大。由于非饱和土区域应力状态的改变使得土层发生收缩变形，非饱和土区域也同样发生沉降变形。而现有的沉降数学模型并没有考虑非饱和土区的沉降量，不能全面对土层沉降进行分析，因此用现有模型来计算水位线的降低导致地面沉降问题也许会低估地面的沉降量。由于地下水位下降而引起的饱和土区域和非饱和土区域沉降变形有着本质的区别，对于饱和土区域，地下水位的下降使土体有效应力增大，导致饱和土压缩变形量；对于非饱和土区域，地下水位的降低会引起非饱和土体饱和度的减小，导致基质吸力增大使土体发生收缩变形。因此，采用饱和土的有效应力原理来计算饱和土区的沉降变形量；对于非饱和土区，采用非饱和土本构模型可分别计算土体由于基质吸力增大而引起的收缩变形量和净平均应力减小而引起的回弹量。

三、沉降计算范围

建筑物的地基变形计算值，不应大于地基变形允许值。地基变形特征可分为沉降量、沉降差、倾斜、局部倾斜。在计算地基变形时，应考虑由于建筑地基不均匀、荷载差异很大、体型复杂等因素引起的地基变形，对于砌体承重结构应由局部倾斜值控制；对于框架结构和单层排架结构应由相邻柱基的沉降差控制；对于多层或高层建筑和高耸结构应由倾斜值控制；必要时尚应控制平均沉降量。在必要情况下，需要分别预估建筑物在施工期间和使用期间的地基变形值，以便预留建筑物有关部分之间的净空，选择连接方法和施工顺序。对于某些饱和黏土，其孔隙水处于非自重水流动状态时，与非饱和土压缩条件基本相似，沉降也需一段时间才能完成，但所需时间决定于外力大小、土的孔隙、颗粒排列形状和土颗粒间的粘结强度。到目前为止，还缺少精确有效的计算方法，但是从房屋沉降观测结果看，达到相对稳定的时间约需一年左右。

建筑物的地基变形允许值应按表 3-7 规定采用。对表中未包括的建筑物，其地基变形允许值应根据上部结构对地基变形的适应能力和使用上的要求确定。

建筑物的地基变形允许值　　　　　　　表 3-7

变形特征		地基土类别	
		中、低压缩性土	高压缩性土
砌体承重结构基础的局部倾斜		0.002	0.003
工业与民用建筑相邻柱基的沉降差	框架结构	$0.002l$	$0.003l$
	砌体墙填充的边排柱	$0.0007l$	$0.001l$
	当基础不均匀沉降时不产生附加应力的结构	$0.005l$	$0.005l$
单层排架结构（柱距为 6m）柱基的沉降量（mm）		(120)	200
桥式吊车轨面的倾斜（按不调整轨道考虑）	纵向	0.004	
	横向	0.003	
多层和高层建筑的整体倾斜	$H_g \leqslant 24$	0.004	
	$24 < H_g \leqslant 60$	0.003	
	$60 < H_g \leqslant 100$	0.0025	
	$H_g > 100$	0.002	
体型简单的高层建筑基础的平均沉降量（mm）		200	
高耸结构基础的倾斜	$H_g \leqslant 20$	0.008	
	$20 < H_g \leqslant 50$	0.006	
	$50 < H_g \leqslant 100$	0.005	
	$100 < H_g \leqslant 150$	0.004	
	$150 < H_g \leqslant 200$	0.003	
	$200 < H_g \leqslant 250$	0.002	
高耸结构基础的沉降量（mm）	$H_g \leqslant 100$	400	
	$100 < H_g \leqslant 200$	300	
	$200 < H_g \leqslant 250$	200	

注：1. 本表数值为建筑物地基实际最终变形允许值。
　　2. 有括号者仅适用于中压缩性土。
　　3. l 为相邻柱基的中心距离（mm）；H_g 为自室外地面起算的建筑物高度（m）。
　　4. 倾斜指基础倾斜方向两端点的沉降差与其距离的比值。
　　5. 局部倾斜指砌体承重结构沿纵向 6～10m 内基础两点的沉降差与其距离的比值。

四、独立基础的沉降

计算独立基础地基变形时，地基内的应力分布，可采用各向同性均质线性变形体理论。其最终变形量可按（3-58）式进行计算：

$$s = \psi_s s' = \psi_s \sum_{i=1}^{n} \frac{p_0}{E_{si}} (z_i \bar{\alpha}_i - z_{i-1} \bar{\alpha}_{i-1}) \tag{3-58}$$

式中　s——地基最终变形量（mm）；

　　　　s'——按分层总和法计算出的地基变形量（mm）；

　　　　ψ_s——沉降计算经验系数，根据地区沉降观测资料及经验确定，无地区经验时可根据变形计算深度范围内压缩模量的当量值（$\bar{E}_s$），基底附加压力按表 3-8 取值；

　　　　n——地基变形计算深度范围内所划分的土层数；

　　　　p_0——相应于作用的准永久组合时基础底面处的附加压力（kPa）；

　　　　E_{si}——基础底面下第 i 层土的压缩模量（MPa），应取土的自重压力至土的自重压力与附加压力之和的压力段计算；

　z_i、z_{i-1}——基础底面至第 i 层土、第 $i-1$ 层土底面的距离（m）；

$\bar{\alpha}_i$、$\bar{\alpha}_{i-1}$——基础底面计算点至第 i 层土、第 $i-1$ 层土底面范围内平均附加应力系数，均参见《建筑地基基础设计规范》GB 50007 附录 K。

沉降计算经验系数 ψ_s　　表 3-8

$\bar{E}_s$（MPa）　　　　　基底附加压力	2.5	4.0	7.0	15.0	20.0
$p_0 \geqslant f_{ak}$	1.4	1.3	1.0	0.4	0.2
$p_0 \leqslant 0.75 f_{ak}$	1.1	1.0	0.7	0.4	0.2

变形计算深度范围内压缩模量的当量值（$\bar{E}_s$），应按下式计算：

$$\bar{E}_s = \frac{\sum A_i}{\sum \dfrac{A_i}{E_{si}}} \tag{3-59}$$

式中　A_i——第 i 层土附加应力系数沿土层厚度的积分值。

地基变形计算深度 z_n，应符合式（3-60）的规定。当计算深度下部仍有较软土层时，应继续计算：

$$\Delta s'_n \leqslant 0.025 \sum_{i=1}^{n} \Delta s'_i \tag{3-60}$$

式中　$\Delta s'_i$——在计算深度范围内，第 i 层土的计算变形值（mm）；

　　　　$\Delta s'_n$——在由计算深度向上取厚度为 Δz 的土层计算变形值（mm），Δz 按表 3-9 确定。

Δz 值的确定　　表 3-9

b（m）	$\leqslant 2$	$2 < b \leqslant 4$	$4 < b \leqslant 8$	$b > 8$
Δz（m）	0.3	0.6	0.8	1.0

当无相邻荷载影响，基础宽度在 $1 \sim 30\mathrm{m}$ 范围内时，基础中点的地基变形计算深度也可按简化公式（3-60）进行计算。在计算深度范围内存在基岩时，z_n 可取至基岩表面；当存在较厚的坚硬黏性土层，其孔隙比小于 0.5、压缩模量大于 $50\mathrm{MPa}$，或存在较厚的密实砂卵石层，其压缩模量大于 $80\mathrm{MPa}$ 时，z_n 可取至该层土表面。

$$z_n = b(2.5 - 0.4\ln b) \tag{3-61}$$

式中　b——基础宽度（m）。

当存在相邻荷载时，应计算相邻荷载引起的地基变形，其值可按应力叠加原理，采用角点法计算。

当建筑物地下室基础埋置较深时，地基土的回弹变形量可按式（3-62）进行计算：

$$s_c = \psi_c \sum_{i=1}^{n} \frac{p_c}{E_{ci}} (z_i \bar{\alpha}_i - z_{i-1} \bar{\alpha}_{i-1}) \tag{3-62}$$

式中　s_c——地基的回弹变形量（mm）；

ψ_c——回弹量计算的经验系数，无地区经验时可取 1.0；

p_c——基坑底面以上土的自重压力（kPa），地下水位以下应扣除浮力；

E_{ci}——土的回弹模量（kPa），按现行国家标准《土工试验方法标准》GB/T 50123 中土的固结试验回弹曲线的不同应力段计算。

回弹再压缩变形量计算可采用再压缩的压力小于卸荷土的自重压力段内再压缩变形线性分布的假定计算：

$$s'_c = \psi'_c s_c \frac{p}{p_c} \tag{3-63}$$

式中　s'_c——地基的回弹再压缩变形量（mm）；

ψ'_c——回弹再压缩变形增大系数，由土的固结回弹再压缩试验确定；

s_c——地基的最大回弹变形量（mm）；

p——再压缩的荷载压力（kPa）；

p_c——基坑底面以上土的自重压力（kPa），地下水位以下应扣除浮力。

在同一整体大面积基础上建有多栋高层和低层建筑，宜考虑上部结构、基础与地基的共同作用进行变形计算。

五、筏板基础的沉降

筏板基础的计算方法主要有以下几类：当平板式筏板较规则，柱距较均匀，板截面形状一致时，将筏板划分成条带（或称板带、截条），并忽略各条带间剪力产生的静力不平衡状况，将各条带近似地按基础梁计算其内力，此方法称为条带法。当梁板式筏基上柱网的长短跨比值不大时，可将筏基视为双向多跨连续板，用双向板法（倒楼盖法）计算筏基的内力。当筏板形态不规则，刚度不够大，柱距不等且荷载复杂时，应采用弹性板法。本节仅介绍工程实践中常用的简化计算方法，即条带法及双向板法，统称刚性板法。

当筏基上柱荷载及柱距较均匀（相邻柱荷载差值及相邻柱距变化不大于 20%），梁板式筏基的高跨比或平板式筏基的厚跨比不小于 1/6，地基土强度均匀，上部结构刚度较好，此时可认为筏基是绝对刚性的，受荷载后柱位之间不产生竖向位移，基底产生沉降但仍保持为一平面，筏基可仅考虑局部弯曲作用，假定基底反力呈直线分布。

首先确定筏基上荷载合力作用点及筏板形心位置，必要时采用增设悬挑长度的方法使两者尽量重合，以板底形心作为筏板 x、y 坐标系原点，再按式（3-64）求出筏板底净反力 p_j (x, y)，如图 3-16 所示。

$$p_j(x, y) = \frac{\sum P}{A} \pm \frac{\sum P e_y}{I_x} \pm \frac{\sum P e_x}{I_Y} x \quad (3\text{-}64)$$

式中 $\sum P$——筏基上总荷载（kN）；

    A——筏基底面积（m²）；

    e_x、e_y——$\sum P$ 的合力作用点在 x、y 轴方向的偏心距（m）；

    I_x、I_y——基底对 x、y 轴的惯性矩（m⁴）；

p_j $(x、y)$——计算点 $(x、y)$ 处地基净反力（kPa）；

    x、y——计算点对筏板形心坐标值。

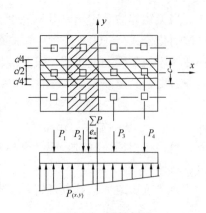

图 3-16 刚性板法

对于荷载不是很大的墙下筏基，如六层及六层以下横墙较密的民用建筑，当地基下部为软弱土层而上部为较均匀的硬壳层（包括人工处理形成的硬土层）时，为适应持力层埋深，往往埋深甚至采用不埋式筏基。高层建筑筏基的埋置深度，应满足地基承载力、变形和稳定性要求。在抗震设防区，除岩石地基外，天然地基上的筏基埋置深度不宜小于建筑物高度的 1/15，桩筏基础的承台底面埋置深度不宜小于建筑物高度的 1/18~1/20。

由于筏基埋深较大，地下空间大，计算基底压力时，因开挖土方量大，可能出现基底压力值小于或接近基底处土的自重压力，使基底附加压力接近于零。若按补偿基础考虑时，此时可不计算沉降量。另外，因大量土方卸除地基回弹变形，其回弹量较大，甚至可达地基总沉降量的 50% 以上。为了考虑回弹再压缩变形量，在沉降计算中，可将基底压力取代基底附加压力。

六、箱形基础的沉降

箱基是一种荷重密集型基础，基础底面积和埋深都比较大，基坑开挖往往引起地基回弹，因此进行箱基沉降计算时，与一般基础有所不同。

1. 地基变形的计算深度

按土力学的一般方法，沉降计算深度的界限定在基础以下附加应力与自重应力比为 0.2（一般土）或 0.1（软土）的位置，这对一般较小宽度的基础而言是可行的，对宽度大的箱基，若按此应力法确定的计算深度往往过大。

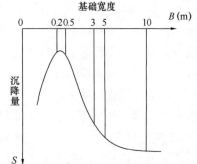

图 3-17 地基沉降量与基础宽度的关系

按有关部门对不同宽度的基础沉降观测与试验资料分析的结果进行归纳，表明在基础宽度 B 为 0.5~3.0m 时，沉降量与宽度的关系大体为弹性理论的线性关系，当 $B>10$m 时，沉降量与基宽的关系曲线已经开始向水平线过渡，如图 3-17 所示。根据某大型基础分层沉降观测的结果分析，荷载分级加至 200kPa，基底沉降由零增至 25mm，但压缩层深度几乎保持为 20m，证实了计算深度并不随荷载增大而加深。根据大量实测资料进行统计分析，有关规范给出以下确定压缩层深度的经验公式。

1)《建筑地基基础设计规范》GB 50007 公式

即本章 3.4 节中式（3-61）。

2)《高层建筑筏形与箱形基础技术规范》JGJ 6[22] 公式

对基础宽度 $B=10\sim30m$ 的方形或矩形基础：

$$z_n = (z_m + \xi B)\beta \tag{3-65}$$

式中 z_n——基础中点的地基沉降计算深度（m）；

z_m、ξ——按基础长宽比 L/B 确定的经验值、折算系数，见表 3-10。

β——土类别调整系数，淤泥土 $\beta=1.0$，黏性土 $\beta=0.75$，粉土 $\beta=0.6$，砂土 $\beta=0.5$，碎石 $\beta=0.3$。

z_m 和 ξ 取值表 表 3-10

L/B	$\leqslant1$	2	3	4	$\geqslant5$
z_m	11.6	12.4	12.5	12.7	13.2
ξ	0.42	0.49	0.53	0.60	1.0

2. 修正规范法计算沉降量

目前使用的计算方法仍以分层总和法为主，但使用该方法时，对有关参数进行了修正，故称修正规范法，地基的最终沉降量 s 按分层总和法表示为：

$$s = \sum_{i=1}^{n}(\psi'_c \frac{P_c}{E'_{ci}} + \psi_s \frac{p_0}{E_{si}})(z_i\bar{\alpha}_i - z_{i-1}\alpha_{i-1}) \tag{3-66}$$

该式与式（3-58）相比仅增加了回弹再压缩量，其中 ψ'_c 为考虑回弹影响的沉降计算经验系数，无经验时 ψ'_c 取 1；p_c 为基底处地基土自重压力值；E'_{ci} 为基底第 i 层土的回弹再压缩模量，由回弹再压缩试验得出，试验时所施加的压力应模拟实际加卸荷的应力状态。其他符号见式（3-58）。

七、桩基的沉降

对于建筑桩基沉降变形允许值[23]，应按表 3-11 规定采用。

建筑桩基沉降变形允许值 表 3-11

变形特征	允许值
砌体承重结构基础的局部倾斜	0.002
各类建筑相邻柱（墙）基的沉降差 （1）框架、框架-剪力墙、框架-核心筒结构 （2）砌体墙填充的边排柱 （3）当基础不均匀沉降时不产生附加应力的结构	 $0.002l_0$ $0.0007l_0$ $0.005l_0$
单层排架结构（柱距为 6m）桩基的沉降量（mm）	120
桥式吊车轨面的倾斜（按不调整轨道考虑） 纵向 横向	 0.004 0.003

续表

变形特征	允许值	变形特征
多层和高层建筑的整体倾斜	$H_g \leqslant 24$	0.004
	$24 < H_g \leqslant 60$	0.003
	$60 < H_g \leqslant 100$	0.0025
	$H_g > 100$	0.002
高耸结构桩基的整体倾斜	$H_g \leqslant 20$	0.008
	$20 < H_g \leqslant 50$	0.006
	$50 < H_g \leqslant 100$	0.005
	$100 < H_g \leqslant 150$	0.004
	$150 < H_g \leqslant 200$	0.003
	$200 < H_g \leqslant 250$	0.002
高耸结构基础的沉降量（mm）	$H_g \leqslant 100$	350
	$100 < H_g \leqslant 200$	250
	$200 < H_g \leqslant 250$	150
体型简单的剪力墙结构高层建筑桩基最大沉降量（mm）	—	200

注：l_0 为相邻柱（墙）两测点间距离，H_g 为自室外地面算起的建筑物高度。

1. 单桩基础的沉降计算

对于桩中心距不大于 6 倍桩径的桩基，其最终沉降量计算可采用等效作用分层总和法。等效作用面位于桩端平面，等效作用面积为桩承台投影面积，等效作用附加压力近似取承台底平均附加压力。等效作用面以下的应力分布采用各向同性均质直线变形体理论。其计算模式如图 3-18 所示，桩基任一点最终沉降量可用角点法按式（3-67）计算：

$$s = \psi \cdot \psi_e \cdot s' = \psi \cdot \psi_e \cdot \sum_{j=1}^{m} p_{0j} \sum_{i=1}^{n} \frac{z_{ij}\bar{\alpha}_{ij} - z_{(i-1)j}\bar{\alpha}_{(i-1)j}}{E_{si}} \qquad (3-67)$$

式中　　　s——桩基最终沉降量（mm）；

　　　　　s'——采用布辛奈斯克解，按实体深基础分层总和法计算出的桩基沉降量（mm）；

　　　　　ψ——桩基沉降计算经验系数；

　　　　　ψ_e——桩基等效沉降系数；

　　　　　m——角点法计算点对应的矩形荷载分块数；

　　　　　p_{0j}——第 j 块矩形底面在荷载效应准永久组合下的附加压力（kPa）；

　　　　　n——桩基沉降计算深度范围内所划分的土层数；

　　　　　E_{si}——等效作用面以下第 i 层土的压缩模量（MPa），采用地基土在自重压力至自重压力加附加压力作用时的压缩模量；

z_{ij}、$z_{(i-1)j}$——桩端平面第 j 块荷载作用面至第 i 层土、第 $i-1$ 层土底面的距离（m）；

$\bar{\alpha}_{ij}$、$\bar{\alpha}_{(i-1)j}$——桩端平面第 j 块荷载计算点至第 i 层土、第 $i-1$ 层土底面深度范围内平均附加应力系数，可参见《建筑桩基技术规范》JGJ 94 附录 D。

计算矩形桩基中点沉降时，桩基沉降量可按式（3-68）简化计算：

$$s = \psi \cdot \psi_e \cdot s' = 4 \cdot \psi \cdot \psi_e \cdot p_0 \sum_{i=1}^{n} \frac{z_i \bar{\alpha}_i - z_{i-1} \bar{\alpha}_{i-1}}{E_{si}}$$

$$(3\text{-}68)$$

式中　p_0——在荷载效应准永久组合下承台底的平均附加压力；

$\bar{\alpha}_i$、$\bar{\alpha}_{i-1}$——平均附加应力系数，根据矩形长宽比 a/b 及深宽比 $\dfrac{z_i}{b} = \dfrac{2z_i}{B_c}$，$\dfrac{z_{i-1}}{b} = \dfrac{2z_{i-1}}{B_c}$ 确定，可参见《建筑桩基技术规范》JGJ 94 附录 D。

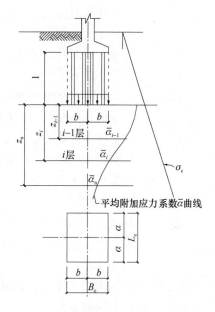

图 3-18　桩基沉降计算示意图

2. 群桩基础的沉降计算

工程实际中有部分桩基不能采用前述的等效作用分层总和法计算基础的最终沉降，如变刚度调平设计的框架-核心筒结构中刚度相对弱化的外围基桩，柱下布置 1～3 桩者居多；剪力墙结构中常采取墙下布置单排桩；框架和排架结构中按一柱一桩或一柱二桩布置也常见；有的工程采用柱距大于 6d 的疏桩基础或仅在柱下、墙下单独设置承台等。

对于单桩、单排桩、桩中心距大于 6 倍桩径的疏桩基础的沉降计算应符合下列规定：

1）承台底地基土不分担荷载的桩基。

将沉降计算点水平面影响范围内各基桩对应力计算点产生的附加应力叠加，采用单向压缩分层总和法计算土层的沉降，并计入桩身压缩 s_e。桩基的最终沉降量可按下列公式计算：

$$s = \psi \sum_{i=1}^{n} \frac{\sigma_{zi}}{E_{si}} \Delta z_i + s_e \qquad (3\text{-}69)$$

$$\sigma_{zi} = \sum_{j=1}^{m} \frac{Q_j}{l_j^2} \left[\alpha_j I_{p,ij} + (1 - \alpha_j) I_{s,ij} \right] \qquad (3\text{-}70)$$

$$s_e = \xi_e \frac{Q_j l_j}{E_c A_{ps}} \qquad (3\text{-}71)$$

2）承台底地基土分担荷载的复合桩基。

其最终沉降量可按下列公式计算：

$$s = \psi \sum_{i=1}^{n} \frac{\sigma_{zi} + \sigma_{zci}}{E_{si}} \Delta z_i + s_e \qquad (3\text{-}72)$$

$$\sigma_{zci} = \sum_{k=1}^{u} \alpha_{ki} \cdot p_{c,k} \qquad (3\text{-}73)$$

式中　m——以沉降计算点为圆心，0.6 倍桩长为半径的水平面影响范围内的基桩数；

n——沉降计算深度范围内土层的计算分层数；分层数应结合土层性质，分层厚度不应超过计算深度的 0.3 倍；

σ_{zi}——水平面影响范围内各基桩对应力计算点桩端平面以下第 i 层土 1/2 厚度处产生的附加竖向应力之和；应力计算点应取与沉降计算点最近的桩中心点。

σ_{zci} ——承台压力对应力计算点桩端平面以下第 i 计算土层 1/2 厚度处产生的应力；可将承台板划分为 u 个矩形块，采用角点法计算，可参考《建筑桩基技术规范》JGJ 94 附录 D；

Δz_i ——第 i 计算土层厚度（m）；

E_{si} ——第 i 计算土层的压缩模量（MPa），采用土的自重压力至土的自重压力加附加压力作用时的压缩模量；

Q_j ——第 j 桩在荷载效应准永久组合作用下，桩顶的附加荷载（kN）；当地下室埋深超过 5m 时，取荷载效应准永久组合作用下的总荷载为考虑回弹再压缩的等代附加荷载；

l_j ——第 j 桩桩长（m）；

A_{ps} ——桩身截面面积；

α_j ——第 j 桩总桩端阻力与桩顶荷载之比，近似取极限总端阻力与单桩极限承载力之比；

$I_{p,ij}$、$I_{s,ij}$ ——分别为第 j 桩的桩端阻力和桩侧阻力对计算轴线第 i 计算土层 1/2 厚度处的应力影响系数；

E_c ——桩身混凝土的弹性模量；

$p_{c,k}$ ——第 k 块承台底均布压力，可按 $p_{c,k} = \eta_{c,k} \cdot f_{ak}$ 取值，其中 $\eta_{c,k}$ 为第 k 块承台底板的承台效应系数；f_{ak} 为承台底地基承载力特征值；

α_{ki} ——第 k 块承台底角点处，桩端平面以下第 i 计算土层 1/2 厚度处的附加应力系数；

s_e ——计算桩身压缩；

ξ_e ——桩身压缩系数。端承型桩，取 $\xi_e = 1.0$；摩擦型桩，当 $l/d \leqslant 30$ 时，取 $\xi_e = 2/3$；$l/d \geqslant 50$ 时，取 $\xi_e = 1/2$；介于两者之间可线性插值；

ψ ——沉降计算经验系数，无当地经验时，可取 1.0。

3. 沉降计算深度和沉降系数

对于单桩、单排桩、疏桩复合桩基础的最终沉降计算深度 Z_n，可按应力比法确定，即 Z_n 处由桩引起的附加应力 σ_z、由承台土压力引起的附加应力 σ_{zc} 与土的自重应力 σ_c 应符合下式要求：

$$\sigma_z + \sigma_{zc} = 0.2\sigma_c \tag{3-74}$$

$$\sigma_z \leqslant 0.2\sigma_c \tag{3-75}$$

$$\sigma_z = \sum_{j=1}^{m} a_j p_{0j} \tag{3-76}$$

式中 a_j ——附加应力系数，可根据角点法划分的矩形长宽比及深宽比取值，可参见《建筑桩基技术规范》JGJ 94 附录 D。

桩基等效沉降系数 ψ_e 可按下列公式简化计算：

$$\psi_e = C_0 + \frac{n_b - 1}{C_1(n_b - 1) + C_2} \tag{3-77}$$

$$n_b = \sqrt{n \cdot B_c / L_c} \tag{3-78}$$

式中 n_b ——矩形布桩时的短边布桩数，当布桩不规则时可按式（3-78）近似计算；

C_0、C_1、C_2——根据群桩距径比 s_a/d、长径比 l/d 及基础长宽比 L_c/B_c 取值，可参见
《建筑桩基技术规范》JGJ 94 附录 E；

L_c、B_c、n——分别为矩形承台的长、宽及总桩数。

当布桩不规则时，等效距径比可按下列公式近似计算：

圆形桩

$$s_a/d = \sqrt{A}/(\sqrt{n} \cdot d) \tag{3-79}$$

方形桩

$$s_a/d = 0.886 \sqrt{A}/(\sqrt{n} \cdot b) \tag{3-80}$$

式中 A——桩基承台总面积；

b——方形桩截面边长。

当无当地可靠经验时，桩基沉降计算经验系数 ψ 可按表 3-12 选用。对于采用后注浆施工工艺的灌注桩，桩基沉降计算经验系数应根据桩端持力土层类别，乘以 0.7（砂、砾、卵石）~0.8（黏性土、粉土）折减系数；饱和土中采用预制桩（不含复打、复压、引孔沉桩）时，应根据桩距、土质、沉桩速率和顺序等因素，乘以 1.3~1.8 挤土效应系数，土的渗透性低，桩距小，桩数多，沉降速率快时取大值。

桩基沉降计算经验系数 ψ 表 3-12

$\overline{E}_s$（MPa）	$\leqslant 10$	15	20	35	$\geqslant 50$
ψ	1.2	0.9	0.65	0.50	0.40

注：1. $\overline{E}_s$ 为沉降计算深度范围内压缩模量的当量值，可按下式计算：$\overline{E}_s = \Sigma A_i / \Sigma \frac{A_i}{E_{si}}$，式中 A_i 为第 i 层土附加压力系数沿土层厚度的积分值，可近似按分块面积计算。

    2. ψ 可根据 $\overline{E}_s$ 内插取值。

此外，计算桩基沉降时，应考虑相邻基础的影响，采用叠加原理计算；桩基等效沉降系数可按独立基础计算。当桩基形状不规则时，可采用等代矩形面积计算桩基等效沉降系数，等效矩形的长宽比可根据承台实际尺寸和形状确定。

按等效作用分层总和法计算结果与现场模型试验及部分工程实测资料对比，在非软土地区和软土地区桩端具有良好持力层的情况下，计算值略大于实测值。尽管如此，将它作为验算桩基沉降量的一种计算方法，仍是合理的。

第四节 工 程 案 例

一、合肥某工程 5 号楼基础比选

1. 工程概况

本项目高层建筑物的基底位于第③层和第④层黏土。根据岩土工程勘察报告，地层自上而下可分为 7 层，分别为：①素填土（Q_4^{ml}）；②黏土（Q_3^{al+pl}）；③黏土（Q_3^{al+pl}）；④含粗砂和砾石粉质黏土（Q_2^{el}）；⑤全风化砂质泥岩（E）；⑥强风化泥质砂岩（E）；⑦中风化泥质砂岩（E）。

根据已完成浅层载荷板试验，第③层黏土的地基承载力特征值可取 500kPa。5 号楼周边地库基础埋深约为 3.0m，相当于厚度为 1.0m 的土重，按室外地面标高算起的 5 号楼基础埋深约为 5.5m，5 号楼实际的基础埋深按 5.5−3.0+1.0=3.5m 考虑，深宽修正后的地基承载力特征值：即修正后的 5 号楼地基承载力特征值可取 600kPa。

$$f_{\mathrm{a}} = f_{\mathrm{ak}} + \eta_{\mathrm{b}}\gamma(b-3) + \eta_{\mathrm{d}}\gamma_{\mathrm{m}}(d-0.5) = 500 + 0.3 + 18(6-3) + 1.6 \times 18(3.5-0.5)$$
$$= 602.6\mathrm{kPa}$$

根据第③层黏土的地基承载力和 5 号楼的荷载信息、初步基础设计方案等，进一步对 5 号楼的以下几种基础方案进行比选。

2. 基础方案比选

方案一：天然基础

由于经过深宽修正后地基承载力特征值达到 600kPa，已经能够满足标准组合下上部结构传到基底的压力，故先对天然地基方案进行验算，地基反力计算结果如图 3-19 所示。根据抗冲切计算结果，底板厚度需要 1100mm 才满足要求，且混凝土强度等级为 C40。由浅层平板载荷试验结果，根据《高层建筑岩土工程勘察标准》JGJ/T 72，计算出第⑤层土的变形模量：

$$E_0 = I_0(1 - \mu^2)\frac{pd}{s} = 0.886 \times (1 - 0.42^2) \times 500 \times 1.5/7.5 = 73.0\mathrm{MPa}$$

基床系数根据基底压力和预估沉降量计算，$K = 520\mathrm{kPa}/0.04\mathrm{m} = 13000\mathrm{kN/m^3}$。由压缩模量先估算出基础的沉降量，底板沉降量如图 3-20 所示，再根据基底压力反算基床系数，最后求得底板的弯矩及配筋，计算得到的结果符合估算值，即对于天然地基，第⑤层土的基床系数取 $13000\mathrm{kN/m^3}$ 是合理的。

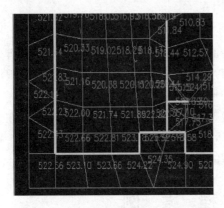

图 3-19　标准组合下地基反力（局部）

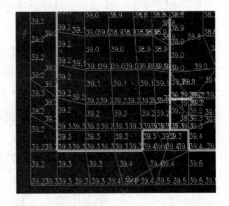

图 3-20　准永久组合下底板沉降（局部）

1）筏板的受力变形分析

底板配筋为构造配筋，配筋面积为 $1650\mathrm{mm^2/m}$，所配钢筋 $\phi18@150$（HRB400）。

2）墙对筏板的冲切验算

图 3-21 框位置的上部荷载较大，且冲切破锥体投影面积较小，是墙对筏板冲切的最不利位置，对该位置进行墙对筏板冲切验算，根据《混凝土结构设计规范》GB 50010，计算如下：

局部荷载设计值：$F_l = 5888\mathrm{kN}$。

筏板的抗冲切承载力：

$$0.7\beta_h f_t \eta u_m h_0 = 0.7 \times 1.0 \times 1.71 \times 0.52 \times 9.16 \times 1040 = 5929.6 \text{ kN} > F_l = 5888\text{kN}$$

经过计算，天然基础条件下，筏板混凝土强度等级 C40、板厚 1100mm 方可满足抗冲切要求。

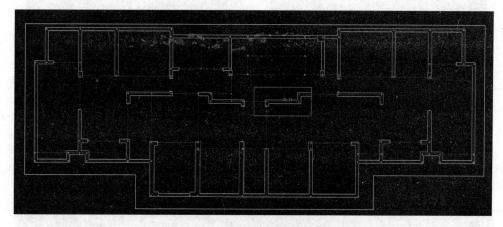

图 3-21　墙冲切验算位置示意图

方案二：PHC AB 500 125 复合桩基

对于 5 号楼，若采用 PHC AB 500 125 复合桩基，板厚考虑取 700mm，桩长为 15m，桩端进入持力层第⑥层强风化泥质砂岩≥1.0m，根据计算单桩极限承载力约 4600kN。

布桩原则：根据单桩极限承载力 4600kN 进行布桩，标准组合下 5 号楼总荷载 212961.1kN，总桩数 212961.1kN/4600kN≈47 根（实际按 52 根布置，保证桩的极限承载力总和大于上部结构荷载）。实际工作时，考虑单桩承受的上部结构荷载为 $R_d = 0.7 \times 4600 = 3220$kN（即在软件计算中，将单桩承载力特征值输为 3200kN，通过桩和地基土基床系数调整，可以实现这一结果），实际由桩承担的最大荷载为 $3200 \times 52 = 166400$kN，其余的上部荷载 46561kN 由土承担。在 PKPM 模型输入时，通过调整基床系数使桩和土共同承担上部荷载，土的基床系数 $K = 13000$kN/m³，桩的竖向刚度取 200000kN/m。

1）桩和筏板的受力变形分析

根据计算结果如图 3-22，标准荷载组合下单桩受力为 2500～3000kN，基本符合以上假设。另外，采用这种基础方案，基础的沉降约 1.5cm 且较为均匀，如图 3-23 所示，远远小于天然地基的方案，地基土所承受的基底压力约 200kPa。由载荷板试验曲线可知，地基土在 1.5cm 的变形下，可以发挥约 500kPa 的承载力。由此可见，桩和土在本工程的沉降条件下，是能够实现共同作用的。从另一个角度去理解，在天然地基承载力能够满足上部结构荷载的情况下，通过在剪力墙下布桩，完全可以看作是一种安全储备，而且对沉降的控制、底板的受力等都是非常有利的。由底板配筋计算，底板配筋面积为 1050mm²/m，为构造配筋，所配钢筋 ϕ16@180（HRB400）。

2）墙对筏板的冲切验算

图 3-24 方框位置的上部荷载较大，且冲切破锥体投影面积较小，是墙对筏板冲切的最不利位置，对该位置进行墙对筏板冲切验算。根据《混凝土结构设计规范》GB 50010，计算如下：

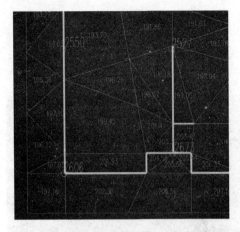

图 3-22 标准组合下地基反力（局部）

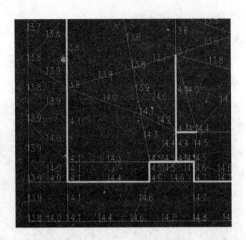

图 3-23 准永久组合下底板沉降（局部）

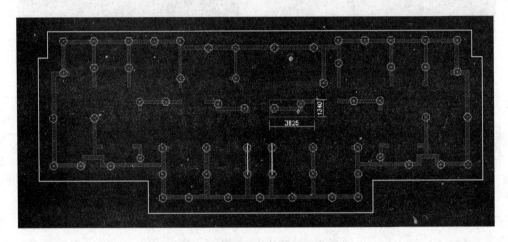

图 3-24 墙冲切验算位置示意图

该段墙的上部总荷载见图 3-25，计算如下：

$$N_1 = 2251 \times 0.35 + 2403 \times 2.45 + 2412 \times 0.55 + 2367 \times 0.95$$
$$= 10250.45\text{kN}（基本组合）$$

冲切破坏锥体以内截面桩与土的反力设计值见图 3-26，计算如下：

$$N_2 = 3279 + 3419 + 250 \times 1.34 \times 3.625 = 7912.4\text{kN}（基本组合）$$

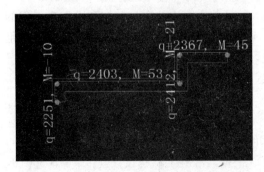

图 3-25 基本组合下上部荷载（局部）

图 3-26 基本组合下地基反力（局部）

局部荷载设计值：$F_l = N_1 - N_2 = 10250.45 - 7912.4 = 2338\text{kN}$

计算截面周长：$\mu_m = (3.625 + 1.34) \times 2 = 9.93\text{m}$

系数：$\eta = 0.4 + 1.2/\beta_s = 0.4 + \dfrac{1.2}{(3.625/0.25)} = 0.483$

筏板的抗冲切承载力：

$$0.7\beta_h f_t \eta u_m h_0 = 0.7 \times 1.0 \times 1.57 \times 0.483 \times 9.93 \times 640$$
$$= 3373.45\text{ kN} > F_l = 2338\text{kN}$$

经过计算，PHC AB 500 125 复合桩基条件下，筏板混凝土强度等级 C35、板厚 700mm 可满足抗冲切要求。

方案三：ϕ400CFG 复合地基

若采用 ϕ400CFG 复合地基，底板厚度取 1000mm，桩长为 10m，ϕ400CFG 单桩承载力特征值为 600kN，墙下布桩，总桩数约为 95 根，桩间距为 1.6m。

1）桩和筏板的受力变形分析

经过计算，标准荷载组合下单桩受力为 550~600kN，如图 3-27 所示，地基土受力约为 400kPa，准永久组合下的板沉降为 20~30mm，如图 3-28 所示。由载荷板试验曲线可知，地基土在 400kPa 荷载作用下的变形约为 5mm，由此可见，CFG 桩和土可以实现共同作用，共同承担上部荷载。底板配筋面积为 2138mm²/m，所配钢筋 ϕ22@150（HRB400）。

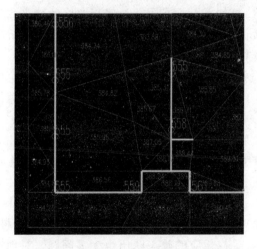 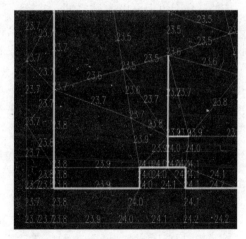

图 3-27 标准组合下地基反力（局部）　　图 3-28 准永久组合下的板沉降（局部）

2）墙对筏板的冲切验算

墙冲切筏板计算位置和上部荷载同方案二。

该段墙的上部总荷载：$N_1 = 10250.45\text{kN}$（基本组合）

冲切破坏锥体以内截面桩与土的反力设计值如图 3-29 所示，计算如下：

$$N_2 = 755 + 746 + 774 + 530 \times 1.34 \times 3.625 = 4867.5\text{kN}（基本组合）$$

局部荷载设计值：$F_l = N_1 - N_2 = 10250.45 - 4867.5 = 5383\text{kN}$

计算截面周长：$\mu_m = (3.625 + 1.34) \times 2 = 9.93\text{m}$

系数：$\eta = 0.4 + 1.2/\beta_s = 0.4 + \dfrac{1.2}{(3.625/0.25)} = 0.483$

筏板的抗冲切承载力：

$$0.7\beta_h f_t \eta u_m h_0 = 0.7 \times 1.0 \times 1.71 \times 0.483 \times 9.93 \times 940 = 5396.6\text{kN} > F_l = 5383\text{kN}$$

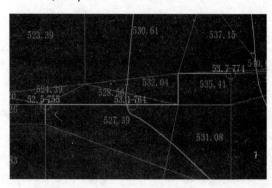

图 3-29　基本组合下地基反力（局部）

经过计算，φ400CFG 复合桩基条件下，筏板混凝土强度等级 C40，板厚 1000mm 可满足抗冲切要求。

3. 方案比选结果

方案一为施工比较方便的天然地基，直接开挖至坑底标高后施工垫层和底板，施工速度快，非常方便。但是由于主楼建筑高度近 100m，基底土可能会有不均匀的情况，计算沉降相对较大，虽然承载力能够满足设计要求，但仍有一定的安全隐患。另外，基础底板要求较厚，基础造价未必最经济。

方案二与方案一相比，将筏板厚度减小至 700mm，能够满足抗冲切要求，且底板仍然为构造配筋，从底板上可以节约十几万的造价。而通过墙下设置的少量管桩，不仅能够有效减小总沉降量，调整不均匀沉降，而且对抵抗风荷载、地震作用等产生的水平力非常有利，因为管桩锚固在底板内，不仅能受压还能抗拔，将大部分的荷载传至强风化层。

方案三介于以上两者方案之间，由于 CFG 桩的承载力有限，对底板厚度的减小非常有限，且对不均匀沉降及水平荷载的控制也较为有限。从安全性角度来说，方案二的沉降最小，底板受力最好，桩还有抵抗水平荷载的作用，其次为方案三、方案一。

从经济性角度来说，三者方案差别不大，方案二可以减少基坑挖深和土方量，也可以减小地下室剪力墙的落深，具有一定的优势，后期会有桩基检测和桩头填芯的费用。总体来说，方案二较优，其次为方案一、方案三。

从工期角度来说，方案一可直接开挖至坑底后，开始施工垫层和底板，工期最快，方案二和方案三多了打桩的时间和开挖至坑底后的桩头处理时间，对管桩来说每天可做 15 根以上（3d 即可完成一栋楼），CFG 桩由于桩长较短，也可在 3～4d 完成一栋楼。总体来说，方案一最快，其次为方案二、方案三。

从施工难度角度来说，天然地基是最简单的，无需大型设备进场，而 PHC 管桩、CFG 桩等也都属于合肥地区常规的施工工艺，寻找相应的施工队伍也无大问题，对现场的管理及质量控制角度，PHC 管桩优于 CFG 桩，管桩的控制重点就是管桩材料进场的验收、压桩机配重的选择以及桩靴的提前焊接等。总体来说，方案一最简单，其次为方案二、方案三。

因此，建议采用方案二进行本工程 5 号楼基础设计。

二、文华阁工程基础沉降计算

1. 工程概况

文华阁工程位于合肥市滨湖新区洞庭湖路和玉龙路交口东北角，总建筑面积约 74298m²，4 栋 100m 高层建筑，与地下二层车库连为整体，地上 32～34 层，地下室二层深 16.15m，建筑性质为住宅，基础布置图见图 3-30。该建筑为钢筋混凝土剪力墙结构，

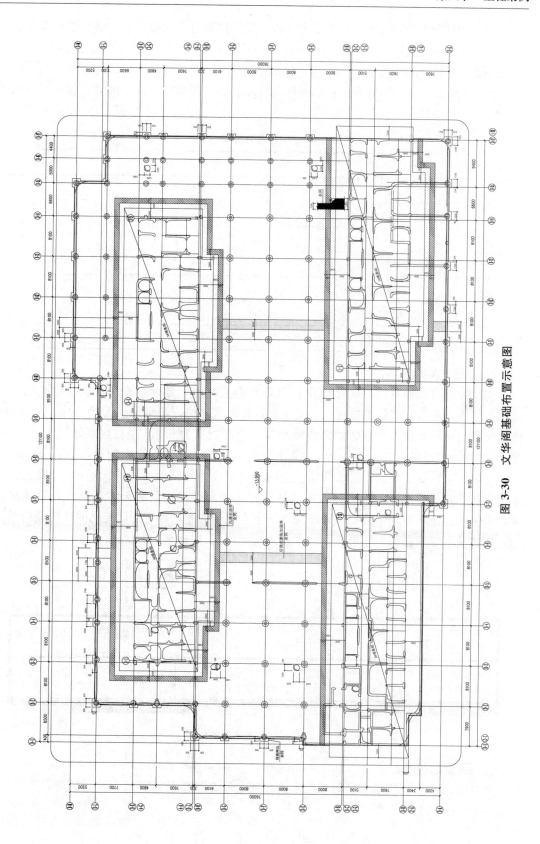

图 3-30　文华阁基础布置示意图

抗震设防类别为丙类，抗震设防烈度为 7 度，设计地震分组为第一组，剪力墙抗震等级为二级，建筑场地类别为Ⅱ类。

根据岩土工程勘察报告，地层自上而下可分为 7 层，分别为：①杂填土；②黏土；③黏土；④粉质黏土；⑤残积土；⑥强风化泥质砂岩；⑦中分化泥质砂岩。各土层的构成与特征详见表 3-13。

工程地质分层表　　　　　　　　　　　　　　　　　　表 3-13

编号	层名	厚度（m）	压缩模量	f_{ak}（kPa）
①	杂填土	0.7~1.8	—	—
②	黏土	2.1~4.0	15	260
③	黏土	39.0~39.8	17	320
④	粉质黏土	2.0~2.5	15	300
⑤	残积土	4.7~5.4	18	350
⑥	强风化泥质砂岩	5.4~6.1	18	350
⑦	中分化泥质砂岩	未钻穿	—	1000

2. 基础方案简介

初步确定基础方案为：高层拟采用 CFG 桩复合地基，地库拟采用长螺旋钻孔灌注桩抗浮。但甲方要求加快施工进度，争取早日取得销售许可，希望采用天然基础。文华阁 4 栋高层是与两层地库连为整体的多塔楼结构，地库层高为 6.3m 左右，室外覆土 1.35m，高层及地库底板面标高为－13.95m，地下室剖面图见图 3-31。根据地质报告，基础埋置于③层黏土上，属于硬黏土层，③层黏土的地基承载力特征值 $f_{ak}=320$kPa，经修正后基本能满足承载力要求。由于这种多塔楼基础相连的高层建筑采用天然基础在合肥尚属首次，为慎重起见，要求甲方对该地块选取三个点进行与基础埋置深度相同的浅层载荷板试验，据载荷板试验结果，③层黏土的承载力特征值 f_{ak} 提高至 352kPa。

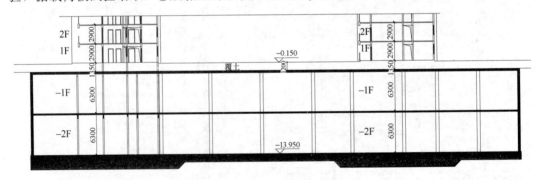

图 3-31　地下室剖面示意图

3. 基础设计过程

本工程 4 栋高层类型和层数相差不大，现选取 2 号楼的计算过程及结果进行分析，2 号楼基础平面布置图见图 3-32。

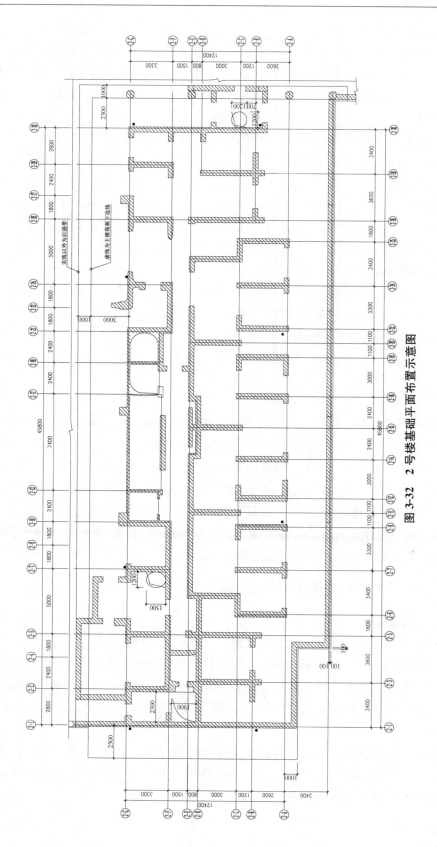

图 3-32 2 号楼基础平面布置示意图

1）地基承载力的修正：

修正深度采用地下车库的折算厚度，主楼地下室底板厚2.2m，覆土1.2m，车库地下室底板厚1.2m，负一层顶板厚0.30m，负二层楼板厚0.25m，计算后土的折算厚度为5.0m，按《建筑地基基础设计规范》GB 50007中式（5.2.4）计算如下：$f_a = 352 + 0.3 \times 18 \times (6-3) + 1.6 \times 18 \times (5.0-0.5) = 497\text{kPa}$

2）由于主楼和车库整体相连且均采用天然地基，应考虑沉降差对结构内力的影响。从安全稳妥考虑，主楼筏板厚度取值2.2m，C40混凝土，外挑3m后设置沉降后浇带。地库筏板厚度取值1.2m，C40混凝土。分别采用单塔及多塔整体计算结果进行包络设计。计算结果显示，主楼标准组合下地基反力值在350～400kPa左右，配筋除在筏板悬挑处出现较大配筋外其余处均为构造配筋，基础在准永久荷载作用下沉降量在20～30mm，基础沉降等值线图，如图3-33所示。在计算过程中反复调整筏板形心与楼重心尽量重合。其他计算结果均满足规范要求。

3）由于本工程高宽比较大，在后浇带未封闭之前，对水平荷载作用下的稳定性进行了验算。在风荷载和地震荷载作用下，抗倾覆验算显示无零应力区，结构的刚重比计算大于2.7，不需考虑重力二阶效应。

4）地库抗浮采用人工挖孔桩，一柱一桩，桩长为20m，桩径为1.2～1.4m，计算结果显示筏板配筋均为构造配筋。

4. 小结

该小区2010年动工，已于2014年竣工并交付使用，施工期间及竣工后均持续进行了沉降观测，最终沉降观测结果显示每栋楼沉降量均在14mm左右，与计算结果相近，达到了预期的设计效果。且在后续的多次实地探访，未发现地库开裂，底板、侧墙、顶板渗水等现象，说明本工程不均匀沉降控制较好，未对结构造成不利的影响。由此表明，在硬黏土地区，对于30～34层且与大面积深地库相连的建筑，可以采用天然地基筏板基础，充分利用地基土的承载力。只要措施得当，也不失为一种创新的基础设计，可以缩短施工周期，符合国家提倡的节能环保、节约资源、技术进步的发展方向。

三、安徽省建筑检测大厦基础沉降计算

1. 工程概况

安徽省建筑科学研究设计院投资建设的安徽省建筑科学研究设计院建筑检测大厦位于合肥市山湖路567号。本工程由安徽省建筑科学研究设计院设计，为框架剪力墙结构，建筑高度87.90m，地下2层，地上23层，建筑面积共27829.23m²，基底面积约2960m²，基础采用人工挖孔桩，桩端持力层为④层中风化泥质砂岩（K），桩径为1200mm和1500mm，共43根。

根据岩土工程勘察报告，地层自上而下可分为5层，分别为：①素填土（Qml）；②₁黏土（Q₄al+pl）；②黏土（Q₃al+pl）；③₁强风化泥质砂岩（K）；④中风化泥质砂岩（K）。各土层的构成与特征详见表3-14。

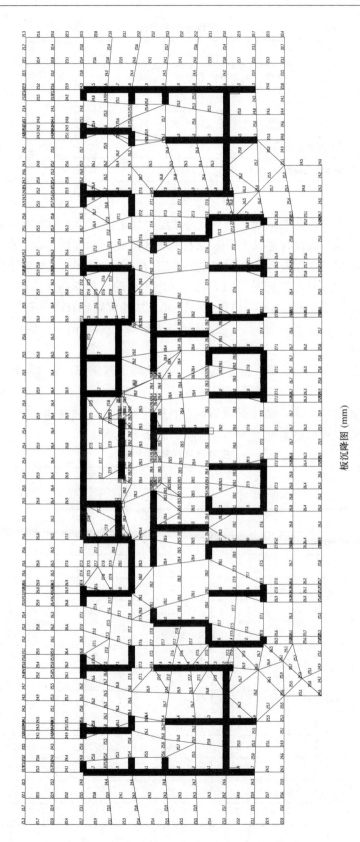

板沉降图 (mm)

图 3-33　2 号楼基础沉降等值线图

工程地质分层表　　　　表 3-14

编号	层名	厚度（m）	压缩模量	特征
①	素填土（Q^{ml}）	0.7～3.7	—	松散，厚薄不均
②₁	黏土（Q_4^{al+pl}）	1.7～2.8	5.4	干强度中等
②	黏土（Q_3^{al+pl}）	4.2～8.7	9.6	干强度高、韧性高
③₁	强风化泥质砂岩（K）	1.6～5.0	3.2	低压缩性
④	中风化泥质砂岩（K）	大于 5	2.4	压缩性微小

2. 沉降计算

本工程采用人工挖孔桩基础，地下室为 2 层，地下面积大于地面以上的主楼面积，荷载差异较大，地基基础设计等级为甲级。采用地基基础变刚度调平设计的原则进行设计，重点解决因荷载和刚度相差较大可能产生的不均匀沉降的危害。主楼采用桩基，地库部分仍采用天然地基。基础布置见图 3-34。同样采用中国建筑科学研究院结构所 CAD 工程部开发的"弹性地基梁板基础结构 CAD 软件"进行基础沉降计算，计算得到该大楼主楼基础沉降等值线图，如图 3-35 所示。主楼基础最大沉降 7.89mm，沉降分布均匀。

3. 沉降观测

为了有效控制建筑物沉降，根据规范要求和实际工程需要，在建筑物周围设置了三个深埋水准基点，本工程共设置 6 个沉降观测点，主体结构每上升 3 层，观测 1 次，主体结构施工期间共观测了 8 次；结构封顶后，2 个月观测一次，共观测 6 次，总计观测了 14 次。沉降观测点布置示意图见图 3-36，沉降观测结果见表 3-15。

主楼沉降观测统计表　　　　表 3-15

测点 / 频次	1 号	2 号	3 号	4 号	5 号	6 号
	累计沉降					
第 1 次	0	0	0	0	0	0
第 2 次	−0.3	−0.2	−0.9	−1.1	−0.4	−0.3
第 3 次	−0.9	−1.1	−1.4	−1.4	−0.9	−0.6
第 4 次	−1.4	−1.5	−2.1	−1.9	−1.5	−1.4
第 5 次	−1.7	−2.2	−2.4	−2.5	−1.8	−1.9
第 6 次	−2.4	−2.8	−3.1	−2.7	−2.6	−2.2
第 7 次	−2.8	−3.4	−3.6	−3.2	−2.9	−2.7
第 8 次	−3.6	−4.5	−4.7	−4.3	−3.6	−3.2
第 9 次	−4.3	−5.4	−5.6	−5.9	−4.7	−3.9
第 10 次	−5.6	−7.1	−6.3	−7.2	−6.2	−4.8
第 11 次	−6.1	−7.3	−6.9	−7.6	−6.9	−5.3
第 12 次	−6.7	−7.7	−7.2	−7.9	−7.3	−5.7
第 13 次	−7.2	−8.2	−7.6	−8.4	−7.8	−6.2
第 14 次	−7.5	−8.6	−7.9	−8.7	−8.2	−6.7

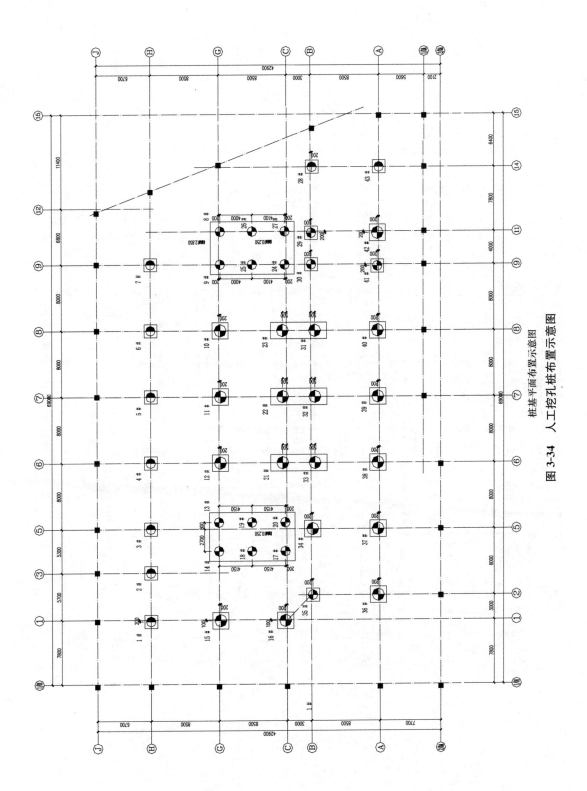

桩基平面布置示意图

图3-34 人工挖孔桩布置示意图

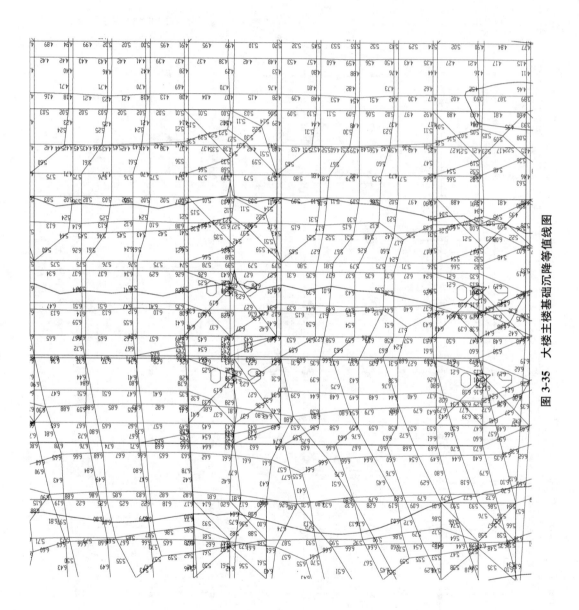

图 3-35　大楼主楼基础沉降等值线图

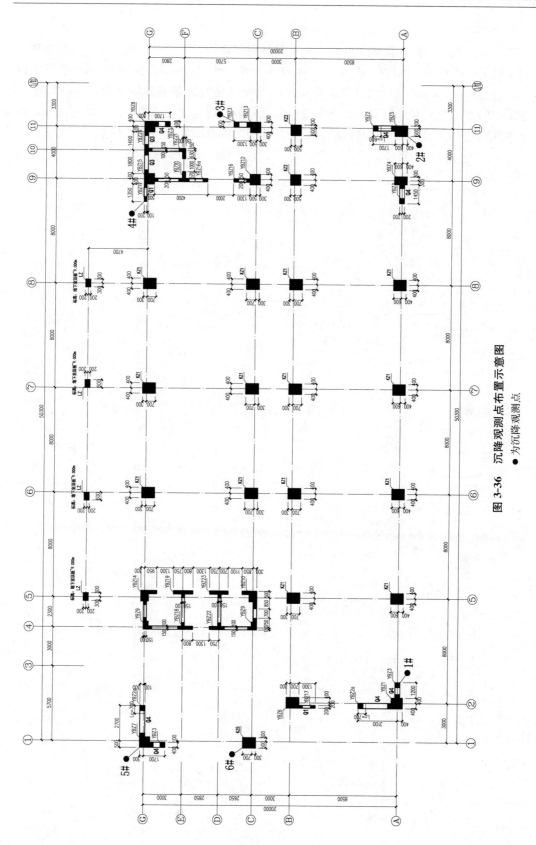

图 3-36 沉降观测点布置示意图

● 为沉降观测点

4. 小结

根据沉降观测结果，在施工期间，该工程基础沉降均匀，主体结构封顶一年后基础沉降逐步稳定。沉降观测期内，基础最大沉降为 8.7mm，最小沉降为 6.7mm，平均沉降7.9mm。基础实际沉降与理论计算沉降相近，对照《建筑地基基础设计规范》GB 50007中建筑物的地基变形允许值要求，该大楼基础沉降值在规范允许值范围内。从而说明，在黏土地区采用桩基础控制建筑物沉降相较于其他型式的基础具有一定的优势。

第四章　硬黏土地区地下水浮力作用机理

第一节　地下水浮力引起地下建筑物上浮案例分析

随着城市的经济实力不断上升，城市的人口与规模不断扩大，城市建设用地越来越少，地下工程越来越多。考虑土地的有限性，充分利用地下资源已成为一种趋势。城市中的地下建（构）筑物，如高层建筑物地下室设备房、地下换乘中心或停车场、地下交通和大中型地下通道、污水处理厂等的建设将逐步出现或增多。

对于地下工程，往往面临着工程的抗浮问题。对地下水浮力考虑不足常常引起地下工程结构的破坏，特别是大面积地下室的不均匀上浮，造成结构受损较为严重，造成巨大的经济损失和安全隐患，影响使用效果。

近年来因地下水浮力引起的地下工程结构的破坏事故时有发生，常见的破坏形式为：地下室出现上浮与底板开裂渗水。据调查曾有地下室上浮量达到 70cm，不仅危害结构安全，也严重影响日后使用效果，造成较大的社会影响。经初步分析，长期来勘察设计对地下室和地下构筑物的抗浮设计重视不够、分析不够，对施工中因素考虑不足，成为事故发生的重要原因。工程的抗浮设计是否正确合理，直接关系到工程的安全可靠和工程造价。

鉴于在工程事故中因抗浮问题重视不足造成的地下结构的损坏情况具有代表性，通过开展对硬黏土地区地下水浮力及与地下建（构）筑物作用机理的研究，树立正确的抗浮理念，通过研究拿出有效的解决方案与合理的抗浮措施，指导工程的合理设计与施工，确保工程的顺利实施。本章将以合肥地区硬黏土为主要研究对象，探讨和研究硬黏土地区的地下水浮力作用机理。

合肥市某新建小区地下停车库为地下二层框架结构，建筑面积约 15300m²，地库基础采用梁板筏基，工程于 2007 年 10 月 22 日开工，2008 年 4 月 20 日主体结构封顶，2008 年 8 月 27 日后浇带浇筑完毕后发现地下停车库局部上浮，部分梁、柱及现浇板产生贯通裂缝。地下停车库局部平面布置及板裂缝分布示意图见图 4-1。

该工程建设场地土层自上而下依次为：①₁层杂填土，透水性强，层厚 0.40～3.00m；①₂层含淤泥质杂填土，透水性一般，层厚 0.50～3.20m；②层粉质黏土，透水性一般，层厚 0.00～3.20m；③层黏土，透水性一般，层厚 0.50～4.20m；④层黏土，透水性一般，层厚 24.00～27.00m。地下停车库底板位于④层黏土，地下停车库深度范围内无地下水，上层滞水主要分布在①₁层杂填土、①₂层含淤泥质杂填土及②层粉质黏土中，水量与大气降水、地表水联系密切。场地内无统一地下水位，勘探期间测得钻孔内静止水位埋深 0.7～2.0m，静止水面标高为 25.34～27.48m，水位变化幅度为 25.0～27.8m。

该工程地下停车库顶板顶面高程为 26.75m，顶板浇筑完成后 60d 开始后浇带浇筑，并同时开始底板周围密闭混凝土带浇筑及回填土施工。设计要求在底板周围采取密闭措施

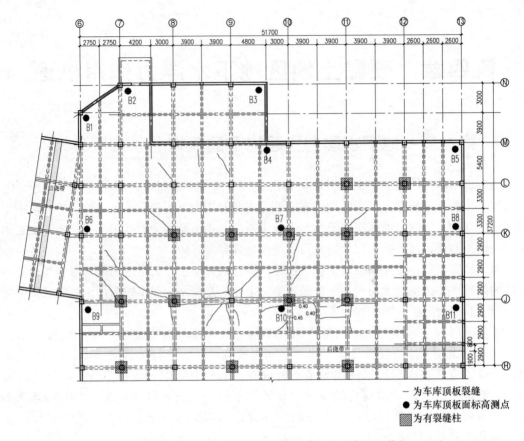

图 4-1　车库顶板结构局部平面布置及板裂缝分布示意图（单位：mm）

（宽、高不少于 1.2m），回填土每层厚度不超过 300mm，分层夯实，压实系数不少于 0.93。实际施工时底板密闭混凝土带改为三角形，宽度为墙板以外 1000mm、高度为底板面以上 600mm。

一、地下停车库局部上浮事故调查与检测

1）地下停车库梁、柱及顶板裂缝形式及分布

（1）板裂缝

现场检测发现，地下停车库顶板裂缝形式均为直裂缝及斜裂缝，其中直裂缝分布在板四周，J 轴附近此类裂缝较多；斜裂缝主要分布在板中部。裂缝分布示意图见图 4-1。裂缝均贯通板截面，明显有渗水痕迹。选取裂缝数量较多、宽度较大的负一层顶(10－(1/10))/((1/H)－J)轴板，用裂缝测宽仪在板底测得裂缝最大宽度为 0.45mm。

（2）梁裂缝

现场检测发现，地下停车库北部及东部边跨梁有裂缝，且裂缝均分布在梁靠近边柱一端，其余部位无裂缝。现场检测共发现 15 道梁有裂缝，裂缝形式均为竖向直裂缝，大部分裂缝在梁两侧对称分布，梁最外端一条裂缝形状均为下宽上窄，而且宽度最大，其余裂缝形状基本为中间宽、两头窄，用裂缝测宽仪测得裂缝最大宽度在 0.70～3.20mm。典型裂缝分布示意图见图 4-2、图 4-3。

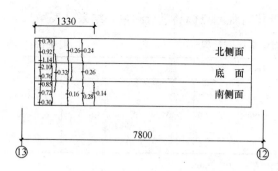

图 4-2　负二层坡道 K 轴梁裂缝分布示意图
（单位：mm）

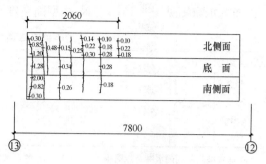

图 4-3　负二层坡道 J 轴梁裂缝分布示意图
（单位：mm）

（3）柱裂缝

现场检测发现，地下停车库北部及东部边跨有裂缝的柱数量较多，裂缝宽度及长度也较大，中间跨柱裂缝数量逐渐减少。所有柱裂缝形式基本相同，南侧面裂缝分布在柱上部，为水平直裂缝，并与东、西侧面裂缝连通，向斜上方开展；北侧面裂缝分布在柱下部，也为水平直裂缝，并与东、西侧面裂缝连通，向斜下方开展。现场检测共发现 13 根柱有裂缝，平面分布示意图见图 4-1，典型柱裂缝示意图见图 4-4、图 4-5，该柱裂缝最大宽度为 0.58mm，东侧面裂缝最大长度为 400mm，西侧面裂缝最大长度为 450mm。在柱北侧面选择一处裂缝，在裂缝最宽部位骑缝钻取一个直径为 75mm 的芯样（钻芯位置见图 4-5），检测裂缝深度，从取出的芯样看，裂缝在距芯样外表面 200mm 处向下偏离出芯样，但钻进 150mm 时东、西两侧面裂缝部位均已渗水，因此柱裂缝深度应与东、西侧面裂缝长度相同。

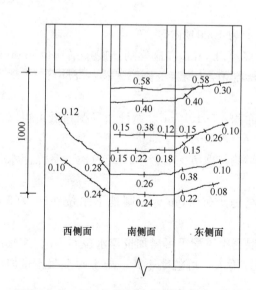

图 4-4　负一层 9/L 轴柱上部裂缝分布示意图
（单位：mm）

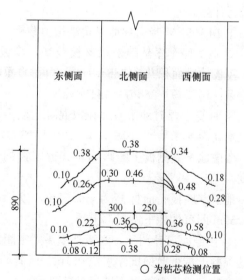

图 4-5　负一层 9/L 轴柱下部裂缝分布示意图
（单位：mm）

2）地下停车库顶板板面标高

现场检测时在地下停车库（6-13）/（H-N）轴区域顶板面上布置了 11 处测点（测点平

面布置示意图见图 4-1)，用 NA2 型高精度水准仪对观测点标高进行测量，结果见表 4-1。

地下停车库顶板面标高检测结果　　　　　　　　　　　表 4-1

测点编号	B1	B2	B3	B4	B5	B6	B7	B8	B9	B10	B11
测点标高实测值（m）	−0.1234	−0.1144	−0.1220	−0.1115	−0.1016	−0.0960	+0.0320	−0.0738	−0.0848	+0.0824	−0.0988

注：检测所用的水准基点高程为±0.0000m，测点最大相对高差 205.8mm。

3）地面积水情况

现场查看时发现地下停车库北侧地面有大量积水，水面高度与顶板板面标高基本一致。

二、地下停车库上浮原因分析与结构鉴定

1）地下停车库主体结构抗浮计算

（1）计算依据

计算依据为《建筑结构荷载规范》GB 50009[24]、《建筑抗震设计规范》GB 50011[25]、《混凝土结构设计规范》GB 50010[26]、《建筑地基基础设计规范》GB 50007、中国建筑科学研究院 PKPM 系列软件。

（2）抗浮计算结果

该工程地下停车库底板位于第④层黏土，该土层不含水，原则上不会使车库产生上浮，地下停车库埋置深度范围内主要为地表水，因此本文仅从荷载角度对车库抗浮水位高程进行计算。

① 由 PKPM 竖向导荷可得结构恒载标准值为 102942kN。

② 地下停车库基础采用梁板筏基，筏板厚度 350mm，地梁的高度按平均值 400mm 计，筏板外挑面积共为 3886.7m^2，可得自重标准值：0.4×3886.7×25＝38867kN，地下室总重：102942＋38867＝141809kN。

③ 计算上浮时地下室面积取混凝土墙内面积：3610.7m^2，由浮力平衡荷载可得（设需要水高为 h 米）：3610.7×h×10＝141809，h＝3.9m。

考虑地下室侧板土的影响及其他因素的影响，取 h＝4.0～4.5m 为地下室漂浮水位高度。

地下室底板底面标高为−7.55m，以标高为±0.000m 计，则地下水位在−3.05～−3.55m 即可使地下室局部上浮。

④ 按照原设计图纸，底板外围一圈密闭混凝土带配重可增加抗浮水位 0.2m，实际施工的混凝土带可增加抗浮水位 0.1m，两者相差不大，可忽略不计。施工时混凝土带厚度及宽度减小，止水效果不满足设计要求。

2）地下室上浮及裂缝成因分析

经检测分析，该工程地下停车库底板底面标高为−7.55m，该土层不含地下水，对车库会产生上浮影响的主要是地表水渗入底板，由本文计算可知，地表水渗透造成地下水位大于抗浮水位，该工程地下停车库梁、柱及顶板裂缝主要由于车库局部上浮引起，裂缝成

因分析如下：

（1）车库四周向上的浮力，使边跨框架梁端部产生相对较大的剪应力，相邻框架梁端部也产生逐跨递减的剪应力，当应力超过混凝土的抗拉强度时，就会产生剪切裂缝。

（2）顶板设计厚度为 300mm，梁高 1000mm，柱截面尺寸为 550mm×550mm，梁刚度明显大于柱刚度，车库周围的上浮作用会对柱顶端产生水平推力，在柱两端产生剪切裂缝。

（3）由于柱产生弯剪变形，使顶板边缘与梁交接部位应力相对集中，板四周易产生直裂缝。

3）受损构件的损伤评级

根据检测结果和《民用建筑可靠性鉴定标准》GB 50292[27]判定，地下室结构构件的损伤评级如下：

（1）地下室板：地下室一、二层顶现浇板裂缝宽度大多较小，呈不规则状，其安全性等级综合判定为 B_u 级。

（2）地下室梁：地下室框架梁端部受剪产生剪切裂缝，裂缝宽度较大，影响结构承载力，其安全性等级为 C_u 级。

（3）地下室柱：地下室框架柱上浮后柱上、下两端产生斜向剪切裂缝，裂缝宽度较大，存在安全隐患，其安全性等级为 C_u 级。

三、地下停车库的加固处理

根据地下停车库的调查与鉴定结果，选择泄水卸压方案处理地下室上浮。

1）地下停车库泄水卸压处理方案

（1）增设泄水孔

在地下室底板增设一定数量的泄水孔，卸除底板水压，使地下室恢复原受力状态，泄水孔做法见图 4-6。

（2）增设室外地坪防水层

为防止地表水继续渗入地下室底板，在室外地面增加现浇混凝土地坪防水层，做法见图 4-7。

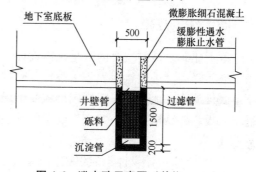

图 4-6　泄水孔示意图（单位：mm）

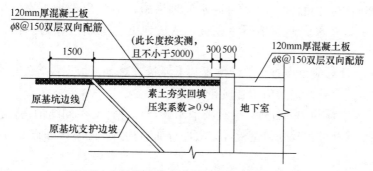

图 4-7　室外防地表水渗入示意图（单位：mm）

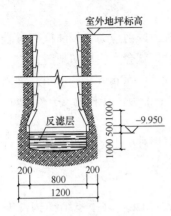

室外地坪标高

反滤层

−9.950

200　800　200
1200

图 4-8　室外降水井示意图
（单位：mm）

（3）增设室外降水井

在地下停车库四周设置室外降水井，降水井做法见图 4-8。

2）受损结构加固处理

根据地下室板、梁、柱的损伤分级评定结果，选择加固方案如下：

（1）板裂缝：板裂缝宽度小于 0.2mm 的采用改性环氧树脂胶泥封闭，对缝宽小于 0.3mm 的，先开槽填充裂缝，外面用两层 S 玻璃纤维布加三层改性环氧树脂处理，对缝宽大于 0.3mm 的裂缝用压力注浆灌缝处理。

（2）柱裂缝：柱裂缝先封闭或压力注浆后，用两层碳纤维布外包加固。

（3）梁裂缝：梁侧裂缝先封闭或压力注浆后，在梁跨度范围内采用外包钢板法加固。

3）基础注浆

为防止基础持力层受水浸泡后承载力降低，现场对基底进行注浆加固，采用单液水泥浆，水灰比为 0.6，注浆压力不小于 0.8MPa，实际注浆量宜根据现场试验确定。

4）沉降观测

板底泄水和基础注浆过程中，应加强对地下停车库的沉降观测，防止出现过大的不均匀沉降，产生新的结构损伤。

四、结论及建议

地下建筑设计的主要内容是抗浮设计，本文所述案例中，地下停车库上浮主要原因是施工期间降雨量过大，地表积水没有及时排出，地下室肥槽回填不密实，地表水渗透到地下室底板从而在地下停车库周围形成一个局部连通的水力通道，造成地下室局部上浮，引起梁、板、柱结构损伤，并产生一定的安全隐患。根据鉴定与加固处理过程，提出以下 4 点建议：

1）地下室抗浮设计不能仅根据工程勘察报告提供的场地静止水位确定抗浮水位，要综合考虑建设场地环境及大气降水对地下室抗浮的影响，对建筑面积较大的地下室，抗浮计算要兼顾整体抗浮稳定和局部抗浮稳定。

2）施工期间应及时排水，并做好防水处理措施，避免出现地下室回填土不实、止水措施不到位，地表水渗透到地下室底板，造成地下水位超过设防水位，引起地下室上浮。

3）地下室上浮后应重点查明上浮位置和上浮量，对梁、板、柱等结构构件裂缝及损伤应逐一进行检测，并评定结构的受损等级。

4）对地下室上浮的加固处理，首先要泄水卸压，并针对不同结构构件损伤情况采用裂缝封闭、粘贴碳纤维布及外包钢板等方法进行加固补强，同时做好施工场地的防渗与降排水工作。

本工程加固处理后交付使用近两年，目前地下停车库使用状况良好，加固补强达到了预期的效果。本加固处理方案经济、适用、方法简单，对原地下停车库的影响较小，取得了较好的经济效益和社会效益。

第二节　硬黏土地区地下水浮力模型试验研究

作用在地下建（构）筑上的浮力源自于地下水，地下水的运动受土体性质的影响，尤其是黏性土的影响。硬黏土层是合肥地区较典型的地下建（构）筑物的持力层，受地下水影响而上浮损坏的工程时有发生，而研究中对于地下水、黏性土层及地下建（构）筑物三者间的作用机理并不是很明确。本试验通过模拟：①地下室放置于黏土层上并受一定的约束反力、②地下室埋入黏土层中并受很大的约束反力和③地下室埋于黏土层中并受很小的约束反力等 3 种环境下的地下室的受力情况及土层中的地下水运动变化，分析作用于地下结构上浮力的大小、作用方式和影响因素；黏土层中孔隙水压力的传递机理和分布规律；黏土层中侧壁摩阻力与浮力折减间的关系，探讨硬黏土层对地下水渗透的影响及影响地下室的稳定的主要因素，为硬黏土地区地下建筑物的抗浮设计提供理论依据。

一、试验模型的建立

1. 试验模型箱

试验用 2000mm(长)×1500mm(宽)×1400mm(高)的模型箱盛装土样模拟地下室。模型箱用砖砌，内部用砂浆和防水涂料涂抹，防止水外渗。模型箱底部布置 20cm 厚的透水碎石，侧壁靠近底部两侧各设一排水孔。距模型箱上部 150mm 处设一进水孔。

2. 地下结构模型箱

地下结构模型如图 4-9 所示。地下结构模型材料的选取既要考虑到其自重利于试验，又要有足够的刚度，选用自身比较轻便的 10mm 厚有机玻璃制作，尺寸大小为 800mm (长)×400mm(宽)×500mm(高)的无盖盒体。因有机玻璃与水、土的作用不同于混凝土与其作用，为了更真实地模拟结构的底板和水、土的结合及相互作用，减小模拟和现实之间的误差，在结构模型的底部打毛。地下结构模型内底部中心安放传力杆，以起固定作用，并消除受力后产生扭矩。在地下结构模型箱预定位置设置水位管，测量试验中箱底处的水位。

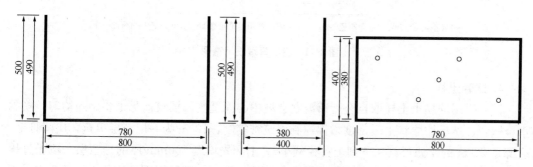

图 4-9　地下结构模型箱尺寸图（正视、侧视、俯视）

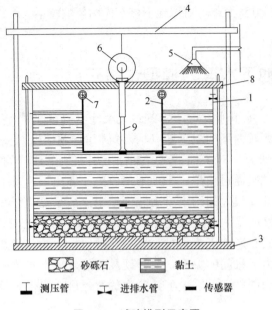

图 4-10　试验模型示意图

1—模型箱；2—地下结构模型；3—底座；4—支架；

5—降雨模型；6—量力环；7—位移计；

8—传力杆定位横梁；9—传力杆

3. 试验检测装置

整套试验装置包括：模型箱系统、供排水系统、孔隙水压力监测系统、浮力监测系统、大气降雨模拟系统、结构位移观测系统。整个模型试验监测装置概貌见图 4-10。

作用于地下室模型底板的浮力通过传力杆传递到模型顶部的高精度测力传感器，通过传感器应变数值换算浮力值大小。通过布设在地下结构模型箱底部的孔隙水压力计观测孔隙水压力的变化情况。试验中为了测试地下结构模型各工况下是否已经上浮脱离地下室的表面，采用百分表来进行位移的测量。

布置于模型箱内的测压管用以监测地下水位。在模型箱预定位置埋设测压管，埋设过程严格控制垂直度，并且在管壁上涂抹凡士林，防止水力导通。测压管埋设如图 4-11 示。

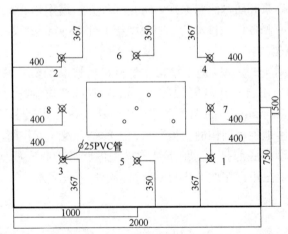

1号距箱底0.2m，2号距箱底0.4m，3~8号测压管距模型箱底0.6~1.1m，每隔0.1m埋设一个。

图 4-11　测压管埋设示意图

4. 试验土样

试验所用的黏土土样取自合肥市滨湖会展中心深基坑。填筑前黏土要捣碎均匀，喷洒水至饱和，然后按原状土干密度指标控制填筑密实度，10cm 为一层分层填筑，层间打毛。底部是 20cm 的反滤层（从下到上粒径减小）。上部先填筑 600mm 厚的黏土层。填土过程中，在预定位置埋设孔隙水压力传感器和测压管，导线、管壁周围涂抹凡士林防止水沿导线流动。土样装填完毕后，安放好地下结构模型箱。往模型坑中灌适量水，使坑内水位刚好淹没土层，然后静置半个月，使土体固结；静置完成后，根据预定的试验工况开始试验。

二、试验工况

1. 试验工况1

试验装置如图 4-12（a）所示。其操作步骤如下：模型坑中土体静置完成后，安放好地下结构模型箱，其底部埋入土内 5cm。安装好其 S 型传感器及孔隙水压力读数仪，顶部安置好两个位移计，开始试验。首先向试验模型箱注水以提高模型箱中的水位，让结构模型在有约束的情况下进行浮力测试。水位每天上升 5cm，每半小时记录结构模型浮力、位移、孔隙水压力等数据的变化，直至模型箱浮起，试验结束，对上述试验过程重复进行 2 次。试验从 2010 年 7 月 18 日开始至 2010 年 8 月 8 日结束。现场照片如图 4-12（b）所示。

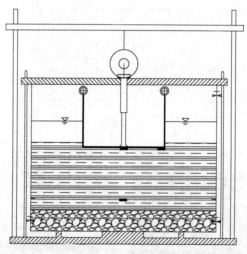

（a）示意图

（b）现场图

图 4-12　试验工况1

2. 试验工况2

试验装置如图 4-13（a）所示。其操作步骤如下：上组工况结束后，取出地下结构模型箱，继续向上填筑黏土，使黏土层厚达到 900mm。在模型坑正中央开挖出一个方坑，放置地下结构模型箱，开挖深度为 300mm。然后用黏土回填箱四周的基槽。经过半个月的加载排水固结后开始试验。安装好各试验设备并加载约束。试验模拟的是地下室埋于黏土层中并受到很大约束反力而不发生上浮时的地下室的受力情况。试验从 2010 年 8 月 9 日开始至 2010 年 8 月 20 日结束。现场照片如图 4-13(b) 所示。

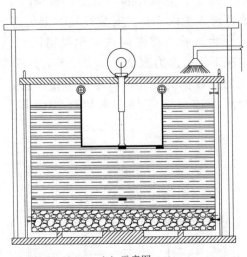

（a）示意图

（b）现场图

图 4-13　试验工况 2

3. 试验工况 3

　　首先放置好地下结构模型箱，顶部安置两个位移计，打开底部的两排水孔，开始试验，试验装置如图 4-14(a) 所示。其次使地下结构模型箱内的水位达到 h_2 高度，然后往模型坑内灌水，使水位达到 h_1 高度，并保持不变，参照测试仪器的读数，直至模型箱浮起，试验结束。改变水位 h_1，对上述试验过程重复进行 3 次，观测数据的变化。试验从 2010 年 8 月 26 日开始至 2010 年 9 月 18 日结束。现场情况如图 4-14(b) 所示。

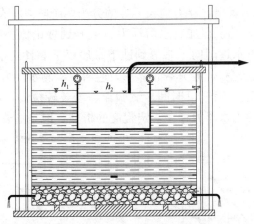

（a）示意图

（b）现场图

图 4-14　试验工况 3

三、试验数据分析

1. 试验工况 1 数据分析

为了解作用于地下结构模型箱上的浮力随时间动态变化过程，在试验工况 1 中，坑内每天加高水位 5cm，期间每隔半小时读取一次读数。地下室所受浮力随时间的变化情况如图 4-15 所示。随着时间的延长，地下室所受浮力在升高，与理论值相比偏小，其折减系

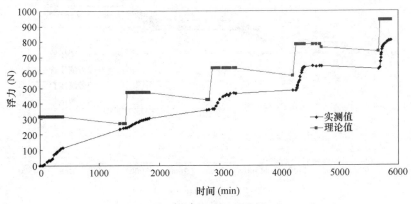

图 4-15　浮力时程曲线

数如图 4-16 所示。还可以看出，浮力增长明显的分为两个阶段：在前期浮力增长较缓慢；3d 之后，浮力增长较快，几乎在加完水后浮力就上升到理论值。试验前期，由于黏性土孔隙小，渗透较慢，地下水逐渐向下渗透到地下室底以下黏性土层，3d 以后地下室底部黏土孔隙已充满水并接近饱和，地下室底部水力连通，实测水浮力折减程度很小。可见对试验测试浮力而言，前期（大约 3d 时间）试验浮力增长较缓慢，后期浮力增长较快，接近理论水浮力，说明黏性土水浮力存在一定程度的折减，但是随着时间的增加，黏土水浮力终究会达到理论值。

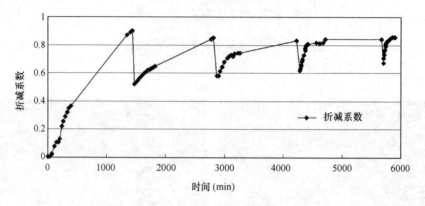

图 4-16　折减系数时程曲线

图 4-17 所示为测压管水头随时间的变化情况。从图中可以看出，随着时间和水位的增长，测压管水头呈现增长的趋势。在每次灌水初期，各测压管水头相对于理论水位值偏小，水位存在一定程度的折减；稳定水位后，各测压管水头会逐渐上升接近理论水柱高度，折减程度较小。地下水在黏性土中渗透，一方面地下水克服阻力而存在一定的渗透损失，水头会有一定程度的折减；另一方面，地下水向下渗透到测压管底部，有很长的渗透路径，测压管内的水头响应需要一段时间，也有一定的时间滞后性。因此，在保持水位稳定情况下，随着渗透时间的增加，测压管水头会接近理论水头，黏性土不能阻止孔隙水的渗透，只是比砂性土渗透慢些而已。

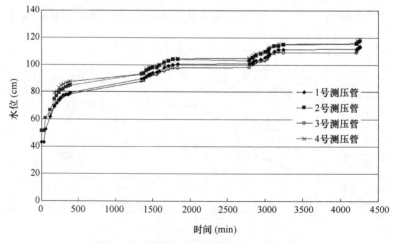

图 4-17　黏性土中测压管水头时程曲线

图 4-18 为地下室模型箱底测压水头随着时间和水位的升高的变化情况。从图 4-18 中可以看出，在试验前期，地下室模型箱底部中间位置的测压管水头较两旁的测压管水头低。由于黏土的渗透系数小，不能快速达到水压力平衡，所以试验时在每次水位改变后浮力的变化相对达到稳定，就需要有足够的时间来使结构模型底部中间部位和边缘部位的水压力一致。试验中前 20h 箱底测压管没有出现水头，表明在此之前，上部灌水没有渗透到箱底。随着时间的延长，灌水逐步渗透到基底处，测压管开始有水头，但此时水头也有一定的折减，并没有达到理论值。随着上部灌水水位的进一步升高，地下室所受水浮力也进一步加大，到一定时期后（此试验为 72h），箱底测压管水头随着灌水水位的增长而迅速增长并接近理论水位，表明此时水已贯通基底，若没有约束力，模型箱会产生整体上浮。

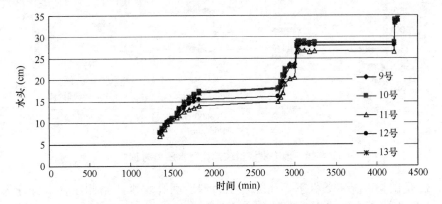

图 4-18　地下室模型箱底部测压水头时程曲线

随着水位的提高，测得的地下室模型上浮位移对应曲线如图 4-19 所示。在 72h 之后随着水位的增高地下室模型箱的位移迅速增大，表明此时地下室模型箱底部黏土已经饱和。从图中可以看出，试验进行到 97h 后，位移曲线出现一个明显的抬升，此时模型箱已出现上浮。

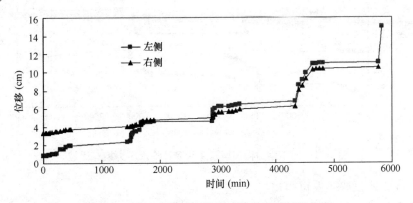

图 4-19　地下室模型有约束时位移上浮时程曲线

图 4-20 为地下室模型底部所受孔隙水压力的变化情况。在试验进行前期，孔隙水压力变化较慢，随着孔隙水渗入的不断进行，黏土孔隙水力通道的连通，经过一定的时间，孔隙水压力随着水位的上升最终也会达到理论值。有效应力是固体颗粒对建筑物基础的支撑力，而孔隙水压力则是孔隙水对建筑物基础的浮托力。有效应力和孔隙水压力之和构成

基底下饱和土体中的总应力。一般，基础以下饱和土体中的总应力与基底压力处于平衡状态。由于地下水水位的不断升高，基础底面以下饱和土体中的孔隙水压力也会随之上升，从而孔隙水对基础的浮托力增加，而土体中的有效应力随之减小，导致土体固相部分的卸荷回弹。当孔隙水压力上升到一定水平时，建筑物基础与土体之间的平衡关系被打破，就会发生建筑物的抗浮稳定性问题。在本试验进行97h后，地下室模型箱底部的水力通道连通后，基底孔隙水压力迅速增大，基础所受浮力也增大，地下室发生上浮。

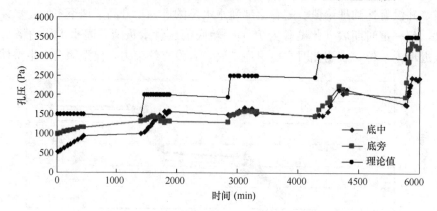

图 4-20　地下室模型底部孔隙水压力时程曲线

图 4-21 是试验工况 1 条件下，孔隙水压力计所测孔隙水压与测压管水头计算的孔压的对比。土体中的孔隙水压力比测压管水头换算的水压力要小，这主要是渗透损失造成的。从图中可以看出，随着水位的上升，两者均在增加，但最终孔隙水压力上升到理论值，由测压管水头换算出的孔隙水压力可以直观地观测到。

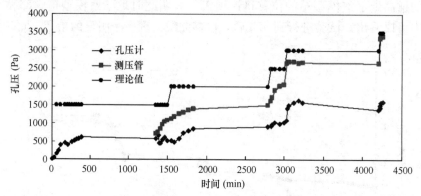

图 4-21　地下室结构模型箱底所受孔隙水压力换算比较

综上所述，本试验工况可得出以下结论：

（1）由于黏性土的颗粒较细，孔隙率相对较小，黏性土地下室在灌水前期，渗透较慢，浮力、孔隙水压力均存在一定程度的折减，但随着水位的上升，3d 以后，随着基底以上孔隙水力通道的连通，浮力、孔隙水压力均迅速上升，并接近理论值，水浮力折减程度较小。

（2）本试验工况下，地下水经过 20h 左右时间开始渗透到地下室底板，地下室底板测压管内出现水头，地下室所受浮力开始迅速增加，位移及底板下方的孔隙水压力也增大。

随着水位的增加，试验进行到 97h 后，地下室发生上浮。因此，地下室底板以下水力导通能力将影响地下室的稳定。实际工程中应综合考虑基底土的性质、填筑密实度、与地下室底板的粘结程度及地下水位等因素。

（3）城市浅埋地下结构在长期运营状态中都是不允许渗漏的，如果不采取导排水措施，无论周围的介质是砂土还是黏土，外水压均不能折减。

2. 试验工况 2 数据分析

上述试验数据在达到某个特定水位后稳定一段时间测试得到，相对来说是瞬时效应，然而基础建成后将长期位于地下水位以下，因此有必要对浮力折减现象的时间效应做进一步的探讨。为了解作用于地下结构模型箱上的浮力随时间动态变化过程，地下结构模型箱顶部通过加载的方式作用于模型箱一很大的约束反力，而使地下结构模型箱不发生上浮情况下，保持模型坑内表面以上 10cm 的水位不变放置一周时间，期间每隔半小时读取一次读数。

图 4-22 为水浮力随时间的变化情况。由图可知，实测水浮力值远小于由测压管水头换算的水浮力值。由于地下结构埋入黏土中，基础实测水浮力与模型箱侧壁摩阻力之和才能与测压管水头换算的水浮力值相平衡，因此实测水浮力比测压管换算水浮力值小。随着时间的延长，两者均在缓慢上升，后期便上下波动并趋于稳定，最终两者均未达到理论水浮力，说明当地下室埋入黏土较深时，实际浮力确实存在折减。随着时间的延长，测压管水浮力折减系数约为 0.85，而由于侧壁摩阻力的存在，实测的地下水浮力只为理论水浮力的 0.25 倍左右。

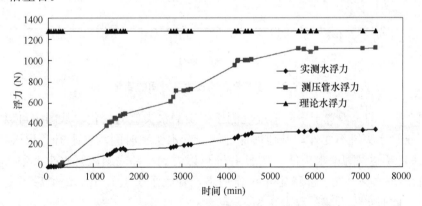

图 4-22 地下室所受水浮力随时间的变化曲线

图 4-23 为基础所受水浮力随时间的变化曲线，稳定水位作用下由地下室结构受力分析计算地下室侧壁摩阻力而得到摩阻系数。由摩阻系数曲线拟合方程 $y = -0.0005x^2 + 0.1284x$，可以求得本试验黏土与地下结构模型箱壁的摩阻系数为 8.24×10^{-4}。摩阻力的存在有利于地下室的稳定。但当摩阻力突破最大值后，侧壁摩阻力将下降，地下室整体所受水压力将迅速增大，可能会发生整体上浮。

地下结构模型箱底部土体中孔隙水压力随时间的变化情况如图 4-24 所示。可见，随着时间的延长，基底土体中的孔隙水压力在升高，不过与理论值相比还是偏小，试验结束时实测孔隙水压力达到理论值的 0.85 左右。可推测这与黏土地下室中渗透损失有关。

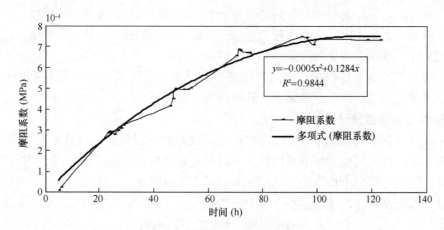

图 4-23 基础所受水浮力随时间的变化曲线

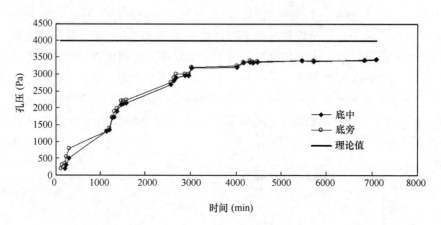

图 4-24 基底孔隙水压力随时间的变化

图 4-25 所示的是埋置于不同深度处测压管实测水头值的变化。从图中可以看出，除 30cm 处测压管水头值不变外，其他埋深处测压管水头随时间均在上升。到试验结束时，测压管水头均未达到理论水头值。从图 4-26 可以看到，基底测压管水头大致从实验开始 20h 后开始出现水头，在上部稳定水位作用下，基底水头上升至一定值后不变，保持在 35cm 左右，此时水头折减系数为 0.875。

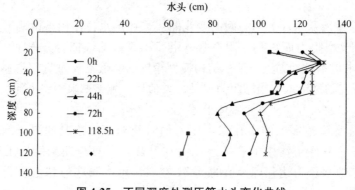

图 4-25 不同深度处测压管水头变化曲线

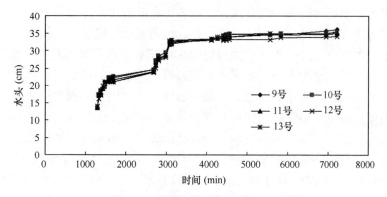

图 4-26 基底测压管水头随时间的变化

综上所述，本试验工况可得出以下结论：

（1）当地下室埋入黏土较深且地下室受到较大约束反力而不发生上浮时，水浮力、孔隙水压力及测压水头均存在一定程度的折减，折减系数为 0.85～0.87。

（2）通过室内模型试验研究，计算得到合肥地区黏土与地下室侧壁的摩阻系数为 8.24×10^{-4}。由于地下室侧壁摩阻力的存在，将在短时间内有利于地下室的稳定，其作用的有效时间与地下水水位高度、地下室埋入黏土层厚度及时间都有关系。

（3）当地下室埋入黏土较深且地下室自重很大时，如果地下室四周地下水位较高，地下室底板所受压力水头较大，但由于地下室侧壁摩阻力较大从而使得地下室整体所受水浮力却不大时，此时地下室可能不会发生整体上浮，但地下室底板受水压力影响可能会产生局部破坏。

在试验工况 1 和 2 研究基础上，试验工况 3 将针对地下室埋深较大当自重不大时地下室整体受力、局部受力状况及上浮情况做进一步的研究。

3. 试验工况 3 数据分析

试验工况 2 结束后，卸掉作用于地下结构模型箱上的反力约束并进行排水。静置 10d 后，开始试验工况 3。为了使地下结构模型有一定的自重，使地下结构模型箱内保持 5cm 的恒定水位，观察地下结构模型箱外的不同水位高度下，地下结构脱离地基土发生上浮所需时间。

图 4-27 为地下结构模型箱内 5cm 水位不变，当坑外水位为 12cm（基底起 122cm）

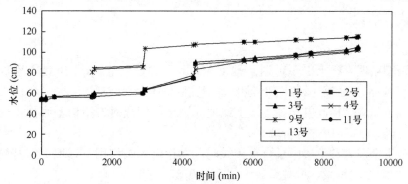

图 4-27 测压管水位随时间变化关系曲线

时，坑内各测压管水位随时间的变化曲线。从图中可以看出，埋设在地下结构模型箱四周的测压管水位比埋设在其底部的测压管水位低。坑内测压管埋设在土体中，水通过土颗粒间隙会有一定的水力损失，使得坑内测压管中水位相对于理论值水位有一定程度的折减。而当地下结构模型箱底水力导通，形成水力通道后，地下结构模型箱底的测压管逐步接近并最终达到理论水位，没有出现水位的折减。所以一旦基础底部水力导通后，地下结构物所受的水浮力增长较快，最终将很快达到理论水位。如果此时基础所受的水浮力达到甚至超过其自重和边壁阻力，基础就会发生上浮或结构破坏，影响地下室的稳定。

图 4-28 所示的是工况 3 试验中地下室基础一致，坑内水位分别为 12cm、15cm、20cm 时地下结构发生上浮所需时间。地下水水位越高，地下室发生上浮所需的时间越短。地下水水位越高，地下水渗入地下室底部所需时间越短，地下结构模型箱底形成水力通道的时间越短，地下结构所受浮力达到起浮浮力越快，结构发生上浮所需时间越短。

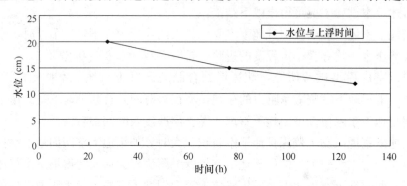

图 4-28　坑内水位与上浮时间关系曲线

综上所述，本试验工况可得出以下结论：

（1）当地下室埋入黏土较深且地下结构自重较小时，地下室基础底部一旦形成水力通道，基础所受的水浮力将很快上升至理论值，而不存在折减。若在此过程中，浮力超过基础自重及四周摩擦力，基础将发生上浮破坏。

（2）当地下室埋入黏土较深且地下结构自重较小时，基础发生上浮所需时间与地下水水位高度有关。地下水水位越高，地下室发生上浮所需的时间越短。所以，当基础自重较小时，在基础设计及施工过程中，应密切观测周边的地下水水位，并做好地下水处理或基础的抗浮设计，以防地下结构发生上浮破坏。

四、试验结论

1. 试验结论

1）在模型箱埋入黏土层 5cm 时，地下水 20h 后渗透到基底，72h 地下室底板以下黏土层基本饱和，水力通道连通，97h 地下室即发生整体上浮破坏。

2）当地下建筑结构放置于黏土层上或埋入黏土层较浅时，结构基底面承受的水压力应按全水头计算，而不应进行折减。

3）当地下室埋入黏土层中且自重较大时，在稳定水头作用下，地下室基底所受压力水头存在一定程度的折减，折减系数为 $0.85 \sim 0.87$。

4）模型试验计算得到合肥地区黏土与地下室侧壁的摩阻系数为 8.24×10^{-4}。由于侧壁摩阻力的存在，使得地下室整体所受的水浮力折减程度很大，当由于地下室底板承受的压力水头较大，地下室底板可能会发生局部上浮破坏，影响地下室稳定。

5）当地下室埋入黏土较深时，侧壁摩阻力的存在将在短时间内有效地防止地下室发生上浮破坏，其有效时间长短主要取决于水头差、地下室埋入黏土层厚度、渗透时间等。

6）当地下室埋入黏土较深且地下结构自重较小时，地下室基础底部一旦形成水力通道，将严重影响地下室稳定。地下水水位越高，地下室发生上浮所需的时间越短，地下室底板所受的水压力不折减。

2. 建议

1）虽然本试验为室内模型试验，所填土的密实度以及模型的尺寸与实际工程有差异，建议对于合肥地区地下室在上部承重不大时，地下室底板承受的水压力应按全水头计算；当地下室上部承重较大时，地下水压力水头可给予 0.85～0.9 的折减，但是应注意地下室局部地区的抗浮稳定，避免局部地区抗浮稳定不足，影响地下工程安全。

2）合肥地区黏土层并不能完全看作隔水层，实际工程中应根据工程水文地质勘察报告、设计规范和要求，结合施工期降雨排水实际情况，进行有效的抗浮设计并采取合理的抗浮措施，以防止地下水和地表积水下渗到地下室底板，形成水力通道，严重影响地下室的稳定。

3）当基础埋入黏土深度较大时，应用"水—土颗粒—基础"相互作用模型较为适用，需要考虑孔隙对水作用的影响以及土颗粒的微观结构对水的影响。

第三节　硬黏土地区地下水渗透机理数值分析与试验研究

一、有限元计算模型的确定

以硬黏土地区为研究对象，合肥滨湖国际会展中心工程，模拟地下室基坑在地表降雨之后，雨水通过基坑周边回填土体渗入到地下室侧墙及底板之下的工况，采用 GEO-SLOPE 公司的 GeoStudio 系列软件中的 SEEP/W 模块对此工况进行模拟分析，此软件是全球第一款全面处理非饱和土体渗流问题的软件，对本工况具有较好的适用性。

1. 计算模型简介

计算模型选取地下室基坑宽度为 36.0m，深度为 7.0m，计算模型的网格划分情况如图 4-29 所示，原状土区域取地下室底板以下 7.0m。底板外侧 18.0m，原状土渗透系数函数曲线如图 4-30 所示，地下室侧墙两侧对称着形状为直角梯形（上底边为 3.0m，下底边为 1.0m，高度为 7.0m）的回填土区域。

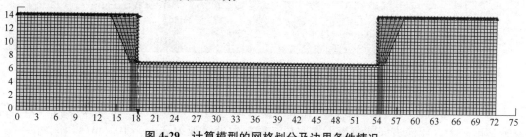

图 4-29　计算模型的网格划分及边界条件情况

2. 相关参数的选取

参考本地区黏土层的渗透系数,选取原状土与回填土的渗透系数函数曲线如图 4-30 和图 4-31 所示。地表降雨边界条件取暴雨工况(两小时降雨历时降雨强度)的流量边界条件为 8.4×10^{-6} m/s。

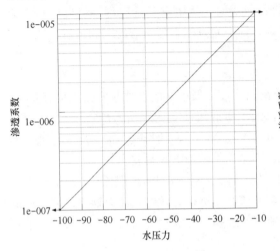

图 4-30 原状土的渗透系数函数曲线   图 4-31 回填土的渗透系数函数曲线

二、计算结果

计算结果如图 4-32~图 4-34 所示,由于计算模型为轴对称体系,因此可只选取左半幅计算结果图。

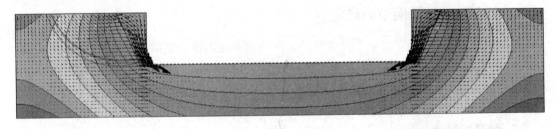

图 4-32 渗流路径图

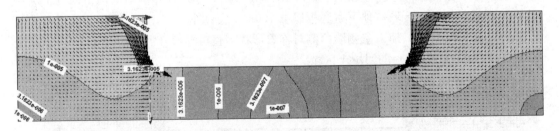

图 4-33 流速等值线图

图 4-32 与图 4-33 分别为渗流路径及流速等值线图,从图可见,地下室两侧回填土的渗流速度较大,渗流方向朝着地下室底板,底板角处流速为 3.16×10^{-5} m/s。

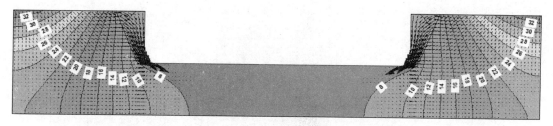

图 4-34　总水头等值线

图 4-34 为总水头等值线，从图可见，浸润线在离地表 3.5m 左右开始沿着地下室侧墙垂直向下，地下室基坑底板角处的总水头为 7.0m。图 4-35 为水压力等值线图，图 4-36 为 X 方向速率等值线图，图 4-37 为 Y 方向速率等值线图，图 4-38 为 X 方向水头梯度等值线图，图 4-39 为 Y 方向水头梯度等值线图，图 4-40 为体积含水量等值线图，图 4-41 为指定截面流量图。

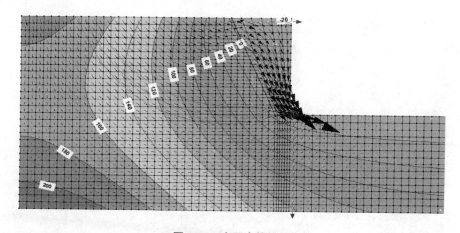

图 4-35　水压力等值线

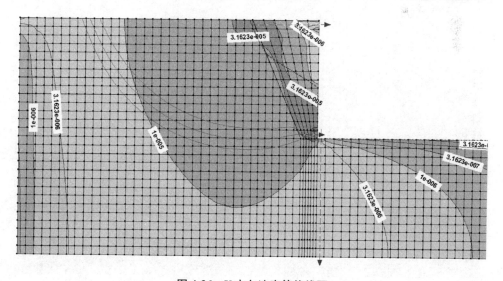

图 4-36　X 方向速率等值线图

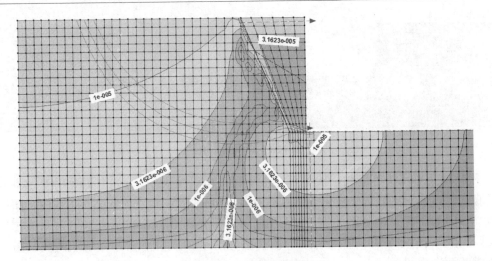

图 4-37　Y方向速率等值线图

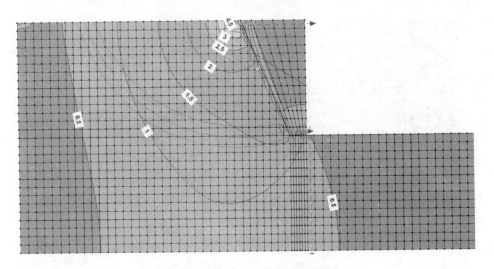

图 4-38　X方向水头梯度等值线图

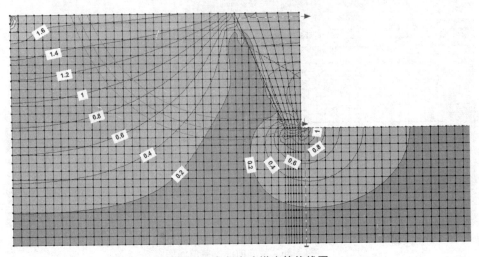

图 4-39　Y方向水头梯度等值线图

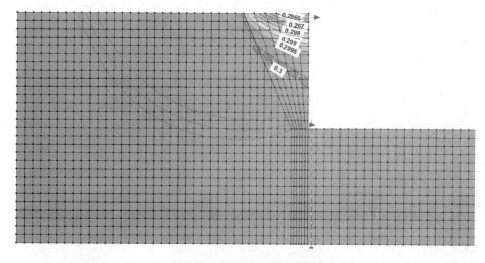

图 4-40　体积含水量等值线图

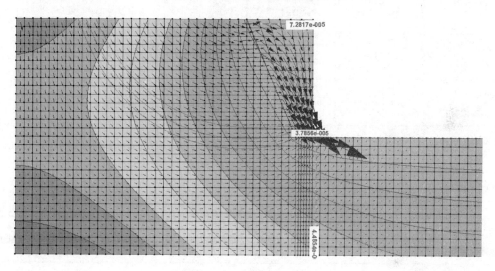

图 4-41　指定截面流量图

选取基坑侧壁与底面的 6 个典型节点，如图 4-42 所示，其各项计算结果如表 4-2 所示。

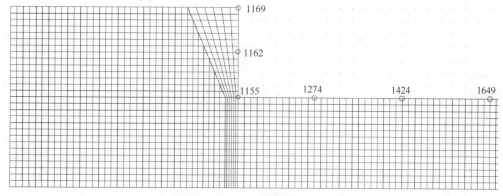

图 4-42　基坑侧壁与底面的典型节点编号及位置

基坑侧壁与底面的典型节点的各项计算结果　　　　　　　　　表 4-2

节点编号 / 计算结果	Node 1169	Node 1162	Node 1155	Node 1274	Node 1424
X-Coordinate X-坐标	1.8000e+001	1.8000e+001	1.8000e+001	2.1500e+001	2.6500e+001
Y-Coordinate Y-坐标	1.4000e+001	1.0500e+001	7.0000e+000	7.0000e+000	7.0000e+000
Z-Coordinate Z-坐标	0.0000e+000	0.0000e+000	0.0000e+000	0.0000e+000	0.0000e+000
Total Head 总水头	1.1999e+001	1.0435e+001	7.0000e+000	7.0000e+000	7.0000e+000
Pressure 水压	1.9627e+001	−6.3598e−001	0.0000e+000	0.0000e+000	0.0000e+000
Pressure Head 压力水头	−2.0013e+000	−6.4850e−002	0.0000e+000	0.0000e+000	0.0000e+000
Boundary Flux 边界流量	8.4103e−006	0.0000e+000	−6.6221e−005	−2.2159e−006	−6.7436e−007
X-Velocity X-速率	1.3669e−005	5.8491e−006	1.8017e−005	7.6461e−008	1.9471e−008
Y-Velocity Y-速率	2.5031e−005	7.6300e−005	3.4237e−005	4.4039e−006	1.3441e−006
XY-Velocity XY-速率	2.8520e−005	7.6524e−005	3.8688e−005	4.4046e−006	1.3442e−006
X-Gradient X-水头梯度	9.8196e−002	5.4424e−002	1.6191e+000	1.7296e−009	9.1223e−010
Y-Gradient Y-水头梯度	4.0217e−001	7.6933e−001	9.6399e−001	4.3974e−001	1.3427e−001
XY-Gradient XY-水头梯度	4.1398e−001	7.7125e−001	1.8844e+000	4.3974e−001	1.3427e−001
X-Conductivity X-渗透系数	6.1105e−005	1.0000e−004	2.1544e−005	1.0000e−005	1.0000e−005
Y-Conductivity Y-渗透系数	6.1105e−005	1.0000e−004	2.1544e−005	1.0000e−005	1.0000e−005
Vol. Water Content 体积含水量	2.9525e−001	2.9998e−001	3.0000e−001	3.0000e−001	3.0000e−001

对计算结果进行后处理，得到以下各项关系，如图 4-43 和图 4-44 所示。

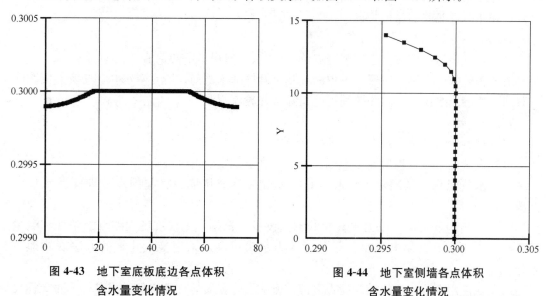

图 4-43　地下室底板底边各点体积　　　　图 4-44　地下室侧墙各点体积
　　　　　含水量变化情况　　　　　　　　　　　　含水量变化情况

由图 4-43 可知，地下室底板以下土体的体积含水量几乎相同，约为 30%，而侧墙两侧同深度的土体其含水量均低于 30%，并且越远离地下室的土体，其体积含水量越低，因此可知，地表降雨经地下室两侧回填土渗透，能达到地下室底板以下，并且其底板以下含水量较高。

三、合肥滨湖国际会展中心能源中心地下水位观测试验研究

合肥滨湖国际会展中心能源中心为典型的硬黏土地区，本节介绍其施工期间对地下水位的监测。

1. 监测依据

1)《城市地下水动态观测规程》CJJ 76[28]；

2)《建筑与市政降水工程技术规范》JGJ 111[29]；

3)《建筑基坑工程监测技术标准》GB 50497[30]；

4)《岩土工程勘察规范》GB 50021；

5)《建筑地基基础设计规范》GB 50007；

6)《合肥滨湖国际会展中心能源中心》施工图。

2. 观测点布置的原则

1) 观测点应具有合理的分布密度、几何位置和观测频率；

2) 观测点网在满足观测目的和要求的条件下，应能以最少的人力、时间及费用投入，获取保证精度要求的地下水动态信息量。

3. 观测点的观测方法、内容和要求

1) 观测点的埋设方法

地下水位监测孔的埋设方法为：在钻孔（孔径约 110mm）到达要求深度后，在孔内埋入滤水塑料套管，管外径 53mm，套管与孔壁间用干净细砂填实，然后用清水冲洗孔

底，以防泥浆堵塞测孔，保证水路畅通，测管高出地面约 200mm，上面加盖，不让雨水进入，并做好观测井的保护装置。

2）观测点的观测方法与内容

水位管埋设后，应逐日连续观测水位 2～3 次并取得稳定初始值。

地下水位采用电测水位仪进行观测，基坑开挖降水之前，所有降水井、观测井应在同一时间联测静止水位。坑内测孔利用停止降水井轮流观测。

3）观测要求

水位观测应符合下列要求：

（1）设置的观测点均应测量坐标、地面标高及固定点的标高；

（2）水位观测应从固定点量起，并将读数换算成从地面算起的水位埋深及水位标高值；

（3）观测地下水位（压力水头）的测试设备，根据本工程现场观测点的条件和测量精度与频率要求，选用电测水位仪，因压力水头不高，采用接长井管的方法观测地下水位；

（4）在使用电测水位仪前应检查电源、音响及灯显装置，要确保效果良好。对无标尺的测线，在测前应用钢尺校准尺寸记号；

（5）各观测点的观测日期、时间及水位状态应统一；

（6）对观测孔的深度及孔口标高宜每月定期检测 1 次。

4）观测频率

（1）长期观测孔人工观测的水位宜每 5 天观测 1 次；

（2）当气象预报有中雨以上降雨时，对观测点从降雨开始应加密观测次数，每日观测 1 次，至雨后 5 天止；

（3）当工程附近出现施工建设基坑排水时，附近的观测孔应加密观测次数，每天观测 1～2 次，直至水位变速接近排水前时，方可转入正常观测。

5）观测精度的要求

地下水位观测精度应符合下列要求：

（1）水位观测数值以米为单位，测记至小数点后两位；

（2）对人工观测水位，应测量两次，间隔时间不应少于 1min，取两次水位的平均值，两次测量允许偏差应小于 1cm；

（3）每次测量结果应当场核查，发现反常及时补测，应使资料真实、准确、完整、可靠。

4. 本工程观测点布置情况

合肥滨湖国际会展中心位于锦绣大道路以南、南京路以北、庐州大道以西、广西路以东，占地约 $50.26hm^2$，总建筑面积约为 23.3 万 m^2。工程包括 10 个标准展馆、1 个主展馆、登录大厅、办公大厅、能源中心、商业长廊、2 个停车场以及配套的高层会展酒店等。结合现场施工进度情况，选取能源中心作为地下水位观测试验的对象。

根据能源中心施工图，能源中心基础长度为 130m，宽度为 36m。根据该场地岩土工程勘察报告，并根据本工程的实际情况，结合相似工程的相关经验，监测点间距宜为 20～50m。选取基础外观测点 2 个，基础中心底部观测点 2 个，观测点如图 4-45 所示。

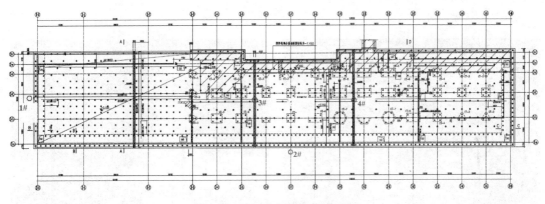

图 4-45　地下水位监测点布置图

图中 1 号与 2 号两个测点布置在基础外侧 40cm 处；3 号和 4 号测点分别布置在底板中部两块后浇带中部。其中水位监测管的底管 1.5m 位于地下室底板以下，0.5m 位于地下室底板以上。其中 1 号与 2 号水位监测管将随着地下室施工进度特别是回填基坑回填土而不断接长至地表，以监测整个施工过程中地下室周边的地下水位变化情况。3 号和 4 号水位监测管可实时监测施工期间地下室底板下水位变化情况。结合现场降雨与排水降水情况，可绘制能源中心各水位监测管的水位动态变化曲线。

5. 观测结果及分析

结合现场施工进度（图 4-46～图 4-59），于 2010 年 7 月 4 日完成 1 号、2 号、3 号水位监测管的底管埋设工作，7 月 31 日完成 4 号水位监测管的埋设工作。

图 4-46　2010-05-20 能源中心基坑图

图 4-47　雨后的能源中心基坑图

图 4-48　现场水位监测管的埋设

图 4-49　埋设完成的 2 号水位监测管底管

图 4-50　埋设完成的 3 号水位监测管底管

图 4-51　3 号水位管水位观测

图 4-52　雨后的能源中心图

图 4-53　雨后能源中心西南侧塌方

图 4-54　能源中心 4 号水位观测管

图 4-55　2010-08-23　基坑部分回填

图 4-56　接长后的 1 号水位管

图 4-57　接长后的 2 号水位管及周边环境

图 4-58　部分区域回填土回填状况

图 4-59　2 号管区域回填土回填状况

根据以上观测数据，分别绘制出 1 号、2 号、3 号与 4 号水位监测管的水位标高随时间变化图，如图 4-60～图 4-63 所示。

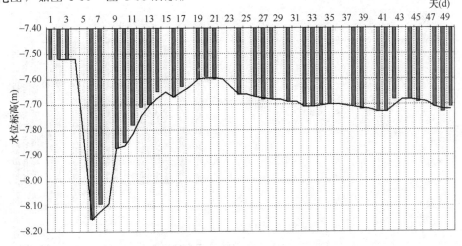

图 4-60　1 号水位管水位标高变化图

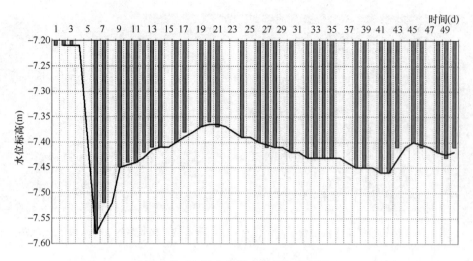

图 4-61　2 号水位管水位标高变化图

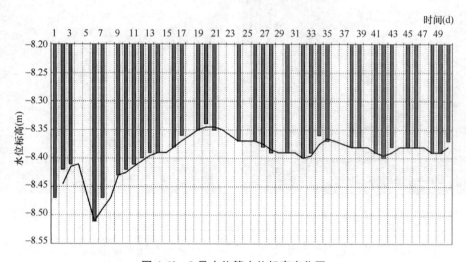

图 4-62　3 号水位管水位标高变化图

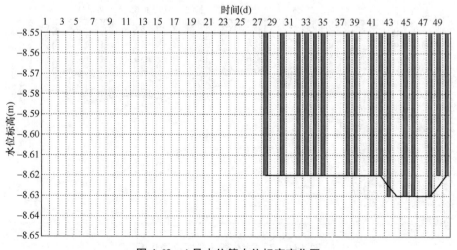

图 4-63　4 号水位管水位标高变化图

四只水位监测管的水位标高对比曲线如图 4-64 所示。

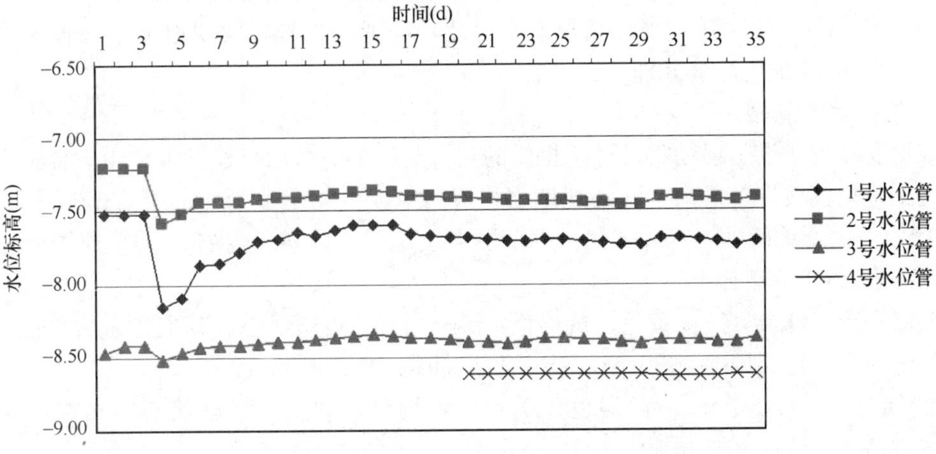

图 4-64　各水位管水位标高变化对比曲线

从以上观测数据中可以看出，地下建筑物下层存在浅层地下水，并且浅层地下水位与大气降水联系紧密，各水位管的位置不同，其同一时间的水位标高也不一定相同，但是各水位管的水位标高变化规律是一致的。

6. 小结

通过现场监测试验，并对数据进行分析研究，主要得到以下结论：

（1）本工程的基坑四周回填土在施工期间或长期使用过程中会有上层滞水型地下水，其补给来源主要是雨水渗入补给。

（2）合肥地区详勘报告中较多提到"如在基坑四周采用 2∶8 或 1∶9 灰土回填土作为隔水措施后，可不考虑地下水抗浮设防问题"。然而地下室基坑四周回填土作业空间又多较狭窄，加上基坑回填土施工作业管理也不到位，故在基坑四周采用灰土回填土难以达到设计所要求的均匀性与密室度，即很难达到隔水效果。

（3）设计人员盲目采用勘察报告的建议，在基坑四周设计灰土隔水措施，至于能否达到隔水效果，却较少关心。

（4）对于施工单位，虽然设计灰土作为隔水措施不尽合理，施工也有难度，但作为施工方既不提出，又不按设计要求施工，往往是自行采用挖掘机随意施工素土无组织压实回填，当地下室结构和防水施工结束，基坑回填土亦随意回填到地面，但地下室顶板尚未覆土，在此施工期间较少坚持做好下雨时的基坑外地下水的抽排。

（5）工程监理人员往往看到施工方不按设计要求施工基坑四周灰土回填土，或在在地下室顶板尚未覆土的情况下，施工方不坚持做好基坑四周地下水的抽排，却不制止或制止不力。

四、合肥市广电中心C区升降舞台工程地下水位观测研究

1. 工程概况及事故情况

合肥市广电中心位于东流路与环湖北路交口，共一栋单体，主楼 A、B 区，裙楼 C

区，地下车库为 D 区，总建筑面积 72000m²，其中 C 区 16306m²，裙楼 C 区为地下 1 层，地上 4 层，局部 5 层，建筑高度 30.8m。其主要功能为广播电视业务用房。

2010 年 1 月，C 区升降舞台底板发生上浮，经现场查看，发现地下室底板渗水较严重，之后采用 33 根抗浮桩处理。

2. 工程地质情况

根据安徽省建设工程勘察设计院提供的"合肥市公益性项目建设管理中心合肥广电中心岩土工程勘察报告"指出，该场地地层构成简单，由上至下为：①层表土～②₁、②₂、②₃ 层黏土～③层粉质黏土（黏土）～④₁ 层强风化泥质砂岩（泥岩）～④₂ 层中风化泥质砂岩（泥岩）。现分述如下：

①层表土（Q_{ml}）——灰黄色、黄褐色，湿—稍湿，可塑状态。其主要为黏性土，局部含少量碎砖石。该层层厚 0.30～1.20m，层底标高 34.40～36.70m。

②₁层黏土（Q_3^{al+pl}）——黄褐色、褐黄色，褐色，硬塑—坚硬状态，稍湿，含氧化铁、铁锰结核。该层层厚 6.60～10.50m。

②₃层黏土（Q_3^{al+pl}）——黄褐色、黄色，硬塑—坚硬状态，稍湿，含氧化铁、铁锰结核。其层厚 3.30～7.50m。

③层粉质黏土（黏土）（Q_3^{al+pl}）——灰黄色、灰白色，稍湿，硬塑状态。该层层厚 5.30～8.90m。

建设场地在①层表土中埋藏有少量上层滞水型地下水，在④₁、④₂ 层埋藏有少量基岩裂隙水，其水量补给来源主要为大气降水。勘察期间，钻孔内基本无水。

3. 现场水位监测试验

为了查明 C 区升降舞台周边地下水位及土层的含水量、渗透系数等土工参数，经合肥市重点工程建设管理局推荐，并与现场监理单位、广电中心基建部门、物业公司共同协商，于 2010 年 8 月 18 日在 C 区大楼西南角（墙外 2.7m）处进行钻探取土，通过钻探孔进行水位观测，其水位动态曲线如图 4-65 所示，可见稳定水位在约为 −1.40m。现场情况见图 4-66～图 4-69 所示。

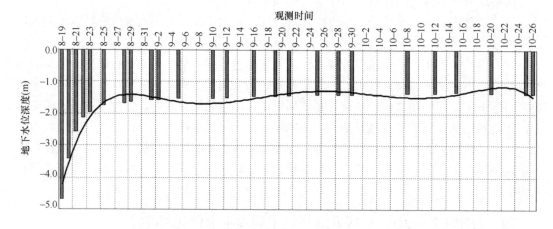

图 4-65　广电中心地下水观测曲线

图 4-66　广电中心升降舞台基坑抗浮桩施工现场

图 4-67　广电中心升降舞台基坑柱脚渗水
（2010-08-05）

图 4-68　广电中心 C 区外钻孔施工
（2010-08-18）

图 4-69　广电中心 C 区水位观测
（2010-08-20）

4. 原位取土试验的结果分析

钻探孔深 10.2m，分别于 $-1.50\sim-1.70\mathrm{m}$、$-3.00\sim-3.20\mathrm{m}$、$-6.00\sim-6.20\mathrm{m}$、$-10.00\sim-10.20\mathrm{m}$ 处取土样，其土样土工试验结果见表 4-3 所示。

合肥广电中心场地土样土工试验参数　　　　　　　　　　表 4-3

孔号及样号	取样深度	含水率 ω（%）	密度 ρ（g/cm³）	渗透系数 k（cm/s）
ZK1-1	1.5～1.7	23.7	2.02	2.34E-06
ZK1-2	3.0～3.2	21.2	2.05	8.30E-07
ZK1-3	6.0～6.2	22.2	2.04	6.50E-07
ZK1-4	10.0～10.2	19.6	2.07	1.07E-06

通过土工试验可得出，越接近地表的土体含水量越高，渗透系数 k 可达 6.50E-07 至 2.34E-06 之间。

第五章 硬黏土地区地下结构抗浮设计

近30年来，随着国民经济的快速发展，城市建设日新月异，高层及超高层建筑如雨后春笋般不断涌现，同时，城市地下空间开发的规模和强度越来越大，基础埋置越来越深，作为车库等功能的广场式建筑的纯地下室部分、裙房或相对独立的地下结构物（如下沉式广场、地下车库、地下轨道交通等）的开发和利用越来越广泛。由于土体的空隙及岩体的裂隙赋存大量的地下水，地下水对埋置于岩土体之中或之上的地下结构或洼式结构会产生浮力，若结构的自重小于浮力时将发生上拱或上浮失稳破坏，影响结构的正常使用。因此，地下结构物的防水和抗浮问题日益突出。

地下水是指赋存于饱和土层和岩土孔隙、裂隙及空洞中的水之总称。地下水作为岩土介质的组成部分，直接影响着岩土工程性质和行为。随着我国城市化进程的加速，城市地下空间开发强度的加大，城市建设与地下水的关系越来越密切。而在我国广泛分布的硬黏土地区，由于硬黏土特有的密实性、低压缩性、低渗透性、超固结性、非饱和性、膨胀性和剪涨性，地下结构抗浮设计尤为重要。

第一节 硬黏土地区的抗浮设防水位

一、抗浮设防水位的确定原则

1. 硬黏土地区的抗浮设防水位确定原则

硬黏土地区的抗浮设防水位应包括施工期抗浮设防水位和使用期抗浮设防水位，可采用统一的抗浮设防水位，或施工期与使用期采用不同的抗浮设防水位。

硬黏土地区的抗浮设防水位应依据设计使用年限、抗浮设计等级、勘察抗浮设防水位建议值和抗浮工程专项咨询报告成果并结合地方经验综合确定。

硬黏土地区的抗浮工程专项咨询报告应基于岩土工程勘察、抗浮工程专项勘察报告、抗浮设防水位预测成果等并结合地方经验，经综合分析后提出抗浮设防水位。

2. 硬黏土地区的抗浮设防水位的选取原则

拟建场地内抗浮设防水位宜满足：

1）当场地水文地质条件简单、抗浮设计等级为乙级及以下、地形变化较小且地层分布较均匀时，可采用统一的抗浮设防水位；

2）跨越多个地貌单元的场地或地下水水位线随地势变化的斜坡场地，可根据场地竖向设计按建筑单元或结构单元分区分别确定抗浮设防水位。

当对依据硬黏土地区的抗浮工程专项勘察成果资料或抗浮工程专项咨询报告成果确定的抗浮设防水位有异议时，应通过专项论证确定，抗浮设防水位不得单独依据现场试验和室内试验及工程反分析成果确定。

二、抗浮设防水位预测

1. 硬黏土地区的抗浮设防水位预测所需资料

抗浮设防水位预测宜具有下列资料：

1）勘察资料、实测各含水层的水位、分布规律及赋存条件；

2）区域水文地质条件、地质构造及地下水连通和补给规律、场地地下水与区域性水文地质条件的关系；

3）地下水水位的变化规律、各层水水位的变化趋势及相关条件、季节性变化情况、地下水水位的变化幅度；

4）勘察期间的最高稳定水位、近 3～5 年最高水位和与历史最高水位（建议：与设计使用年限相同时限的历史最高水位简化为历史最高水位，建议在条文说明中进行注解即可，否则看似严密实际没有太大意义）；

5）场地及其附近区域的地下水水位长期观测资料及其与勘察期间的最高水位的联系；

6）地表水系（如：江、河、湖泊等）的洪水水位、拦河坝的蓄水水位资料；

7）城市地下水的保护、开采、利用等专项规划资料等的影响。

2. 硬黏土地区的抗浮设防水位的预测和分析方法

1）硬黏土地区的抗浮设防水位预测宜选用适宜的预测计算方法、建立的模型、模型进行识别及验证，进行综合分析后提出预测结论。

2）硬黏土地区的抗浮设防水位预测应综合考虑下列因素并分析其影响程度：当前天然状态下受大气降水、侧向径流、潜水蒸发、河渠入渗补给等地下水水位变化；影响径流补给条件的地形地貌条件，地下水层特性及区域地下水特征；历史水位及自然变幅；地层垂直渗流状态，地下水大气降水、河渠水、绿地灌溉水的垂直入渗补给，山区基岩的侧向径流补给等；区域工程降水、场地周边工程降水、区域环境可能的变化等干扰条件；地下水排泄及开采量变化、上游水库水位变化等对场区地下水水位的变化幅度和趋势；特大降雨量、区域水利规划的变化、环境水位变化等；场地水文地质条件变化引起的地下水位变化；城市排水管网的分布情况。

3）硬黏土地区的抗浮设防水位预测方法和分析内容应满足：应分析场地工程地质、水文地质条件、基础埋深等，确定对地下结构产生浮力作用的地下水层位和可能出现的地质环境条件变化对地下水位赋存环境的影响；划分水文地质单元，场地地层分布条件和各地质单元内地下水分布规律以及各水文地质单元间地下水的变化趋势；分析地貌单元、地层结构、地下水类型、地下水补给、径流、排泄条件以及对地下水水位上升带来的可能影响；量化分析场地及其临近区域人工开采量对地下水水位的影响，获取开采量按有关法规得到控制后的地下水水位回升值；结合实测成果，考虑对地下水水位动态产生明显影响的因素，分析观测孔的长期监测资料及同一地段各层地下水水位的相互关系和水位动态规律、变化幅度；依据各种因素的分析，获取在各因素不利组合下的各层地下水赋存形态及渗流状态，确定渗流分析的边界条件；综合水文资料、地下水的补给和排泄条件及动态规律、长期地下水监测资料等因素，采用时间序列分析法、趋势外推法、类比预测法和数值法等方法进行预测计算；缺少地下水水位预测经验时，采用数值法或有限元方法进行预测，应根据地下水分布特征，补给、径流、排泄条件等进行水文地质条件概化，分析各层地下水赋存形态及渗流状态，确定进行渗流分析时的边界条件，并进行参数识别和模型验证；预测与地下结构相同设计使用年限内施工期中、使用期中的最不利组合的地下水水位的最高水位，抗浮设计等级为甲级或工程有要求时，应进行多方法相互验证；依据分析和预测计算确定抗浮设防水位推荐值。

3. 硬黏土地区的抗浮工程专项咨询报告主要内容

硬黏土地区的抗浮工程专项咨询报告宜通过评审进行验收，应包括：场地的工程地质与水文地质条件的准确性；地下水水位动态变化规律、收集到的地下水与临近地面水体的水位变化幅度观测记录等资料完整性；抗浮方案比选及适宜性分析；抗浮设计所需各岩土层相关参数的符合性和施工时应注意的岩土问题的全面性；确定的场地抗浮设防水位的合理性，结论及建议的适宜性。

三、硬黏土地区的设防水位确定

1. 硬黏土地区施工期抗浮设防水位

硬黏土地区的施工期抗浮设防水位确定应根据邻近工程建设对场地地下水补给、排泄条件的影响，并结合工程的抗浮设计等级，选用勘察时实测的场地最高水位、预计施工期的雨期地下水水位最高水位和近3～5年的最高水位三者之中的最不利水位。

2. 硬黏土地区使用期抗浮设防水位

硬黏土地区使用期抗浮设防水位不得直接采用勘察期间实测的地下水水位。使用期抗浮设防水位应综合设计使用年限、抗浮设计等级、地下水位观测资料、场地地下水补给与排泄条件、地下水位年变幅、岩土工程勘察建议值、抗浮工程专项勘察及抗浮工程专项咨询成果等因素和资料，结合地方经验等确定，应满足：宜采用抗浮工程专项勘察抗浮设防水位、抗浮工程专项咨询抗浮设防水位之中最不利水位；当不具有抗浮工程专项勘察、抗浮工程专项咨询等成果资料时，应结合长期水位观测资料、历史最高水位和当地经验，宜采用与设计使用年限相同时限的历史最高水位、岩土工程勘察抗浮设防水位建议值之中最不利水位；对具有地下水长期水位监测资料并进行抗浮设防水位区划的地区，宜结合地下水变幅资料采用具有一定预测成果在内的抗浮设防水位区划值，或采用与设计使用年限同时限期内观测到的最高水位和抗浮设防水位区划值之中最不利水位；

当不具有长期水位观测资料或资料缺乏时，宜采用与设计使用期限同时限内历史最高水位；当场地具有各自独立水位的多层地下水时，宜以结构底板所在含水层的最高地下水位作为基准水位，根据场地所在地貌单元、地层结构、地下水类型、地下水补给、排泄条件等因素综合分析，采用增加各层地下水水位的混合最高水位值后的水位作为抗浮设防水位；当地表水系与地下水相互关联，地下水水位仅受地表水系水位升降的影响且不发生淹没时，宜采用地表水系与地下结构设计使用年限同期一遇最高承载水位。

3. 特殊条件场地的使用期抗浮设防水位

特殊条件场地的使用期抗浮设防水位确定宜符合下列规定：

1）地势低洼、位于山区坡脚附近的场地且有发生淹没可能性、地表水对场地地下水具有确定的补给作用时，结合室外排水系统等情况，宜采用室外地坪以上0.50m标高作为抗浮设防水位；

2）地下结构处于不透水地层且场地排水不畅时，宜采用基槽的自由水面标高；

3）对位于临水场地、当地下水水位受潮汐或丰水季节影响变化明显时，应采用高潮位或洪水条件下的地下水水位作为抗浮设防水位。

第二节 硬黏土地区地下结构抗浮稳定性与措施

一、抗浮相关参数和规定

1. 抗浮荷载

建筑地下结构基础底面所受的浮力荷载应包括稳定水头产生的静水压力、动水坡降产生的渗透水压力和扣减上覆不透水层土体重力后的承压水压力。

建筑地下结构所受的浮力荷载应为抗浮设防水位与基底标高高差、基底以下地下水的承压水头压力扣减基础底板以下承压水层底板以上不透水地层重力、渗水压力等计算结果的最不利组合工况。

建筑地下结构抗浮荷载计算模型如下：

1）使用期应包括地下结构及其上部结构的自重荷载、地下结构上永久性覆土及挑出地下结构外墙外结构底板上覆土、固定设备及长期堆积物的自重荷载，不应包括短期堆载、结构设计可变荷载和地下结构与其接触的岩土体之间的侧摩阻力；

2）施工期应包括施工过程不同阶段的地下结构及其上部结构的自重荷载，不应包括施工堆载和地下结构与其接触的岩土体之间的侧摩阻力。

2. 硬黏土地区的地下结构的抗浮稳定状态

硬黏土地区的地下结构施工期和使用期的抗浮稳定状态应按表 5-1 确定。

地下结构抗浮稳定状态 表 5-1

抗浮设计等级	抗浮稳定系数 K_f		稳定状态
	施工期	使用期	
甲级、乙级	$K_f \geqslant 1.05$	$K_f \geqslant 1.10$	稳定
	$1.00 \leqslant K_f < 1.05$	$1.05 \leqslant K_f < 1.10$	基本稳定
	$K_f < 1.00$	$K_f < 1.05$	不稳定
丙 级	$K_f \geqslant 1.00$	$K_f \geqslant 1.05$	稳定
	$0.95 \leqslant K_f < 1.00$	$1.00 \leqslant K_f < 1.05$	基本稳定
	$K_f < 0.95$	$K_f < 1.00$	不稳定

注：纯抗浮板除满足表中要求外，尚应满足变形和裂缝要求。

3. 硬黏土地区的地下结构稳定性验算

建筑地下结构除应对地下结构和上部结构及其组合进行整体抗浮稳定性验算外，还应对上部结构之间区域、上部结构荷重相对较少区域、地下结构荷重较小区域等基础底板、抗浮板进行局部抗浮稳定性验算。

硬黏土地区的地下结构整体抗浮稳定性应根据不同区域之间的连接条件按下列情况分别进行分析验算，包括：

1）结构之间设置沉降缝时，应按受力单元分别进行验算；

2）结构之间刚性连接、基础整体设计且设置后浇带时，施工期应按受力单元分别进行验算，使用期应按整体受力进行验算；

3）结构之间刚性连接、基础为整体设计且未设置后浇带时，施工期和使用期均应按整体受力进行验算；

4）结构之间刚性连接且刚度差异较大或基础采用不同型式时，应按受力单元分别进行验算。

硬黏土地区的地下结构局部抗浮稳定性应根据上部结构荷重差异及其分布、基础刚度差异、抗浮板与独立基础之间的承载模式等进行分析和验算。抗浮设计方案确定应进行技术经济比选，抗浮设计等级为甲级的地下结构的抗浮方案宜进行专家论证确定。

二、硬黏土地区地下结构的浮力荷载

浮力荷载应按静荷载进行计算，浮力荷载标准值应根据抗浮设防水位与基础埋置位置之间的静水压力、基础埋置位置与其下承压水赋存条件等确定。位于斜坡地段和存在水力坡降场地的渗水压力产生的浮力荷载标准值应按式（5-1）计算，并宜考虑地下水渗流在地下结构底板产生的非均匀分布性的影响。

$$F_{\mathrm{fc}} = \gamma_{\mathrm{w}} \, \Delta h_{\mathrm{c}} \tag{5-1}$$

式中　F_{fc}——渗透压力浮力标准值（$\mathrm{kN/m^2}$）；

γ_{w}——水的重度（$\mathrm{kN/m^3}$）；

Δh_{c}——地下结构基础底板标高与其外侧产生水力坡降的地下水水位标高差（m）。

在地震等动力荷载作用时易产生液化的砂土、粉土层，以及具有流塑状、高灵敏度的饱和软黏土层的场地的浮力荷载不应折减，必要时应对其浮力荷载确定进行专门研究。

三、硬黏土地区地下结构的抗浮荷载

1. 结构自重

结构自重标准值应按结构设计尺寸与其材料重度计算确定。建筑结构材料的重度宜按现行国家标准《建筑结构荷载规范》GB 50009采用；特殊材料重度应根据选定的配合比通过试验确定；当无试验资料时，可宜采用大于 $24.0\mathrm{kN/m^3}$ 的材料重度。

地下结构内填筑材料自重计算时采用天然重度；地下结构顶部上覆材料的荷重计算时，抗浮设防水位以下采用浮重度，抗浮设防水位以上宜采用饱和重度。

硬黏土地区的结构自重荷载计算可采用如下方法：

1）地下结构平面布置范围与上部结构平面布置范围相等时，结构自重荷载为基底以上结构总荷重；

2）地下结构平面布置范围大于上部结构平面布置范围时，结构自重荷载应分别计算地下结构基底至室外地坪结构荷重（含结构上覆土自重）、基础底板以上地下结构及上部结构总荷重，并用于不同的验算区域；

3）地下结构与上部结构分布范围不同且荷重分布差异显著时，结构自重荷载应分别计算地下结构和地下结构荷重较小区域，地下结构及其上部结构、上部结构之间区域和上部结构荷重相对较少区域、基础底板、抗浮板的结构总荷重，并用于不同区域、不同部位的稳定性验算。

2. 固定设备及长期堆积物的自重

固定设备及长期堆积物的自重荷载标准值应采用设备的铭牌标示重量和长期堆积物标准重量。

地下结构及其上部结构自重荷载作用分项系数应按表 5-2 采用；固定设备及长期堆积物自重荷载作用分项系数取 1.0。

结构自重荷载作用分项系数 表 5-2

建筑结构类型	作用分项系数	
	对结构不利	对结构有利
筏形等整体型基础、室内填料	1.0	1.0
混凝土结构、金属结构、固定设备、长期堆积物	1.05	0.95
地下结构上部室外填筑体、覆土及其他永久性附加荷重	1.1	0.9

四、地下结构的抗浮稳定性计算

1. 硬黏土地区地下结构的整体抗浮稳定性计算

硬黏土地区地下结构的使用期整体抗浮稳定性应按下式计算：

$$\frac{\sum W}{A \cdot \sum F_f} \geqslant K_f \tag{5-2}$$

式中 $\sum W$——抗浮荷载标准值总和（kN）；

$\quad\quad A$——地下结构或结构单元的底面积（m^2）；

$\quad\quad \sum F_f$——基底浮力荷载标准值总和（kN/m^2）；

$\quad\quad K_f$——抗浮稳定系数。

2. 硬黏土地区地下结构的局部抗浮稳定性计算

硬黏土地区地下结构的使用期局部抗浮稳定性应符合下列规定：

1）对整体基础上荷重较小区域应按下式计算：

$$\frac{\sum W_1}{A_1 \cdot \sum F_f} \geqslant K_f \tag{5-3}$$

式中 $\sum W_1$——计算单元基底以上结构自重标准值、固定设备及长期堆积物自重标准值与分担整体荷重较大区域的上部荷重标准值之和（kN）；当不分担整体荷重较大区域的上部荷重时，为计算单元基底面积以上结构自重标准值和固定设备及长期堆积物自重标准值之和；

$\quad\quad A_1$——计算单元基底面积（m^2）；当不分担上部荷重时，为计算单元扣除基础面积的净面积；

$\quad\quad \sum F_f$——基底浮力荷载标准值总和（kN/m^2）；

$\quad\quad K_f$——抗浮稳定系数。

2）对不分担上部结构荷重的基础承台之间抗浮板的抗浮稳定性应按下式计算：

$$\frac{\sum W_2}{A_2 \cdot \sum F_f} \geqslant K_f \tag{5-4}$$

式中　$\sum W_2$——计算区域抗浮板或抗浮板结构自重标准值、固定设备及长期堆积物自重之和（kN）；

A_2——计算区域面扣除基础面积的抗浮板的净面积（m²）；

$\sum F_f$——基底浮力标准值（kN/m²）；

K_f——抗浮稳定系数。

当筏板基础上分别存在结构自重荷载大于浮力荷载、结构自重荷载小于浮力荷载的区域时，应按基础与上部结构的协同作用考虑使用期结构自重荷载大于浮力荷载区域压力扩散对结构自重荷载小于浮力荷载区域稳定性的有利作用。施工期抗浮稳定性评价时应根据地下结构施工期间最不利荷载工况，按使用期的稳定性计算方法分别进行计算。

五、硬黏土地区地下结构抗浮措施和方法

1. 硬黏土地区地下结构的抗浮措施

硬黏土地区地下结构抗浮工程应根据抗浮稳定性状态分别采取预防浮力产生、减低浮力荷载和设置结构抗浮等技术措施，并进行不同抗浮方案的比较分析，抗浮措施应根据抗浮稳定状态和抗浮设计等级按表5-3确定。

硬黏土地区地下结构的抗浮稳定状态和抗浮设计等级　　　　表5-3

稳定状态	抗浮设计等级	处置措施	
		施工期	使用期
稳定	甲　级	—	—
	乙　级		
	丙　级		
基本稳定	甲　级	预防措施	抗浮措施
	乙　级	—	
	丙　级		预防措施
不稳定	甲　级	抗浮措施	抗浮措施
	乙　级	抗浮措施	
	丙　级	预防措施	

硬黏土地区地下结构抗浮预防措施应根据场地地质、水文地质条件、水位变化及危害程度等采用截排、隔离、减压或联合方案预防地下水水位上升，可采用如下抗浮措施：

1) 对上层滞水和潜水，采用设置截排水沟、泄水沟、渗水井、排水盲沟等；

2) 对承压水，可采用隔水帷幕或减压井等；

3) 施工期采取降排、地表封闭等。

2. 硬黏土地区地下结构的抗浮方法

硬黏土地区地下结构采用抗浮措施时，宜根据工程实际情况和抗浮稳定状态选用减小或限控浮力、结构抵抗浮力以及多种措施联合的抗浮方法。各种抗浮方法及其适用性宜按表5-4选用。

硬黏土地区地下结构的抗浮方法及其适用性　　　　　表 5-4

类型	方法	技术措施	适用情况
减小地下水浮力法	调整底板标高	1. 抬高基底标高 2. 基础埋置在弱透水地层	影响建筑设计功能，调整余地不大
	排水减压	设置集水排水井和抽水井	适合水量不大的情况，需长期运行控制和维护管理，地质条件适用性有限，宜结合排降水方法
	泄水降压	设置压力控制系统泄排	
	隔水减压	设置隔离系统，减少水头差对基础底板产生的浮力作用	适合水头差不大、低渗透性地层、设置有地下连续墙或基坑止水帷幕的情况
抵抗地下水浮力法	压重法	1. 增加墙厚、基础底板及结构自重 2. 增加上覆土厚度 3. 设置重度混凝土等压重材料 4. 挑出底板，利用周边土体增大重量	可能影响建筑功能，加大基础埋深增加基坑工程费用，调整幅度有限
	结构抗浮	1. 增加底板刚度，利用结构荷重平衡局部浮力 2. 利用周边护坡结构竖向抗力 3. 利用周边回填土体的自重	底板受力不均，影响范围小
	锚固抗浮	1. 微型抗浮桩 2. 抗浮桩	前期施工费用较高，但后期维护简单，结构受力合理，不影响建筑功能

排水减压法、泄水降压法及其联合法等抗浮方案应技术可行、安全可靠、节约资源，并应具有监测系统和确保泄水、减压等相关设备的长期有效运营的维护措施。

采用锚固抗浮法应满足：

1）根据工程经验和施工条件、抗浮设计等级等应对抗浮桩方案与微型抗浮桩方案进行比较详细的技术经济比较；

2）独立地下结构、局部抗浮不稳定区域、岩石或坚硬地层宜选用微型抗浮桩，对上浮变形控制要求较高的工程，宜选择预应力微型抗浮桩；

3）地下水水位变化较大场地中的地下结构、对上浮变形控制要求较高的工程宜选用抗浮桩。

第三节　硬黏土地区地下结构抗浮设计

一、硬黏土地区地下结构抗浮设计的要求

1. 硬黏土地区地下结构抗浮工程设计的一般要求

硬黏土地区地下结构抗浮工程设计应具备下列资料：场地岩土工程勘察报告或抗浮工程专项勘察报告；经评审合格的抗浮工程专项咨询报告；上部结构荷载分布及地下结构等设计文件；地基、处理地基和基础等设计文件；现场环境、地下设施等环境调查资料；地

区抗浮工程经验及施工技术水平资料。

硬黏土地区地下结构抗浮工程设计应满足：

抗浮工程设计等级确定，施工期和使用期抗浮稳定性分析；抗浮设计方案与抗浮措施的综合分析和选择；抗浮结构及构件布置、抗浮结构及构件承载力、变形设计及其控制要求；群桩或群锚稳定性验算；构件、压重、基坑回填等选用的材料及其技术指标、质量控制要求；检验、监测等要求。

位于斜坡地段或其他可能产生明显水头差场地的抗浮工程设计时，宜依据渗流分析结果考虑地下水渗流在地下结构底板不均匀分布产生的影响。抗浮构件应考虑循环荷载对其承载力、变形的不利影响；并宜进行低水位工况上部荷载作用下的抗浮构件与基础的受力验算。地震设防地区抗浮结构及构件设计应根据现行国家标准《建筑抗震设计规范》GB 50011 的规定，对地震作用效应进行调整。

2. 抗浮桩、抗浮锚杆抗拔极限承载力的确定

抗浮桩、抗浮锚杆抗拔极限承载力的确定应满足：

1）抗浮工程设计等级为甲级、水文地质条件复杂的乙级工程，应通过单桩、单锚的上拔静荷载试验确定，试验数量不应少于 3 根；

2）水文地质条件简单、抗浮工程设计等级为乙级的工程，可参照地质条件相同的相应试验资料，并结合地区经验参数综合确定；

3）抗浮工程设计等级为丙级的工程，可按地区经验参数计算确定。

当考虑群桩或群锚作用或群锚效应明显时，宜进行群桩、群锚上拔静荷载试验。抗浮设计等级为甲级、乙级和设计有明确要求、特殊地层结构的工程或采用新技术、新工艺、新材料或缺乏试验资料及工程经验的抗浮桩、抗浮锚杆施工前应按《建筑工程抗浮技术标准》JGJ 476 附录 E 进行抗拔承载力基本试验和蠕变试验，并符合下列规定：

确定承载力的试验数量不应少于 3 根；塑性指数大于 17 的土层锚杆、风化软质岩层中或节理裂隙发育且张开充填有黏性土的岩层中的锚杆施工前应进行蠕变试验，数量不得少于 3 根；抗拔承载力试验应加载到极限或破坏。

抗浮桩、抗浮锚杆进行除验收试验外的上拔静荷载试验时，宜在桩身、杆体中埋设测试元件获取承载力与变形的相互关系。地下结构外侧与基坑侧壁之间应采用压实性较好的材料分层夯实，压实系数宜不小于 0.94。回填材料的密实度不易满足设计要求时宜采用素混凝土回填或采取挤密注浆等处理措施。肥槽顶部的室外地坪应采用防渗性能较好的材料进行封闭，封闭宽度宜扩至肥槽宽度外不小于 1m。

采取排水减压法等控制地下水及其他抗浮措施联合抗浮、抗浮设计等级为甲级和乙级的地下结构应进行抗浮工程监测。未经设计许可和技术鉴定，不得改变抗浮结构及构件的使用条件和用途。

二、抗浮板法

抗浮板法适用于硬黏土地区地下结构整体抗浮稳定性满足要求，局部抗浮稳定性不满足要求的工程抗浮；当浮力荷载较大时，宜与独立基础、压重、抗浮桩、抗浮锚杆联合使用。抗浮板可采用平板式和梁板式。抗浮板与独立基础共同承担上部荷载时，宜与独立基础联合设计；不承担上部荷载时宜按仅承担浮力荷载进行单独设计。

1. 抗浮板设计要求

抗浮荷载应包括抗浮底板自重、上部的填料荷重及地面建筑构造作法的荷重等；单独设计时可简化为四角支承在独立基础上的双向板或无梁楼盖进行设计计算；联合设计时可考虑浮力荷载和独立基础的影响进行包络设计计算；抗浮板与抗浮桩、抗浮锚杆联合使用时，应进行抗浮板的抗剪和抗弯验算；抗浮底板厚度和配筋应满足结构变形、裂缝、最小配筋率、防渗、防水等要求。

2. 连接构造

抗浮底板钢筋锚入独立基础不应小于 35 倍钢筋直径；当有抗震设防要求时钢筋锚固长度不应小于 40 倍钢筋直径；当抗浮底板与独立基础共同分担上部荷载时，抗浮底板钢筋可与独立基础连同配置。

抗浮底板不分担上部荷载时其下部应设置软垫层，软垫层应满足：

1）材料应具有一定的承载能力和变形能力，宜采用聚苯板或焦渣垫层等；

2）厚度宜大于等于独立基础边缘的地基沉降量；

3）软垫层应沿独立基础周边设置（图 5-1），宽度宜为 20 倍的独立基础边线中点位置的地基计算沉降量，且不宜小于 500mm。

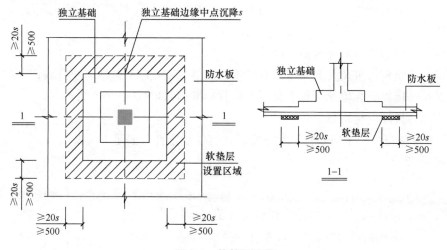

图 5-1 软垫层设置

三、压重法

1. 压重法的概念和相关规定

压重法包括增加抗浮底板厚度及其上部压重、增设地下结构外侧边底板挑出宽度及其上部覆土和增设地下结构顶部压重等，适用于结构自重荷载与浮力荷载相差较小的抗浮工程。当浮力荷载与结构自重荷载差距较大、地下结构顶板上覆土厚度和底板上部压重受到限制时，压重法应与其他抗浮措施联合使用。压重法压重设置应符合下列规定：

1）压重材料应结合当地材料供应条件选用土、砂石、混凝土或重型混凝土等，厚度应满足增重要求；

2）压重材料不应产生对使用环境、建筑结构、地下水土的腐蚀和污染，并应满足耐久性要求；

3）室内增重不应影响地下结构的使用功能；

4）压重法示意见图 5-2，采用基础底板沿地下结构外侧墙向外延展增重时，外挑基础底板应具有足够刚度。

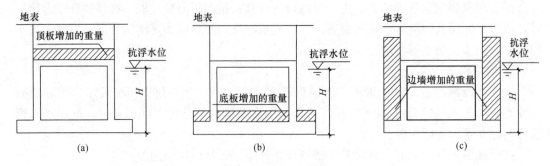

图 5-2　压重法示意图

（a）顶板加载；（b）底板加载；（c）外挑底板与外侧墙加载

2. 压重法抗浮稳定性计算

压重法抗浮稳定性应满足：

$$\frac{G+G_t}{K_f} \geqslant S \tag{5-5}$$

式中　G_t——增加的压重标准值（kN）；

G——结构自重及其上作用的总荷重标准值（kN），不包括可变荷载；

S——抗浮验算单元面积上总浮力荷载标准值（kN）；

K_f——抗浮安全系数。

采用压重法与锚固结构联合抗浮方案时，抗浮稳定性应满足下式要求：

$$\frac{G+G_t+\Sigma R}{K_f} \geqslant S \tag{5-6}$$

式中　ΣR——锚固结构所承单浮力荷载标准值（kN）；

G_t——增加的压重标准值（kN）；

G——结构自重及其上作用的总荷重标准值（kN），不包括可变荷载；

S——抗浮验算单元面积上浮力荷载标准值（kN）；

K_f——抗浮安全系数。

采用压重法与排水减压、泄水降压法等联合抗浮方案时，抗浮稳定性应满足下式要求：

$$\frac{G+G_t}{K_f} \geqslant S \tag{5-7}$$

式中　G_t——增加的压重标准值（kN）；

G——结构自重及其上作用的总荷重标准值（kN），不包括可变荷载；

S_k——验算单元面积上排水减压、泄水降压后的浮力荷载标准值（kN）；

K_f——抗浮安全系数。

承受压重荷载作用的结构及构件应满足强度及变形要求。

四、排水与隔水减压法

1. 排水减压法

排水减压法适用于具有地下自行排水条件、允许设置永久性降排水设施且能自动控制降排系统的抗浮工程，可与隔水减压法联合使用。排水减压方式宜根据场地水文地质、环境条件和设计计算选择，并建立汇集、排出等完整的排水系统和自动监控系统。有自行排水减压条件的工程应采用盲沟（管）、排泄沟等自流排水减压；无自行排水条件且防水要求较高的工程可采用盲沟（管）、集水井等机械抽排水减压。汇水和排水设施位置、数量和断面尺寸应根据地形条件、降雨强度及历时、地面径流量及汇水面积、土体内渗出及汇集的水量等因素经计算分析确定。

排水减压法的地下水排出口高程低于洪（潮）水位时，应采取防倒灌措施。地面排水系统包括排除地表水、防止和减少地表水下渗等疏排体系，宜与场地永久性排水系统联合设置，并应符合下列规定：排水设施应满足地表水（含临时暴雨）、地下水和施工用水等的排放要求，并根据汇水面积、降雨强度及历时和径流方向等进行整体规划和布置；汇水区内外的地面排水系统宜分开布置，自成体系；截水沟、排水沟、跌水与急流槽等应结合地形和天然水系进行布设，水口位置及高程应有利排放；结构安全可靠、便于施工和检查及养护维修；采取防止堵塞、溢流、渗漏、淤积、冲刷和冻结等措施。

地下排水系统宜包括渗排水沟、排水盲沟和集水井等。地下排水设施的类型、位置、形式及尺寸应根据工程地质和水文地质条件确定，并符合下列规定：应形成汇集、流径和排出等完整的排水体系；应与地面排水设施相配合，设置在地下水水位以上时应采取措施防止渗漏；集水井宜均匀布设，并选择多种型号的水泵混合使用抽排水方式满足设计最大总抽水量的要求。盲沟（管）排水适用于地基土为弱透水性土层、地下水量或汇水面积较小，地下水水位仅在丰水期高于结构底板的地下工程，并应满足如下条件：

1）地下水埋藏浅或无固定含水层、无自流排水条件、防水要求较高时宜采用有渗水效果的盲沟（管）；

2）地下结构四周应设置截水盲沟时，地下结构下应设置导水盲沟，汇水范围较大时可采用主次盲沟结合设置；

3）当地下结构基础下因地基处理设置有褥垫层时，盲沟（管）可与褥垫层联合使用；

4）盲沟（管）排水应设计为自流排水型。当不具备自流排水条件时，应采取集水设施并与机械排水措施联合使用。不同含水层中的减压井、排水井应单独设置，室外同一含水层中观测点之间的水平间距宜为50～70m，室内水位观测井数量宜为同类型减压井、排水井总数的5%～10%。采用降水抽排地下水时，宜采用可适时控制地下水水位的管井或集水井。集水井、降水井布设及深度应根据控制水位、降低承压水头等要求确定。

2. 隔水减压法

隔水减压法适合于水头差不高、弱透水地层等易于设置隔水帷幕，以及设置有隔水帷幕及具有隔水功能的围护结构的抗浮工程，并可与排水减压法联合使用。隔水减压方式宜与排水减压法中的地面排水系统、地下排水系统结合设置。作为永久隔水措施使用的地下连续墙、基坑止水帷幕应联合设计，隔水帷幕的深度、厚度应通过抗隆起、防管涌、缓渗流等计算确定，并同时满足基坑支护结构安全和永久性要求。当仅在基础底板下采取隔水措施时，肥槽回填时应采取素混凝土填筑、底部设置隔水层等辅助隔水措施。

3. 泄水降压法

泄水降压法适用于弱透水地基土可在基础底板下方设置使压力水通过透水及导水系统汇集到集水系统排出的抗浮工程。可与排水与隔水减压法联合使用。集水系统应包括室外盲沟或盲管、集水井、集水坑和释放口，并宜予建筑物整体功能的排水系统统一考虑。基底位于弱透水且土质较坚硬地层时，泄水降压法宜按图 5-3（a）设置；基底位于弱透水土层或设置有永久隔水帷幕时，宜按图 5-3（b）设置。

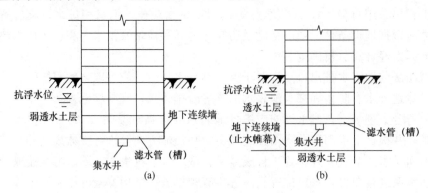

图 5-3 泄水降压法示意图

透水层、导水层可采用水平铺设的土工布叠合层或一定厚度满铺的砂砾石层、聚乙烯格网，其上方应设置防止底板混凝土浇灌时浆液渗入的隔离膜；透水层、导水层的下部、外侧或之间应设置集水系统，可采用开孔后外包土工布的聚乙烯管构成的水平集水网络，并形成有效联通；出水系统应能有效排出集水系统中的集水以减少基底水压，出水系统排出的水应引流到集水井中抽出；应设置基底水压监测与报警系统，并应设置一定数量的检修口以便系统的长期维护。

透水、导水系统的设计及构造可按图 5-4 确定，集水系统的设计及构造宜按图 5-5 确定。

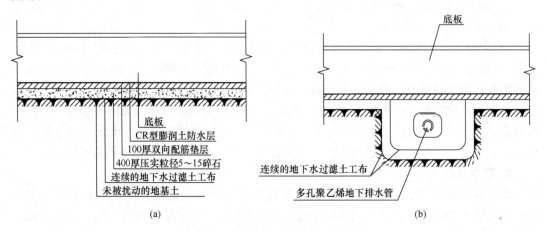

图 5-4 透水层和汇水层集水管大样

（a）透水层大样；（b）汇水层集水管大样

泄水降压法压力监测点之间的水平间距宜为 30～50m，室内水位观测井数量宜为泄水口总数的 5％～10％。

五、锚杆抗浮法

1. 锚杆的方案和布置

锚杆抗浮方案及锚杆选型应根据岩土工程勘察报告及工程条件与要求对锚杆施工可行性作出评估和判断，并结合地下水浮力荷载大小、结构受力及变形、耐久性等要求综合确定。抗浮锚杆设计应具备下列资料：

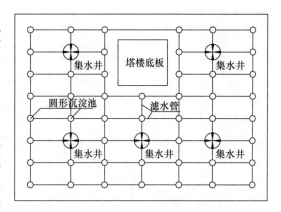

图 5-5　集水系统平面布置示意

岩土工程勘察报告；场地周边环境、地形地貌、排水条件等；地下结构底板及基础平面布置等结构设计图；锚杆抗拔力等设计要求；工程经验及施工技术水平。

锚杆承载力合力作用点宜与浮力荷载作用点重合；锚杆布置可采用集中点状布置、线状布置和面状均匀布置，集中点状布置宜用于坚硬岩，线状布置宜用于坚硬岩与较硬岩，面状均匀布置适用于浮力作用相同的区域；锚杆的间距应根据每根锚杆所承担的抗浮面积、浮力由计算确定，间距不应小于锚固体直径的 6 倍，且不宜小于 2m；锚杆间距较小、锚固体长度较长时，宜将锚固段错开布置，或应考虑群锚效应进行设计。

抗浮锚杆选型（表 5-5）应根据抗浮工程设计等级、变形控制要求、锚固地层条件、施工可行性等综合确定，并应满足：

1）抗浮锚杆不得设置在未经处理的有机质土、液限大于 50％的土层和相对密实度小于 0.3 的土层中；

2）固结体可采用水泥浆、水泥砂浆和细石混凝土等，水泥浆、水泥砂浆强度等级不宜低于 M30，细石混凝土强度等级不宜低于 C30，并宜采用二次注浆工艺；

3）杆体应设有钢筋保护层构造，水泥浆保护层厚度不应小于 30mm、水泥砂浆和细石混凝土保护层厚应不小于 35mm，抗浮工程设计等级为甲级、乙级工程宜采用增大设计杆筋直径或钢筋面积的防腐蚀措施；

4）抗浮工程设计等级为甲级和乙级、竖向变形控制严格时，宜采用底部扩大、变径锚杆或采用预应力锚杆，并应通过试验确定其适用性；

5）预应力抗浮锚杆的构造要求、预应力张拉、锁定值应满足承载力、耐久性和变形控制要求。

锚杆类型的选择 表 5-5

锚杆类型	锚杆工作特性与适用条件
全长粘结拉力型锚杆	1. 适用于岩层或土层； 2. 对竖向位移控制要求不严格的抗浮工程； 3. 单根锚杆拉力设计值较小（50～350kN）； 4. 锚杆长度 5～15m

续表

锚杆类型		锚杆工作特性与适用条件
拉力型	预应力锚杆	1. 锚固地层为硬岩、中硬岩或非软土层； 2. 单锚的承载力设计值可大于 400kN； 3. 当锚固段长大于 10m（岩层）和 15m（土层）时，锚杆承载力的增加值有限或不再提高
	分散型预应力锚杆	1. 锚固地层为软岩或土层； 2. 锚杆的承载力可随锚固段长度增大而获得有效增加； 3. 单位长度锚固段承载力高，且蠕变量小
压力型	预应力锚杆	1. 锚固地层为腐蚀性较高的岩土层； 2. 单锚的承载力设计值不大于 300kN（土层）和 1000kN（岩石）； 3. 当锚固段长大于 10m（岩层）和 15m（土层）时，锚杆承载力的增加值有限或不再提高
	分散型预应力锚杆	1. 锚固地层为软岩土层或腐蚀性较高的地层； 2. 锚杆的承载力可随锚固段长度增大而获得有效增加； 3. 单位长度锚固段承载力高，且蠕变量小
扩大段（端）锚杆囊式锚杆		1. 适用于土层； 2. 对位移控制严格的抗浮工程可施加预应力； 3. 采用普通拉力型锚杆无法满足高拉力设计值的软弱地层抗浮工程

2. 锚杆材料和部件

锚杆材料和部件应满足：

1) 锚杆材料和部件应满足锚杆设计和稳定性要求，质量标准及验收标准除专门提出特殊要求外，应符合国家现行标准《混凝土结构工程施工质量验收规范》GB 50204[31] 的要求；

2) 锚杆杆体的钢绞线、环氧涂层钢绞线、无粘结钢绞线，应符合国家现行标准《预应力混凝土用钢绞线》GB/T 5224[32] 的规定；

3) 预应力筋用锚具、夹具和连接器的性能均应符合国家现行标准《预应力筋用锚具、夹具和连接器》GB/T 14370[33] 及现行行业标准《预应力锚用锚具、夹具和连接器应用技术规程》JGJ 85[34] 的规定；

4) 依据锚杆的使用目的，可采用能调节锚杆预应力的锚头及与基础的连接构造；

5) 钢绞线锚索的张拉端宜采用夹片锚具或压接锚具，压力型锚索的固定端宜采用压花锚具、挤压锚具或承载体；钢筋锚杆宜采用螺母锚具；

6) 锚具罩应采用钢材或塑料材料制作，应完全罩住锚杆头和预应力筋的尾端，与支承面的接缝应为水密性接缝；

7) 锚筋—锚具组装件静载荷试验测定的锚具效率系数不应小于 0.95，夹具效率系数不应小于 0.92，锚筋总应变不应小于 0.2%；

8) 有抗震要求时，锚筋—锚具组装件应满足循环次数为 50 次的周期荷载试验要求。

注浆材料宜选用水灰比为 0.5～0.55 的纯水泥浆或灰砂比为 1∶0.5～1∶1 的水泥砂

浆，必要时可加入一定量的外加剂。

3. 锚杆设计计算

锚杆设计计算包括：锚杆所承担的荷载计算；锚杆锚固长度和承载力计算；锚杆筋体截面面积计算；锚杆筋体与锚固体的锚固承载力验算；锚杆与岩土体的整体稳定性验算。

锚杆锚固长度应通过基本试验确定。初步设计时可按下列公式估算，并取其中大者。

锚杆锚固长度应满足下式计算要求：

1）岩层锚杆

$$l_a \geqslant \frac{KN_t}{\xi \pi d f_{rbk}}$$ (5-8)

式中 l_a——锚固体长度（m）；

N_t——作用的标准组合条件下锚杆承担荷载标准值（kN）；

K——锚固体抗拔安全系数，宜取 2.0；

f_{rbk}——锚固体与岩层的粘结强度标准值（kPa），应由试验确定，当无试验资料时可按表 5-6 选用；

ξ——经验系数，取 0.8。

锚固体与岩石间粘结强度标准值 表 5-6

岩石类别	岩石天然单轴抗压强度标准值 f_r（MPa）	f_{rb}值（kPa）
软岩石	$f_r < 5$	270～360
软 岩	$5 \leqslant f_r < 15$	360～760
较软岩	$15 \leqslant f_r < 30$	760～1200
较硬岩	$30 \leqslant f_r < 60$	1200～1800
坚硬岩	$f_r \geqslant 60$	1800～2600

注：1. 表中数据适用于水泥浆或水泥砂浆强度等级为 M30。

2. 岩体结构面发育时，粘结强度取表中下限值。

3. 岩石类别根据天然单轴抗压强度按国家现行技术规范确定。

2）土层锚杆

$$l_a \geqslant \frac{KN_t}{\pi d q_s}$$ (5-9)

式中 K——锚固体抗拔安全系数，宜取 2.0；

q_s——土层与锚固体平均极限侧阻力标准值，由基本试验确定，当无试验资料时按表 5-7 选用。

注浆锚固体与土层间极限侧阻力标准值 q_{sik}（kPa） 表 5-7

土的名称	岩土的状态	锚固体极限侧阻力标准值
压实填土	—	22～30
淤泥	—	14～20
淤泥质土	—	22～30

续表

土的名称	岩土的状态		锚固体极限侧阻力标准值
黏性土	流塑	$I_L>1$	24~40
	软塑	$0.75<I_L\leqslant1$	40~55
	可塑	$0.50<I_L\leqslant0.75$	55~70
	硬可塑	$0.25<I_L\leqslant0.50$	70~86
	硬塑	$0<I_L\leqslant0.25$	86~98
	坚硬	$I_L\leqslant0$	98~105
红黏土		$0.7<a_w\leqslant1$	13~32
		$0.5<a_w\leqslant0.7$	32~74
粉土	稍密	$e>0.9$	26~46
	中密	$0.75\leqslant e\leqslant0.9$	46~66
	密实	$e<0.75$	66~88
粉细砂	稍密	$10<N\leqslant15$	24~48
	中密	$15<N\leqslant30$	48~66
	密实	$N>30$	66~88
中砂	中密	$15<N\leqslant30$	54~74
	密实	$N>30$	74~95
粗砂	中密	$15<N\leqslant30$	74~95
	密实	$N>30$	95~116
砾砂	稍密	$5<N_{63.5}\leqslant15$	70~110
	中密（密实）	$N_{63.5}>15$	116~138
圆砾、角砾	中密、密实	$N_{63.5}>10$	160~200
碎石、卵石	中密、密实	$N_{63.5}>10$	200~300
全风化软质岩	—	$30<N\leqslant50$	100~120
全风化硬质岩	—	$30<N\leqslant50$	140~160
强风化软质岩		$N_{63.5}>10$	160~240
强风化硬质岩		$N_{63.5}>10$	220~300

注：当需要考虑循环荷载作用效应时，应取表中低值。

杆体与水泥砂浆、水泥浆之间的锚固长度应满足下式要求：

$$l_b\geqslant\frac{KN_t}{n\pi df_b}\tag{5-10}$$

式中　l_b——杆体与砂浆、水泥浆之间的锚固长度（m）；

$\quad\quad n$——钢筋或钢绞线根数；

$\quad\quad d$——单根钢筋或钢绞线直径（m）；

$\quad\quad f_b$——筋体与锚固注浆体间的粘结强度设计值（MPa），应由试验确定，当无试验资料时可按表5-8选用；

$\quad\quad K$——锚杆杆体抗拔安全系数，取2.0。

钢筋、钢绞线与锚固体间的粘结强度设计值 f_b

表 5-8

杆筋类型	水泥浆或水泥砂浆		
	M25	M30	M35
热轧带肋钢筋	2.10	2.40	2.70
钢绞线	2.75	2.95	3.40

注：1. 当采用两根钢筋点焊成束的做法时，粘结强度应乘以 0.85 的折减系数。
　　2. 当采用三根钢筋点焊成束的做法时，粘结强度应乘以 0.70 的折减系数。
　　3. 成束钢筋的根数不应超过 3 根，且钢筋截面总面积不应超过锚孔面积的 20%。当锚固段钢筋和注浆材料采用特殊设计，并经试验验证锚固效果良好时，可适当增加锚杆钢筋用量。

抗浮锚杆筋体截面面积 A_s 应按下列公式确定：

$$A_s \geqslant \frac{K_t \cdot N_t}{f_y} \tag{5-11}$$

式中　K_t——锚杆筋体抗拉安全系数，宜取 2.0；
　　　N_t——作用的标准组合条件下锚杆承担荷载标准值（kN）；
　　　f_y——钢绞线、钢筋抗拉强度设计值（kPa）。

4. 锚杆抗拔承载力计算

抗浮工程设计等级为甲级的地下结构的单根锚杆抗拔承载力特征值应通过现场荷载试验确定。初步设计时可按下列公式估算：

1）岩石锚杆：

$$R_t = \xi \pi d l_m f_{rbk} \tag{5-12}$$

式中　R_t——锚杆轴向抗拔承载力特征值（kN）；
　　　d——锚杆锚固段注浆体直径（m）；
　　　l_m——锚杆锚固体有效锚固长度（m）；
　　　f_{rbk}——锚杆锚固体与岩层的粘结强度标准值（kPa）；应由试验确定；
　　　ξ——经验系数，取 0.8。

2）土层锚杆：

$$R_t = \pi d \sum \lambda_i q_{si} l_i \tag{5-13}$$

式中　λ_i——第 i 土层的抗拔系数，宜取 0.8~1.0；
　　　q_{si}——第 i 土层的锚杆锚固段极限侧阻力标准值（kPa），选用；
　　　l_i——第 i 土层的锚杆锚固段有效锚固长度（m）。

抗浮锚杆的数量宜按下式计算确定：

$$n \geqslant \frac{A}{s_x \cdot s_y} \tag{5-14}$$

式中　A——承受浮力荷载作用的底板总面积（m²）；
　　　s_x、s_y——抗浮锚杆间距（m）。

抗浮锚杆整体稳定性验算应按下式进行：

$$\frac{G + nR}{T_f} \geqslant K_f \tag{5-15}$$

式中　G——结构自重及其他永久荷载标准值之和（kN）；
　　　R——单根锚杆抗浮承载力特征值（kN），取群锚呈整体破坏和非整体破坏时锚杆抗拔力较小值；

n——抗浮锚杆的数量；

T_f——浮力荷载标准值（kN）；

K_f——抗浮安全系数。

当结构对锚杆上拔位移有要求时，应对锚杆在长期荷载作用下的上拔位移进行验算。验算结果达不到设计要求的应采用预应力锚杆。

5. 锚杆注浆

锚杆注浆液拌合用水水质应符合表 5-9 的规定。对于设计使用年限大于 50 年时氯离子含量不得超过 500mg/L，锚筋为钢绞线时氯离子含量不得超过 350mg/L。

浆液拌合用水水质指标　　　　　　　　　　　　　　　　　　表 5-9

项目	预应力锚杆	全长粘结锚杆
pH 值	≥5.0	≥4.5
不溶物含量（mg/L）	≤2000	≤2000
可溶物含量（mg/L）	≤2000	≤5000
Cl^- 含量（mg/L）	≤500	≤1000
SO_4^{2-} 含量（mg/L）	≤600	≤2000
碱含量（mg/L）	≤1500	≤1500

6. 锚杆杆体保护套管

锚杆杆体保护套管材料应具有在加工和安装过程中不被损坏的强度和柔韧性，对预应力筋无不良影响的防水性和化学稳定性，与锚杆浆体和防腐剂无不良反应的耐腐蚀性，并不影响预应力筋的弹性伸缩变形。

锚筋外包套管及过渡管应使用高密度聚乙烯或聚丙烯材料制作，其性能应满足：在设计使用期内具有良好的物理及化学稳定性，对周围材料无侵蚀作用；应具有足够的强度、抗磨及柔韧性和较好的防水性能，防止在施工过程中破损；管壁厚度不应小于 2.0mm，应能承受不小于 1MPa 的内压力；性能指标及检验方法可按现行行业标准《无粘结预应力钢绞线》JG/T 161[35] 中对护管的有关规定执行。

7. 润滑脂

润滑脂应采用专用防腐润滑脂，其性能及使用应满足：具有良好的物理及化学的稳定性，对周围材料应无侵蚀作用；不透水，不吸湿，防水防潮、防腐蚀性能良好；润滑性能良好，摩擦系数小；涂敷量不小于 50g/m；使用前应按现行行业标准《无粘结预应力筋专用防腐润滑脂》JG/T 430[36] 检验。

8. 抗浮锚杆的防腐

腐蚀环境中的抗浮锚杆应采用Ⅰ级防腐保护构造；非腐蚀环境中的抗浮锚杆和腐蚀环境中的临时性锚杆应采用Ⅱ级防护构造；非腐蚀环境中的临时性锚杆可采用Ⅲ级防腐保护构造。锚杆各级防护构造应符合表 5-10 的规定，并应满足：

采用Ⅰ、Ⅱ级防护构造的锚杆杆体，水泥浆保护层厚度不应小于 25mm；采用Ⅲ级防护构造的锚杆杆体，水泥浆保护层厚度不应小于 10mm；锚杆在预应力筋的张拉作业完成后，应及时对锚具和承压板进行防腐保护；锚杆的锚具、承压板及端头筋体可用混凝土防护，混凝土保护层厚不应小于 50mm。

锚杆防腐保护要求

表 5-10

防腐保护等级	锚杆类型	锚杆及锚具防护要求		
		锚头	自由段	粘结段
Ⅰ级	拉力型、拉力分散型	采用过渡管，锚具用混凝土封闭或用钢罩保护	采用注入油脂的护管或无粘结钢绞线，并在护管或无粘结钢绞线束外再套有光滑管	采用注入水泥浆的波形管
	压力型、压力分散型	采用过渡管，锚具用混凝土封闭或用钢罩保护	采用无粘结钢绞线，并在无粘结钢绞线束外再套有光滑管	采用无粘结钢绞线
Ⅱ级	拉力型、拉力分散型	采用过渡管，锚具用混凝土封闭或用钢罩保护	采用注入油脂的护管或无粘结钢绞线	采用注入水泥浆的波形管
	压力型、压力分散型	采用过渡管，锚具用混凝土封闭或用钢罩保护	采用无粘结钢绞线	采用无粘结钢绞线
Ⅲ级	拉力型、拉力分散型	采用过渡管，锚具涂防腐油脂	采用注入油脂的护管或无粘结钢绞线	注浆

六、抗浮桩法

1. 硬黏土地区的抗浮桩的选用原则

抗浮桩应根据地质条件、环境条件、抗浮工程设计和耐久性要求选用灌注桩或预制桩。灌注桩可采用等截面灌注桩、扩底灌注桩和后注浆灌注桩等；当选用预应力桩作为抗浮桩时宜选用混合配筋预应力混凝土桩。

预应力混凝土管桩、空心方桩作为抗浮桩应满足：桩质量应符合国家现行标准《先张法预应力混凝土管桩》GB/T 13476 和《预应力混凝土空心方桩》JG/T 197[37] 的规定；桩尖型式宜根据地层性质选择闭口型；桩的连接宜采用法兰连接、机械啮合连接、螺纹连接，有可靠检测手段时可采用端板焊接连接；每根桩的接头数量不宜超过 2 个。

2. 抗浮桩的布置和构造

抗浮桩的布置和构造应满足以下要求：

1）抗浮桩应根据基础形式、上部结构荷载分布等条件布置，取土桩桩间距不应小于3 倍桩径，挤土桩桩间距不应小于 4 倍桩径。

2）灌注桩桩身混凝土强度等级不应小于 C30，预制桩桩身混凝土强度等级不应小于 C60。

3）当采用预应力混凝土管桩、空心方桩时，填芯混凝土长度按下式计算，且不应小于 3m：

$$H \geqslant \frac{Q_{ct}}{U_m f_n}$$ (5-16)

式中　H——管桩顶填芯混凝土长度（m）；

　　　Q_{ct}——单桩竖向抗拔承载力设计值（kN）；

　　　U_m——管桩内孔圆周长（m）；

　　　f_n——填芯混凝土与管桩内壁的粘结强度设计值（kPa）；宜由现场试验确定，可按经验取值，当填芯混凝土等级大于 C30 时，可取 300～400kPa。

4）填芯混凝土内的受拉配筋应通过计算确定，裂缝控制要求高时宜通长灌芯配筋。

5）预制桩桩主筋的混凝土保护层厚度不应小于 35mm，水下灌注桩的主筋混凝土保护层厚度不得小于 50mm。

6）桩身主筋锚入承台板内的长度不应小于钢筋受拉锚固长度且不应小于 35d。

7）桩头防水材料应具有良好的粘结性、固化性，并应与垫层防水层连为一体。

3. 抗浮桩

抗浮桩抗拔承载力特征值应按下式计算：

$$Q_{tk}=Q_{uk}/2 \qquad (5-17)$$

式中　Q_{tk}——抗浮桩抗拔承载力特征值（kN）；

　　　Q_{uk}——抗浮桩抗拔极限承载力标准值（kN）。

初步设计时，抗浮桩承载力取值应符合下列规定：

1）群桩呈非整体破坏时，单根抗拔桩极限承载力标准值可按下式计算：

$$Q_{uk}=\pi d \sum \lambda_i q_{sik} l_i \qquad (5-18)$$

式中　Q_{uk}——单根抗拔桩极限承载力标准值（kN）；

　　　q_{sik}——桩侧表面第 i 层土极限侧阻力标准值（kPa），可表 5-11 取值；

　　　λ_i——抗拔系数，可按表 5-12 取值；

　　　l_i——第 i 层土内的桩长（m）；

　　　d——桩身直径（m）。

桩的极限侧阻力标准值 q_{sik}（kPa）　　　表 5-11

土的名称	岩土的状态		混凝土预制桩	泥浆护壁钻（冲）孔桩	干作业钻孔桩
填土			22～30	20～28	20～28
淤泥			14～20	12～18	12～18
淤泥质土			22～30	20～28	20～28
黏性土	流塑	$I_L>1$	24～40	21～38	21～38
	软塑	$0.75<I_L\leq1$	40～55	38～53	38～53
	可塑	$0.50<I_L\leq0.75$	55～70	53～68	53～66
	硬可塑	$0.25<I_L\leq0.50$	70～86	68～84	66～82
	硬塑	$0<I_L\leq0.25$	86～98	84～96	82～94
	坚硬	$I_L\leq0$	98～105	96～102	94～104
红黏土	$0.7<a_w\leq1$		13～32	12～30	12～30
	$0.5<a_w\leq0.7$		32～74	30～70	30～70
粉土	稍密	$e>0.9$	26～46	24～42	24～42
	中密	$0.75\leq e\leq0.9$	46～66	42～62	42～62
	密实	$e<0.75$	66～88	62～82	62～82
粉细砂	稍密	$10<N\leq15$	24～48	22～46	22～46
	中密	$15<N\leq30$	48～66	46～64	46～64
	密实	$N>30$	66～88	64～86	64～86

土的名称	岩土的状态		混凝土预制桩	泥浆护壁钻（冲）孔桩	干作业钻孔桩
中砂	中密 密实	$15<N\leqslant30$ $N>30$	54～74 74～95	53～72 72～94	53～72 72～94
粗砂	中密 密实	$15<N\leqslant30$ $N>30$	74～95 95～116	74～95 95～116	76～98 98～120
砾砂	稍密 中密（密实）	$5<N_{63.5}\leqslant15$ $N_{63.5}>15$	70～110 116～138	50～90 116～130	60～100 112～130
圆砾、角砾	中密、密实	$N_{63.5}>10$	160～200	135～150	135～150
碎石、卵石	中密、密实	$N_{63.5}>10$	200～300	140～170	150～170
全风化软质岩		$30<N\leqslant50$	100～120	80～100	80～100
全风化硬质岩		$30<N\leqslant50$	140～160	120～140	120～150
强风化软质岩		$N_{63.5}>10$	160～240	140～200	140～220
强风化硬质岩		$N_{63.5}>10$	220～300	160～240	160～260

注：当采用后注浆技术时，表中值可乘以 1.2～1.4 的系数；黏性土取底值、砂性土取高值。

抗拔系数 λ_i　　　　　　　　　　　　表 5-12

土类	λ 值
砂土	0.50～0.70
黏性土、粉土	0.70～0.80

注：1. 桩长径比小于 20 时，λ 取小值；长径比大于 40 时，可取上限值；
　　2. 灌注桩采用后注浆技术时，抗拔系数可适当提高。

2）群桩呈整体破坏时，群桩与岩土可视为一实体，单根抗浮桩极限承载力标准值应按下式计算：

（1）无承压水时：

$$nQ_{uk} = W + u_1\sum \lambda_i q_{sik} l_i \tag{5-19}$$

（2）有承压水时：

$$nQ_{uk} = W + u_1\sum \lambda_i q_{sik} l_i - (U_2 - U_1) \tag{5-20}$$

式中　Q_{uk}——单根抗拔桩极限承载力标准值（kN）；

　　　u_1——桩群实体外围周长（m）；

　　　W——桩群实体含水自重；

　　　U_2——桩群实体底端水压产生的压力；

　　　U_1——桩群实体顶端水压产生的压力。

　　　n——桩数量。

3）对于桩身长度范围内存在液化土层的抗浮桩，当结构底板底面上、下分别有厚度不小于 1.5m、1.0m 的非液化土或非软弱土层时，可将液化土层极限侧阻力标准值乘以表 5-13 折减系数；当底板底非液化土层厚度小于 1m 时，折减系数按表 5-13 中降低一档取值。

土层液化折减系数 ψ_l　　　　表 5-13

$\lambda_N = N/N_{cr}$	自地面算起的液化土层深度 d_L（m）	ψ_l
$\lambda_N \leqslant 0.6$	$d_L \leqslant 10$	0
	$10 < d_L \leqslant 20$	1/3
$0.6 < \lambda_N \leqslant 0.8$	$d_L \leqslant 10$	1/3
	$10 < d_L \leqslant 20$	2/3
$0.8 < \lambda_N \leqslant 1.0$	$d_L \leqslant 10$	2/3
	$10 < d_L \leqslant 20$	1.0

注：1. N 为饱和土标贯击数实测值；N_{cr} 为液化判别标贯击数临界值；λ_N 为土层液化指数；

　　2. 对于挤土桩当桩距小于 $4d$ 且桩的排数不少于 5 排、总桩数不少于 25 根时，土层液化系数可取 $2/3 \sim 1$；桩间土标贯击数达到 N_{cr} 时，取 $\psi_l = 1$。

当需提高桩侧阻力、处理桩侧泥皮、桩底沉渣时宜采用后注浆工艺。采用后注浆工艺的抗浮桩应根据现场试验确定承载力的提高幅度。后注浆装置和浆液配比等参数设计应满足：

注浆导管应采用钢管，且应与钢筋笼加劲筋绑扎固定或焊接；桩端后注浆导管及注浆阀数量宜根据桩径设置，桩径不大于 1200mm 时宜沿钢筋笼圆周对称设置 2 根，桩径大于 1200mm 时宜对称设置 3 根；桩长超过 15m 且承载力增幅要求较高时，宜采用桩端、桩侧复式注浆。桩侧后注浆管阀设置应综合地层情况、桩长和承载力增幅要求等因素确定，宜在离桩底 $5 \sim 15m$ 以上、桩顶 8m 以下，每隔 $6 \sim 12m$ 设置一道桩侧注浆阀，当有粗粒土时，宜将注浆阀设置于粗粒土层下部，对于干作业成孔灌注桩宜设于粗粒土层中部；非通长配筋桩下部应有不少于 2 根与注浆管等长的主筋组成的钢筋笼通底；后注浆阀应能承受 1MPa 以上静水压力，注浆阀外部保护层应能抵抗砂石等硬质物的刮撞而不致使管阀受损，并应具备逆止功能。

浆液配比、终止注浆压力、流量、注浆时间等参数设计应满足：

（1）浆液的水灰比应根据土的饱和度、渗透性确定，对于饱和土水灰比宜为 $0.45 \sim 0.65$，对于非饱和土水灰比宜为 $0.7 \sim 0.9$，松散碎石土、砂砾宜为 $0.5 \sim 0.6$；低水灰比浆液宜掺入减水剂。

（2）桩端注浆终止注浆压力应根据土层性质及注浆点深度确定，对于风化岩、非饱和黏性土及粉土，注浆压力宜为 $3 \sim 10MPa$；对于饱和土层注浆压力宜为 $1.2 \sim 4MPa$，软土宜取低值，密实黏性土宜取高值。

（3）注浆流量不宜超过 75L/min。

（4）单桩注浆量应根据桩径、桩长、桩端桩侧土层性质、单桩承载力增幅及注浆方式等因素确定，可按下式估算：

$$G_c = \alpha_p d + \alpha_s n d \qquad (5-21)$$

式中　G_c——注浆量，以水泥质量计（t）；

　　α_p、α_s——分别为桩端、桩侧注浆量经验系数，$\alpha_p = 1.5 \sim 1.8$，$\alpha_s = 0.5 \sim 0.7$；对于卵、砾石、中粗砂取较高值；

　　n——桩侧注浆断面数；

　　d——基桩设计直径（m）。

（5）对单桩、桩距大于 6 倍桩径的群桩和群桩初始注浆的数根基桩的注浆量应按估算值乘以 1.2 的系数。

（6）后注浆作业开始前，宜进行注浆试验确定注浆参数。

4. 抗浮桩抗拔承载力

抗浮桩抗拔承载力和裂缝控制设计应符合下列规定：目前的规范和一些桩的标准图集已对桩的裂缝控制提出了要求并有相应的措施，如设计中还需增加大量的计算则工作量太大。

1）抗浮桩承载力应同时满足下式要求；

$$N_k \leqslant T_{uk} \tag{5-22}$$

$$N_k \leqslant T_{gk} \tag{5-23}$$

$$N \leqslant f_y A_s + f_{py} A_{py} \tag{5-24}$$

式中　N_k——按荷载效应标准组合计算的抗浮桩轴向拉力设计值（kN）；

T_{gk}——群桩呈整体破坏时基桩的抗拔极限承载力标准值（kN）；

T_{uk}——群桩呈非整体破坏时基桩的抗拔极限承载力标准值（kN）；

N——荷载效应基本组合下桩顶轴向拉力设计值；

f_y、f_{py}——普通钢筋、预应力钢筋的抗拉强度设计值；

A_s、A_{py}——普通钢筋、预应力钢筋的截面面积。

2）当考虑地震作用验算抗浮桩承载力时，应根据现行国家标准《建筑抗震设计规范》GB 50011 的规定，对作用在桩顶的地震效应进行调整。

3）抗浮桩裂缝控制设计满足下列规定；

（1）对于抗浮工程设计等级为甲级的地下结构，按不出现裂缝控制进行抗浮构件设计，在荷载效应标准组合下的拉应力不应产生，并应符合下列公式要求：

$$\sigma_{ck} - \sigma_{pc} \leqslant 0 \tag{5-25}$$

（2）对于抗浮工程设计等级乙级的地下工程，按裂缝控制进行抗浮构件设计，在荷载效应标准组合下混凝土拉应力不应大于混凝土轴心受拉强度标准值，应符合下列式要求：

在荷载效应标准组合下：　　　$\sigma_{ck} - \sigma_{pc} \leqslant f_{tk}$ 　　　(5-26)

在荷载效应准永久组合下：　　　$\sigma_{cq} - \sigma_{pc} \leqslant 0$ 　　　(5-27)

（3）对于抗浮工程设计为丙级的地下结构，按允许出现裂缝控制进行抗浮构件进行设计。

在荷载效应标准组合计算的最大裂缝宽度应满足：

$$w_{max} \leqslant w_{lim} \tag{5-28}$$

式中　σ_{ck}、σ_{cq}——荷载效应标准组合、准永久组合下正截面法向应力；

σ_{pc}——扣除全部应力损失后，锚固构件混凝土有效预压应力；

f_{tk}——混凝土轴心抗拉强度标准值；对 PHC 桩宜乘以 0.8 的系数；

w_{max}——按现行国家标准《混凝土结构设计规范》GB 50010 计算得到的最大裂缝宽度；

w_{lim}——最大裂缝宽度限值，对混凝土灌注桩、混凝土预制桩、混合配筋预应力混凝土管桩可取 0.2～0.25mm，普通预应力混凝土桩宜取 0.1mm。

第四节　硬黏土地区地下结构抗浮施工

一、硬黏土地区地下结构抗浮施工的相关规定

1. 硬黏土地区地下结构抗浮工程施工一般规定

抗浮工程施工前，根据设计文件、现场地质条件和环境条件编制施工方案应经审批后实施。

抗浮工程施工时地下水水位不宜高于基底下 500mm，并宜避开雨期施工。雨期施工时应符合下列规定：编制雨期专项应急预案；基坑周围 3m 范围内应做混凝土硬化处理，并设置地表排水沟、集水井，距坡顶外 0.5m 宜设置高度不低于 0.25m 的拦水埝；土方开挖应逐段、逐片、分期进行；采取防御措施和适时调整施工工序。

2. 硬黏土地区地下结构的土方开挖和回填

1）土方开挖

当抗浮桩施工引起超孔隙水压力时，宜待超孔隙水压力大部分消散后进行土方开挖；挖土应均衡分层进行，流塑状软土的地基高差不应超过 1m，出土不得堆置在基坑附近；机械挖土时必须确保基坑内的抗浮设施不受损坏。抗浮工程在基坑开挖后进行时，施工前地基应进行验槽，遇有地下障碍物或地基情况与原勘察报告不符时，应会同设计等有关单位研究解决。验槽后应立即浇筑封闭层。

2）土方回填

及时清除肥槽内杂物和排干积水，处理地基结合面；回填用料不得含有石块、碎砖、灰渣和有机杂物，可采取整体回填或分段回填；回填应连续快速完成，遭受雨水浸泡时，应将积水及松软灰土除去，并补填夯实；回填应分层进行，严格控制分层回填厚度，压实度要符合设计要求；严禁采用"水夯法"施工。

抗浮工程使用材料应符合设计要求，应有产品合格证、性能检测报告和有效的新材料鉴定证书，并应进行检测。施工过程中应设置水位监测孔监测地下水水位，实时分析地下水水位随时间变化的情况，并做好地下水水位的监测记录。降水（排水）条件应符合设计文件要求，并应验算抗浮稳定性。隐蔽工程在隐蔽前应进行验收，并形成验收文件。

二、抗浮板

抗浮板和基础施工顺序宜先深后浅。采用分块浇筑时，浇注顺序应根据现场条件、基坑开挖流程、基坑施工监测数据等合理确定。垫层混凝土应在地基验槽后立即浇筑，并在其强度达到 70% 后方可绑扎钢筋、支模等。设有抗浮桩、抗浮锚杆时，钢筋绑扎前应去除锚固筋上浮浆，锚筋埋入抗浮板的长度应符合设计要求，并应按设计施作防水层。

抗浮板及基础混凝土施工应满足：施工缝和后浇带的留设位置应在混凝土浇筑之前确定，宜在受力较小且便于施工部位；混凝土可采用一次连续浇筑或分层浇筑，每层浇筑厚度宜为 300~500mm，各段各层间应互相衔接，阶梯形部位每一台阶作为一个浇捣层；混凝土入槽应对称均匀下料，振捣应密实，并不得损害插筋固定结构及位置；混凝土养护宜采用浇水、蓄热、喷涂养护剂等方式。

三、排水与泄水降压法

施工工艺实施宜按现场测量放线、沟槽开挖、槽底土夯实、槽底垫层浇筑及养护、集水管土工布包裹、沟槽土工布安放、集水管安放、级配砂卵石回填、土工布翻盖、沟槽回填及整理等流程进行。浆砌块（片）石截（排）水沟宜砂浆应饱满，沟底表面粗糙，转弯处宜为弧线形。

渗流沟施工应满足：渗流沟宜分段间隔开挖，开挖作业面应随挖随支撑，及时回填；渗流沟顶面不得低于地面现状地下水水位和预测水位，在冰冻地区渗流沟埋置深度不得小于当地最小冻结深度；在渗流沟的迎水面反滤层应采用颗粒均匀的碎、砾石分层填筑，土工布反滤层铺设时应紧贴保护层且不宜拉得过紧，缝合法的搭接宽度应大于100mm；渗流沟底部的封闭层宜采用浆砌片石或干砌片石水泥砂浆勾缝，并加大出水口附近纵坡，寒冷地区应设炉渣、砂砾、碎石或草皮等保温层。

纵向盲管铺设应满足：铺设前应将基坑底铲平，并应按设计要求铺设碎砖（石）混凝土垫层；盲管应采用塑料（无纺布）带、水泥钉等固定在基层上，固定点拱部间距宜为300～500mm，在不平处应增加固定点；环向盲管宜整条铺设，接头宜采用与盲管相配套的标准接头及标准三通连接。

盲沟侧壁渗水孔直径宜为75～150mm，仰角不小于6°，孔深应延伸至富水区，宜梅花形排列，渗水段裹1～2层无纺土工布，防止渗水孔堵塞。管井施工应符合下列规定：井的位置、井深、井距、井径结构尺寸及所用滤料级配及其他材料应符合设计要求；成孔过程中应进行地质描绘、绘制柱状图，当发现与原地层资料有较大出入时，应提请相关单位研究处理；成孔结束经验收后安装井管，井管连接应顺直牢固，并封好管底，反滤料回填宜采用导管法以避免分离；井管装好后应做好洗井工作，宜采用鼓水和抽水法洗井，水变清后宜再连续抽水半小时；洗井后应进行抽水试验，测量并记录其抽降、出水量、水的含砂量以及井底淤积。施工过程和抽水结束后，必须及时做好井口保护设施。每眼井均应建立技术档案。

四、抗浮锚杆与抗浮灌注桩

抗浮锚杆宜在抗浮板和基础施工前施工。采取工程降水措施的抗浮工程应避免抽水对锚杆注浆的不利影响，在所有锚杆张拉锁定完成前不宜停止降水。采用先注浆后插杆的施工方法时，注浆管必须插入孔底，拔出50～100mm后开始注浆，注浆管随浆液的注入缓慢匀速拔出。在裂隙发育以及富含地下水的岩层中进行锚杆施工时，应对钻孔周边孔壁进行渗水试验。当向钻孔内注入0.2～0.4MPa压力水10min后，锚固段钻孔周边渗水率超过0.01m³/min时，应采用固结注浆或其他方法处理。

1. 钻孔与清孔

钻机就位前应对锚杆位置进行复核，钻机定位要准确、水平、垂直、稳固。钻孔前根据设计要求定好孔位，孔垂直度偏斜不超过1%，水平偏移不得超过±5cm。不稳定地层中施工宜采用套管护壁钻孔。钻孔至设计深度以后，应将孔底的泥浆淘洗干净，防止注入水泥浆后与泥砂混合影响注浆体强度。锚杆杆体放入孔内或注浆前应清除孔内岩土碎屑。当遇有塌孔或孔壁变形或注浆管插不到孔底时，应对锚杆孔进行处理或补打锚孔。

2. 杆体制作、存储及安放

杆体的制作、组装和保管应符合下列规定：按设计要求制备杆体、托板、螺母等锚杆部件；杆体应按设计要求的形状、尺寸和构造在工厂或施工现场专门作业台架上进行组装；锚杆杆体与其固定结构应连结牢固，杆体上应附有居中构造。

在杆体的组装、存储、搬运过程中应防止杆体锈蚀、防护体系损伤、泥土或油渍的附着和过大变形。杆体安放施工应符合下列规定：钢筋除油和除锈后，沿杆体轴线方向锚固段每隔 1.5m 设一个架线环；注浆管随杆体一同放入钻孔；杆筋伸出基坑底面不应少于设计锚固长度；锚杆顶段的保护材料选用薄塑料布外套胶皮管，并在薄塑料布与钢筋之间涂抹环氧煤沥青，以满足防腐要求。

3. 注浆

锚杆注浆浆液制备应符合下列规定：注浆材料应按设计要求确定，并不得对杆体产生不良影响；注浆材料拌均匀，搅拌时间不得少于 1min，随搅随用，浆液应在初凝前用完；注入水泥砂浆浆液中的砂子直径不应大于 2mm。重复高压注浆液应满足：注浆材料宜选用水灰比 0.45~0.55 的纯水泥浆；对密封装置的注浆应待孔口溢出浆液后进行，注浆压力不宜低于 2.0MPa；初次重力注浆结束后应将注浆管、注浆枪和注浆套管清洗干净；对锚固体的重复高压劈裂注浆应在初次注浆的水泥结石体强度达到 5.0MPa 后，分段依次由锚固段底端向前端实施，重复高压灌浆的劈开压力不宜低于 2.5MPa。

注浆施工应满足：注浆管管口必须低于浆液面，注浆应连续进行，不得中断；一次注浆孔口溢出浆液可停止注浆；二次注浆应在一次注浆后 4~8h 后进行，孔口应有止浆袋，待注浆压力达 1.5MPa 以上且稳压 5min 以上方可停止注浆。注浆过程中不得损害主筋端头，在注浆体强度达到 70% 设计强度前不得晃动、敲击、碰撞或牵拉，锚杆孔口处应固定牢固。

4. 张拉与锁定

锚杆张拉和锁定应满足：锚杆张拉前应对张拉设备进行校准和标定，锚头台座承压面应平整；锚头处的锚固状态应使其获得所设定的锚固张拉力；张拉时注浆体与台座混凝土抗压强度值应符合表 5-14 的规定。

锚杆张拉时锚固体与台座混凝土的抗压强度值　　　　　表 5-14

锚杆类型		抗压强度值（MPa）	
		灌（注）浆体/锚固体	台座混凝土
土层锚杆	拉力型	15	20
	压力型及压力分散型	25	20
岩石锚杆	拉力型	25	25
	压力型及压力分散型	30	25

锚杆进行正式张拉前应取（0.1~0.2）倍的拉力设计值对锚杆进行预张拉 1~2 次，使杆体完全平直和各部位的接触紧密。荷载分散型锚杆的张拉锁定应满足：

1）锁定荷载等于拉力设计值时宜采用并联千斤顶组同时对各单元锚杆实施张拉锁定；

2）锁定荷载小于锚杆拉力设计值可采用由钻孔底端向顶端逐次对各单元锚杆张拉后锁定，并应满足锚杆在设计承载力条件下各钢绞线受力均等要求；张拉应均匀、有序，避免局部区域内集中张拉和减小对邻近锚杆的不利影响，并应做好张拉荷载与变形记录。锚杆张拉完成后应及时对锚头进行封闭保护。

5. 防水防腐与成品保护

防水与防腐施工前应将锚固体上侧应剔凿与防水层基层相平齐，并清除锚筋上的浮灰、泥浆等杂物。当锚杆处存在涌水点时，应先进行封堵，保证锚杆周围无明水。抗浮锚杆处防水施工应符合下列规定：按设计要求在抗浮板和基础中锚筋上应设止水片；防渗材料应符合设计要求，宜为改性沥青油膏、改性沥青防水卷材，并应热熔后连接；改性沥青热熔后浇入凹槽内并整平，冷却后及时将不小于 500mm×500mm 的改性沥青防水卷材进行热熔粘贴；锚筋宜铺贴大面积改性沥青防水卷材，并用改性沥青热熔封口和沿锚筋上涂长度不小于 60mm 的改性沥青。

抗浮锚杆成品保护应采取下列措施：对伸出工作面的锚杆体用素水泥浆进行涂抹，避免锚杆体锈蚀；抗浮锚杆应分区并且按照顺序进行施工，禁止相互交叉干扰；底板施工过程中禁止在锚杆部位进行焊接和火焰切割工作；混凝土浇筑前应对锚杆体锚固部分进行检查，并进行二次防腐。

6. 抗浮灌注桩

1）抗浮桩施工所需资料

抗浮桩施工应具备下列资料：建筑场地岩土工程勘察报告；抗浮桩工程施工图及图纸会审纪要；建筑场地和邻近区域内的地下管线、地下构筑物、危房、精密仪器车间等的调查资料；主要施工机械及其配套设备的技术性能资料；抗浮桩工程的施工组织设计；原材料及其制品的质检报告和有关荷载、施工工艺的试验参考资料。

2）施工组织设计

施工组织设计应包括下列主要内容：标明桩位、编号、施工顺序、水电线路和临时设施位置的施工平面图，采用泥浆护壁成孔时，应标明泥浆制备设施及其循环系统；成孔机械、配套设备及施工工艺等有关资料，泥浆护壁灌注桩应有泥浆处理措施；施工作业计划和劳动力组织计划，机械设备、备件、工具、材料供应计划；安全、劳动保护、防火、防雨、防台风、爆破作业、文物和环境保护等安全技术措施；保证工程质量、安全生产和季节性施工的技术措施。

3）成孔工艺

成孔工艺应根据桩型、钻孔深度、土层情况、泥浆排放及处理条件，结合成孔工艺适用条件综合确定，并宜按表 5-15 选用。

成孔工艺及适用条件   表 5-15

成孔工艺	适用条件
泥浆护壁钻孔灌注桩	地下水水位以下的黏性土、粉土、砂土、填土、碎石土及风化岩层，孔深较大和粗粒土层宜采用反循环工艺成孔或清孔，或采用正循环钻进反循环清孔
旋挖成孔灌注桩	黏性土、粉土、砂土、填土、碎石土及风化岩层
冲孔灌注桩	透旧基础、建筑垃圾填土或大孤石等障碍物 岩溶发育地区应通过试验性施工确定其适用性
长螺旋钻孔压灌桩后插钢筋笼	黏性土、粉土、砂土、填土、非密实的碎石类土、强风化岩

续表

成孔工艺	适用条件
干作业钻、挖孔灌注桩	地下水水位以上的黏性土、粉土、填土、中等密实以上的砂土、风化岩层；在地下水水位较高，有承压水的砂土层、滞水层、厚度较大的流塑状淤泥、淤泥质土层中不得选用人工挖孔灌注桩
沉管灌注桩	黏性土、粉土和砂土；夯扩桩宜用于桩端持力层为埋深不超过 20m 的中、低压缩性黏性土，粉土、砂土和碎石类土

4）相关检测

抗浮桩在施工前宜进行试验性施工和相应的检测。施工现场设备、设施、安全装置、工具配件以及个人劳保用品应经常检查。废弃的浆、渣应进行处理，不得污染环境。钻孔达到设计深度灌注混凝土之前，孔底沉渣厚度不应大于 100mm。混凝土配合比应根据桩身混凝土的设计强度等级通过试验确定；混凝土坍落度宜为 180～220mm，粗骨料最大粒径不宜大于 30mm；可掺加粉煤灰或外加剂。桩身混凝土的泵送压灌应连续进行；当钻机移位时混凝土泵料斗内的混凝土应连续搅拌，泵送混凝土时料斗内混凝土的高度不得低于 400mm。

7. 成孔和钢筋笼制作

1）施工偏差

成孔钻具上应设置有控制深度的标尺，并应在施工中进行观测记录。当在钻进过程中发生斜孔、塌孔和护筒周围冒浆、失稳等现象时，应停钻，待采取相应措施后再进行钻进。成孔的控制深度应符合设计要求，施工允许偏差应符合表 5-16 的规定。

灌注桩成孔施工允许偏差　　　　　　　　　　　　表 5-16

成 孔 方 法		桩径偏差 (mm)	垂直度允许偏差 (%)	桩位允许偏差 (mm)	
				1～3 根桩、条布抗浮桩沿垂直轴线方向和群布抗浮桩础中的边桩	条布抗浮桩沿轴线方向和群布抗浮桩础的中间桩
泥浆护壁钻、挖、冲孔桩	$d\leqslant1000mm$	$\leqslant-50$	1	$d/6$ 且不大于 100	$d/4$ 不大于 150
	$d>1000mm$	-50		$100+0.01H$	$150+0.01H$
振动冲击（振动）沉管成孔	$d\leqslant500mm$	-20	1	70	150
	$d>500mm$			100	150
螺旋钻干作业成孔灌注桩		-20	1	70	150
人工挖孔桩	现浇混凝土护壁	±50	0.5	50	150
	长钢套管护壁	±20	1	100	200

注：1. 桩径允许偏差的负值是指个别断面。

2. H 为施工现场地面标高与桩顶设计标高的距离，d 为设计桩径。

2）泥浆护壁

泥浆配合比设计应根据施工机械、工艺及穿越土层情况确定，泥浆制备应选用高塑性黏土或膨润土。泥浆护壁成孔时宜采用孔口护筒。护筒设置应符合下列规定：埋设应准确、稳定，护筒中心与桩位中心的偏差不得大于 50mm；可用 4～8mm 厚钢板制作护筒，内径应大于钻头直径100mm，上部宜设1～2个溢浆孔；埋设深度，黏性土中不宜小于1.0m，砂土中不宜小于1.5m；下端外侧应采用黏土填实；其高度尚应满足孔内泥浆面高度的要求；受水位涨落影响或水下施工时，护筒应加高加深，必要时应打入不透水层。

泥浆护壁施工应满足：施工期间护筒内的泥浆面应高出地下水水位1.0m以上，受水位涨落影响时泥浆面应高出最高水位1.5m以上；清孔过程中应不断置换泥浆，直至浇筑水下混凝土；浇筑混凝土前，孔底500mm以内的泥浆相对密度应小于1.25，含砂率不得大于8%，黏度不得大于28pa.s；容易产生泥浆渗漏的土层可采取提高泥浆相对密度、掺入锯末、增粘剂提高泥浆黏度等维持孔壁稳定的措施。

3）旋挖成孔

旋挖钻成孔应根据不同的地层情况及地下水水位埋深采用干作业成孔和泥浆护壁成孔工艺，应符合下列规定：

（1）应配备成孔和清孔用泥浆及泥浆池（箱），每台套钻机的泥浆储备量不应少于单桩体积；

（2）应采用跳挖方式，每次提出钻斗时应清除钻斗上的渣土；

（3）钻斗倒出的土距桩孔口的最小距离应大于6m，并应及时清除；

（4）钻孔达到设计深度时，应采用清孔钻头进行清孔，孔口应予保护，并应做好记录；

（5）扩底成孔施工时应满足：钻杆应保持垂直稳固，防止因钻杆晃动引起扩大孔径；钻进过程中遇有地下水、塌孔、缩孔等异常情况时应及时处理；扩底直径和孔底的虚土厚度应符合设计要求。

4）长螺旋成孔

长螺旋钻孔压灌桩成孔施工应符合下列规定：钻机定位后应进行复检，钻头与桩位点偏差不得大于20mm；开孔时下钻速度应缓慢，钻进过程中，不宜反转或提升钻杆；钻进过程中遇有卡钻、钻机摇晃、偏斜或发生异常声响时，应立即停钻查明原因，采取相应措施后方可继续作业。钻至设计标高后，应先泵入混凝土并停顿10～20s后再缓慢提升钻杆，提钻速度应与混凝土泵送量相匹配，保证管内有一定高度的混凝土；在地下水水位以下的砂土层中钻进时，钻杆底部活门应有防止进水的措施，压灌混凝土应连续进行；混凝土压灌结束后，应立即将钢筋笼插至设计深度，钢筋笼插设宜采用专用插筋器。

5）冲击成孔

冲击成孔施工应符合下列规定：

（1）开孔时应低锤密击，当表土为淤泥、细砂等软弱土层时，可加黏土块夹小片石反复冲击造壁，当遇到孤石时，可预爆或采用高低冲程交替冲击，将大孤石击碎或挤入孔壁；

（2）进入基岩后应采用大冲程、低频率冲击，当发现成孔偏移时，应回填片石至偏孔上方300～500mm处，然后重新冲孔；

（3）每钻进300～500mm应清孔取样一次并应做记录，每钻进4～5m应验孔一次，在更换钻头前或容易缩孔处均应验孔；

（4）排渣宜采用泥浆循环或抽渣筒等方法，当采用抽渣筒排渣时应及时补给泥浆；

（5）遇有斜孔、弯孔、梅花孔、塌孔及护筒周围冒浆、失稳等情况时，应停止施工，采取措施后方可继续施工。

8. 钢筋笼

钢筋笼制作和安装质量应符合下列规定：钢筋笼的材质、尺寸应符合设计要求，制作允许偏差应符合表 5-17 的规定。

钢筋笼制作允许偏差　　　　　　　　　　　　表 5-17

项目	允许偏差（mm）
主筋间距	±10
箍筋间距	±20
钢筋笼直径	±10
钢筋笼长度	±100

分段制作的钢筋笼，其接头宜采用焊接或机械式接头，并应符合国家现行标准《钢筋焊接及验收规程》JGJ 18[38] 和《混凝土结构工程施工质量验收规范》GB 50204 的规定；加劲箍宜设在主筋外侧，当因施工工艺有特殊要求时也可置于内侧；搬运和吊装钢筋笼时，应防止变形，安放应对准孔位，避免碰撞孔壁和自由落下，就位后应立即固定；钢筋笼应沉放到底，不得悬吊，下笼受阻时不得撞笼、墩笼、扭笼。

9. 混凝土灌注

混凝土灌注应在检查成孔质量合格后进行。直径不小于 1m 或单桩混凝土量超过 25m³ 的桩，每根桩桩身混凝土应留有 1 组试件；直径小于 1m 的桩或单桩混凝土量不超过 25m³ 的桩，每个灌注台班不得少于 1 组；每组试件应留 3 件。钢筋笼吊装完毕后应安置导管或气泵管二次清孔，并应进行孔位、孔径、垂直度、孔深、沉渣厚度等检验，合格后应立即灌注混凝土。

混凝土配合比应通过试验确定，并宜掺外加剂，混凝土坍落度宜为 180～220mm；灌注混凝土前应在孔口安放护孔漏斗，然后放置钢筋笼，并应再次测量孔内虚土厚度；灌注桩身混凝土时，混凝土必须通过溜槽，扩底桩第一次应灌到扩底部位的顶面；当落距超过 3m 时，应采用串筒，串筒末端距孔底高度不宜大于 2m；也可采用导管泵送；浇筑混凝土宜采用插入式振捣器振实，随即振捣密实，每次浇筑高度不得大于 1.5m；混凝土灌注应连续施工，每根桩的灌注时间应按初盘混凝土的初凝时间控制，对灌注过程中的故障应记录备案；应控制最后一次灌注量，超灌高度宜为 0.5～0.8m，凿除泛浆高度后必须保证暴露的桩顶混凝土强度达到设计等级。当渗水量过大时应采取场地截水、降水或水下灌注混凝土等有效措施。严禁在桩孔中边抽水边开挖边灌注，包括相邻桩的灌注。

10. 后注浆

后注浆作业起始时间、顺序和速度应符合下列规定：注浆作业宜于成桩 2d 后进行，注浆作业与成孔作业点的距离不宜小于 8～10m；饱和土中的复式注浆顺序宜先桩侧后桩端，非饱和土宜先桩端后桩侧，多断面桩侧注浆应先上后下，桩群注浆宜先外围、后内部，桩侧桩端注浆间隔时间不宜少于 2h；桩端注浆应对同一根桩的各注浆导管依次实施等量注浆。

当注浆总量和注浆压力均达到设计要求，或注浆总量已达到设计值的 75%，且注浆压力超过设计值时可终止注浆；当注浆压力长时间低于正常值或地面出现冒浆或周围桩孔串浆，应改为间歇注浆，间歇时间宜为 30~60min，或调低浆液水灰比。后注浆施工过程中应对后注浆的各项工艺参数进行检查，发现异常应采取相应处理措施。当注浆量等主要参数达不到设计值时，应根据工程具体情况采取相应措施。

11. 桩头处理

清土、凿桩头应在成桩不少于 3d 后进行。清土宜采用小型挖掘机挖土与人工挖土配合进行，清土槽底标高用水准仪控制，深度与桩顶标高相同，不许扰动桩间土，严禁超挖或破坏桩身。桩头处理应符合下列规定：宜用风镐或人工锤击钢钎凿除桩顶部浮浆、不密实或破碎混凝土；桩头顶面应平整，桩头中轴线与桩身上部的中轴线应重合，桩顶标高符合设计要求；桩头处截面尺寸应与桩身截面尺寸相同；桩头主筋应全部直通至桩顶混凝土保护层之下，各主筋应在同一高度上。

五、预制抗浮桩

锤击法施工的预制桩应在强度与龄期均达到要求后方可进行。沉桩机具在施工前应验证其适用性。预制桩吊运应符合下列规定：桩起吊时应采取相应措施，保证安全平稳，保护桩身质量；水平运输时，应做到桩身平稳放置，严禁在场地上直接拖拉桩体；在吊运过程中应轻吊轻放，避免剧烈碰撞；单节桩可采用专用吊钩勾住桩两端内壁直接进行水平起吊。

预制桩的堆放场地应平整坚实，最下层与地面接触的垫木应有足够的宽度和高度；堆放时桩应稳固，不得滚动，并应按不同规格、长度及施工流水顺序分别堆放；当场地条件许可时宜单层堆放，当叠层堆放时外径为 500~600mm 的桩不宜超过 4 层，外径为 300~400mm 的桩不宜超过 5 层；叠层堆放桩时，应在垂直于桩长度方向的地面上设置 2 道垫木，垫木应分别位于距桩端 0.2 倍桩长处，底层最外缘的桩应在垫木处用木楔塞紧，垫木宜选用耐压的长木枋或枕木，当桩叠层堆放超过 2 层时，应采用吊机取桩，严禁拖拉取桩，三点支撑自行式打桩机不应拖拉取桩。

沉桩施工前应完成：核实产品合格证，其规格、批号及制作日期等标识应符合相关规定要求；应检查现场管桩的生产日期；绘制整个工程的桩位编号图，并在现场标出桩位，桩位的放样轴线群桩偏差不得大于 20mm，单桩不得大于 10mm；桩身上标注长度标记，以观察桩的入土深度及记录每米沉桩锤击数。

桩管入土深度控制可以标高控制为主，设计持力层标高为辅。引孔压桩法施工应符合下列规定：引孔的直径、孔深及数量由勘察、设计、施工、监理等单位共同商议确定；宜采用螺旋钻干作业法，引孔的垂直度偏差不宜大于 0.5%；引孔作业和压桩作业应连续进行，密切配合，随钻随沉，间隔时间不宜大于 12h，在软土地基中不宜大于 3h；引孔中有积水时，宜采用开口型桩尖。

1. 接桩

1）焊接法：桩可采用焊接、法兰连接或机械快速连接（螺纹式、啮合式）。焊接接桩时，钢钣宜采用低碳钢，焊条宜采用 E43；法兰接桩时，钢钣和螺栓宜采用低碳钢。采用焊接接桩除应符合现行规范要求外，尚应满足：

（1）下节桩段的桩头宜高出地面 0.5m，桩头处宜设导向箍；

（2）桩段之间应顺直，错位偏差不宜大于 2mm，接桩就位纠偏时不得横向敲打；

（3）桩对接前上下端板表面应采用铁刷子清刷干净，坡口处应刷至露出金属光泽；

（4）焊接宜四周对称地进行，待上下桩节固定后拆除导向箍再分层施焊；焊接层数不得少于2层，第二层（的）施焊时应清理干净第一层焊渣，焊缝应连续、饱满；

（5）焊好后的桩接头应自然冷却后方可继续施工，自然冷却时间不宜少于8min；

（6）雨天焊接时，应采取可靠的防雨措施。

2）机械连接法

机械连接法安装前应检查桩两端制作的尺寸偏差及连接件，无受损后方可起吊施工，其下节桩端宜高出地面0.8m；接桩时卸下上下节桩两端的保护装置后，应清理接头残物，涂上润滑脂；应采用专用接头锥度对中，对准上下节桩进行旋紧连接；宜采用专用链条式扳手进行旋紧，锁紧后两端尚应有1～2mm的间隙。

机械啮合接头接桩施工应符合以下条件：接头钣应清理干净，逐根将已涂抹沥青涂料的连接销旋入上节桩Ⅰ型端头钣的螺栓孔内，并调整好方位；剔除下节桩Ⅱ型端头钣连接槽内泡沫塑料保护块并内注入沥青涂料，在端头钣面周边抹上宽度20mm、厚度3mm的沥青涂料，地基土、地下水等有腐蚀介质中的桩端钣板面应满涂沥青涂料；上节桩吊起后使连接销与Ⅱ型端头钣上各连接口对准，并及时将连接销插入连接槽内；宜加压使上下节桩的桩头钣接触。

2. 静压沉桩

静压沉桩施工场地地基承载力不应小于压桩机接地压强的1.2倍，且场地应平整。压桩顺序宜根据场地工程地质条件确定，并应符合下列规定：对于场地地层中局部含砂、碎石、卵石时，宜先对该区域进行压桩；当持力层埋深或桩的入土深度差别较大时，宜先施压长桩后施压短桩。

静力压桩和送桩的第一节桩下压时垂直度偏差不应大于0.5%，每根桩一次性连续压到底，且最后一节有效桩长不宜小于5m；测量桩的垂直度并检查桩头质量，合格后方可送桩，压、送作业应连续进行；送桩应采用专制钢质送桩器，不得将工程桩用作送桩器；当场地上多数桩的有效桩长不大于15m或桩端持力层为风化软质岩复压时，送桩深度不宜超过1.5m；当桩的垂直度偏差小于1‰且桩的有效桩长大于15m时，送桩深度不宜超过3m；送桩的最大压桩力不宜超过桩身允许抱压压桩力的1.1倍；在压桩施工过程中应对总桩数10%的桩设置上涌和水平偏位观测点，定时检测桩的上浮量及桩顶水平偏位值，上涌和偏位值较大时应采取复压等措施；当桩尖进入较硬土层后，严禁用移动机架等方法强行纠偏。

出现下列情况之一时应暂停压桩作业，并分析原因后采取相应措施：压力表读数显示情况与勘察报告中的土层性质明显不符；桩难以穿越具有软弱下卧层的硬夹层；实际桩长与设计桩长相差较大；出现异常响声，压桩机械工作状态出现异常；桩身出现纵向裂缝和桩头混凝土出现剥落等异常现象。终压条件应根据现场试压桩的试验结果和设计桩长确定。

3. 锤击沉桩

锤击沉桩施工机具应根据场地工程地质条件、单桩承载力、桩的规格及入土深度等条件，按"桩锤匹配、重锤低击"的原则，综合试桩的结果确定。

送桩器选用和使用应满足：送桩器为圆（方）筒形，长度应满足送桩深度的要求，弯曲度不得超过 0.1%；有足够的强度和刚度，两端面应平整；送桩器下端设置套筒，深度应为 300～350mm，内径比管桩外径大 20～30mm；严禁使用下端面中间设置"小圆柱体"的"插销式"送桩器。

沉桩顺序应符合下列规定：各桩入土深度差别较大时，先长后短（先深后浅）；桩规格不同时，先大后小，桩数较多时，先内后外；布桩疏密相差较大时，先密后疏。桩尖宜在工厂焊接，工地焊接时，严禁在管桩悬吊状态下进行。

沉桩施工宜满足：第一节管桩起吊就位插入地面后桩身垂直度偏差应小于 0.5%；管桩插入地表土后遇有厚度较大的淤泥层或松软的回填土，可采用柴油锤不点火（空锤）施打方式；施打管桩过程中，宜重锤低击，保持桩锤、桩帽和桩身的中心线在同一条直线上，并随时检查桩身的垂直度；当桩身垂直度偏差超过要求时，应找出原因并设法纠正，在桩尖进入硬土层后，严禁用移动桩架等强行回扳纠偏方法；管桩宜一次连续施工到底，接桩、送桩连续进行，中间不得停歇，并避免在桩尖接近设计持力层时接桩；沉桩过程中应观察桩身混凝土的完整性，发现桩身裂痕或掉角，立即停机，并找出原因及采取改进措施；送桩或复打时，若管桩内孔有水，应抽水后施打；沉桩时应及时填写施工记录表，并经当班监理人员或建设单位代表验证签名。

当设计要求桩底浇筑填芯混凝土时，封口型桩尖焊接时焊缝要连续饱满不渗水，且在第一节管桩入土后即浇筑填芯混凝土。

六、安全施工与环境保护

1. 安全施工

施工作业面土方开挖应平整，周边土方有高差时应按安全坡度放坡。施工区域内避免土方机械及非锚杆施工人员穿行，在已有地下室内施工时应先做好安全防护措施。大雨、风力六级及以上天气应停止锚杆钻机作业。钻机安放应平稳，必要时应铺垫枕木或钢板。钻机作业前应进行机械设备检查，保证各部件完整，连接牢固，动力系统应安装安全防护装置且灵敏有效，电气系统接线牢固、仪表正常，卷扬提升机构制动可靠。注浆泵使用前必须进行试运转，试泵分空车运转及负荷运转，并对各运转部件工作状态进行检查；注浆泵吸浆阀门必须装有过滤罩；输送浆液胶管应完好无裂纹、损坏，接头处必须连接牢固和密封。

浆液搅拌加水、上料数量准确稳定，不得使用受潮结块或已过期的水泥。注浆作业应设信号指挥，保证给浆停浆及时。灰浆搅拌机应安放平稳牢固，作业前对电气设备、漏电保护器、传动部件及其安全防护装置等进行检查。启动运转正常后方可加水和料进行搅拌，不得先加足料后再启动。灰浆搅拌作业完毕，必须切断电源，用水将灰浆搅拌机内外及时清洗干净，保持管路畅通，叶片、叶轴无凝结水泥浆块。

张拉作业区域应设置明显警示牌，非作业人员不得进入作业区。张拉时必须服从统一指挥，按照安全技术交底要求严格读表，油压不得超过安全技术交底规定值。张拉千斤顶安装应固定牢靠，限位板、锚具夹片连接件完好、紧固，确认安全后方可张拉；千斤顶张拉抗浮锚杆顶力上方不得有人；抗浮锚杆张拉过程中，禁止敲击抗浮锚杆杆体、千斤顶或其他锚夹具。材料加工应使用砂轮切割机切割，禁止使用电弧焊机切割。

2. 环境保护

抗浮设计应积极推广应用节能环保新技术，降低钢材、水泥等用量，选用环保型防腐材料、添加剂等，减少环境污染。抗浮工程施工应控制扬尘，水泥等易飞扬的细颗粒散体材料或建筑渣土应安排在库内存放或严密遮盖。灰浆搅拌场所应采取封闭、降尘措施。钻孔、搅浆、注浆等施工作业产生的泥浆、污水必须经沉淀后可二次使用或抽排入市政污水管道。未经处理不得直接排入城市排水设施和河流、湖泊、池塘。对施工现场内的强噪声机械实行封闭式作业，对空压机、旋喷高压水泵、气泵实施搭设临时隔声棚的措施，以减少噪声的扩散。现场储存、使用的油漆、涂料等化学品和含有化学成分的其他材料，实行专库存放，控制泄漏、遗洒挥发。对油料、油漆、防腐剂、水玻璃、早强剂、稀料、压缩气体、液化气体、易燃液体、易爆固体、自燃物品、氧化剂、有机过氧化物等材料严格进行采购、运输、存放、发放和使用控制管理。

施工现场产生的固体废弃物应在当地地县级以上地方人民政府环卫部门申报，分类存放。建筑垃圾和生活垃圾应与当地垃圾消纳中心签署环保协议，及时清运处置。有毒有害废弃物应运送到专门的有毒有害废弃物中心消纳。施工完工后应对灰浆搅拌、水泥库等作业面进行清理，施工现场内严禁焚烧各类废弃物，禁止将有毒有害废弃物作土方回填。

第六章　硬黏土地区的基坑工程

第一节　勘　察　要　求

硬黏土抗剪强度指标一般较高，但随基坑开挖，硬黏土含水量的增加，抗剪强度指标会降低，且硬黏土裂隙很多，易沿裂隙面破坏。鉴于硬黏土天然强度高这一特性，硬黏土地区基坑可选用多种支护形式，如支护桩、锚杆、土钉墙、内支撑等，但常用于软土地区的一些支护形式如水泥土搅拌桩、钢板桩，由于其穿透性不强，则要慎重选用。

硬黏土地区基坑支护结构的设计、施工，首先要分析岩土工程地质勘察报告，清楚土层分布情况及其物理力学性质、地下水情况等，从而选择合理的支护结构体系，并进行设计计算。

工程地质与水文地质条件是进行基坑支护结构设计、坑内地基加固设计、降水设计、土方开挖等的依据。基坑工程的岩土勘察一般并不单独进行，而是与主体工程的地基勘察同步进行，因此勘察方案及勘察工作量应根据主体工程和基坑工程的设计与施工要求统一制订。在进行基坑工程的岩土勘察前，委托方应提供基本的工程资料和设计对勘察的技术要求、建设场地及周边的地下管线和设施资料，以及可能采用的支护方式、施工工艺要求等。本书前文已对基坑支护专项勘察进行详细叙述，本章不再赘述。

第二节　支护造型与设计

根据硬黏土的工程地质情况和水文地质情况，本地区适用的基坑支护选型较多，主要有土钉墙支护、排桩支护、锚杆支护、内支撑支护等，分别介绍如下：

一、土钉墙支护

土钉墙技术在我国已成为基坑支护主要技术之一。其起步尽管较晚，但设计施工水平已经在世界上处于领先地位，部分理论研究成果也属于先进行列，其中有一些独特的成就，如：①突出了复合土钉墙技术，可适用于绝大多数复杂的地质条件及周边环境，甚至在流塑状淤泥等极软弱土层中也有很多成功的案例。②发明或改进了许多施工设备、施工技术、施工方法，如洛阳铲成孔、人工滑锤打入、潜孔锤打入等，大幅度降低了工程造价，使土钉墙技术得以迅速普及。③应用的工程规模、工程量很大，喷射混凝土 1 万 ㎡、土钉总长度 10 万 m 以上的工程已屡见不鲜。

不足之处在于：①国内的研究工作以小型的现场测试为主，室内试验、数值模拟、理论分析等工作做得不多，整体理论水平不高，缺乏有国际影响力的理论研究，缺少大规模、足尺寸的试验研究、全面的准确的现场测试，也缺乏具有广泛应用价值的数值模拟分析。②工程中存在着不管适合不适合就盲目应用现象。此外，由于土钉数量众多，难以监控，施工质量难以保证，这是近些年来土钉墙工程事故屡见不鲜的主要原因。

1. 土钉墙的类型、特点

土钉墙是用于土体开挖时保持基坑侧壁或边坡稳定的一种挡土结构，主要由密布于原位土体中的细长杆件——土钉、粘附于土体表面的钢筋混凝土面层及土钉之间的被加固土体组成，是具有自稳能力的原位挡土墙，可抵抗水土压力及地面附加荷载等作用力，从而保持开挖面稳定。这是土钉墙的基本形式。土钉杆件主要有如下几种类型：

1）钻孔注浆型。先用钻机等机械设备在土体中钻孔，成孔后置入杆体（一般采用HRB400带肋钢筋制作），然后沿杆体全长注水泥浆。钻孔注浆钉几乎适用于各种土层，抗拔力较高，质量较可靠，造价较低，是最常用的土钉类型。

2）直接打入型。在土体中直接打入钢管、角钢等型钢、钢筋、毛竹、圆木等，不再注浆。由于打入式土钉直径小，与土体间的粘结摩阻强度低，承载力低，钉长又受限制，所以布置较密，可用人力或振动冲击钻、液压锤等机具打入。直接打入土钉的优点是不需预先钻孔，对原位土的扰动较小，施工速度快，但在坚硬黏性土中很难打入，不适用于服务年限大于2年的永久支护工程，杆体采用金属材料时造价稍高，国内应用很少。

3）打入注浆型。在钢管中部及尾部设置注浆孔成为钢花管，直接打入土中后压灌水泥浆形成土钉。钢花管注浆土钉具有直接打入钉的优点，且抗拔力较高，特别适合于成孔困难的淤泥、淤泥质土等软弱土层、各种填土及砂土，应用较为广泛，缺点是造价比钻孔注浆土钉略高，防腐性能较差，不适用于永久性工程。

面层及连接件：土钉墙的面层不是主要受力构件。面层通常采用钢筋混凝土结构，混凝土一般采用喷射工艺而成，偶尔也采用现浇，或用水泥砂浆代替混凝土。连接件是面层的一部分，不仅要把面层与土钉可靠地连接在一起，也要使土钉之间相互连接。面层与土钉的连接方式大体有钉头筋连接及垫板连接两类，土钉之间的连接一般采用加强筋。

与其他支护类型相比，土钉墙具有以下一些特点或优点：①能合理利用土体的自稳能力，将土体作为支护结构不可分割的部分，结构合理；②结构轻型，柔性大，有良好的抗震性和延性，破坏前有变形发展过程。据目前调查发现，路堑或路堤采用土钉或锚杆结构支护的道路尚保持通车能力，土钉或锚杆支护结构基本没有破坏或轻微破坏，其抗震性能远远高于其他支护结构；③密封性好，完全将土坡表面覆盖，没有裸露土方，阻止或限制了地下水从边坡表面渗出，防止了水土流失及雨水、地下水对边坡的冲刷侵蚀；④土钉数量众多，靠群体作用，即便个别土钉有质量问题或失效对整体影响不大。有研究表明：当某条土钉失效时，其周边土钉中，上排及同排的土钉分担了较大的荷载；⑤施工所需场地小，移动灵活，支护结构基本不单独占用空间，能贴近已有建筑物开挖，这是桩、墙等支护难以做到的，故在施工场地狭小、建筑距离近、大型护坡施工设备没有足够工作面等情况下，显示出独特的优越性；⑥施工速度快。土钉墙随土方开挖施工，分层分段进行，与土方开挖基本能同步，不需养护或单独占用施工工期，故多数情况下施工速度较其他支护结构快；⑦施工设备及工艺简单，不需要复杂的技术和大型机具，施工对周围环境干扰小；⑧由于孔径小，与桩等施工方法相比，穿透杂填土层的能力更强一些；且施工方便灵活，开挖面形状不规则、坡面倾斜等情况下施工不受影响；⑨边开挖边支护便于信息化施工，能够根据现场监测数据及开挖暴露的地质条件及时调整土钉参数，一旦发现异常或实际地质条件与原勘察报告不符时能及时相应调整设计参数，避免出现大的事故，从而提高了工程的安全可靠性；⑩材料用量及工程量较少，工程造价较低。据国内外资料分析，土钉墙工程造价比其他类型支挡结构的造价一般低 1/3～1/5。

2. 土钉墙的作用机理与工作性能

整体作用机理：土体的抗剪强度较低，抗拉强度几乎可以忽略，但土体具有一定的结构强度及整体性，土坡有保持自然稳定的能力，能够以较小的高度即临界高度保持直立，当超过临界高度或者有地面超载等因素作用时，将产生突发性整体失稳破坏。传统的支挡结构均基于被动制约机制，即以支挡结构自身的强度和刚度，承受其后面的侧向土压力，防止土体整体稳定性破坏。而土钉墙通过在土体内设置一定长度和密度的土钉，与土共同工作，形成了以增强边坡稳定能力为主要目的的复合土体，是一种主动制约机制，在这个意义上，也可将土钉加固视为一种土体改良。土钉的抗拉及抗弯剪强度远远高于土体，故复合土体的整体刚度、抗拉及抗剪强度较原状土均大幅度提高。土钉与土的相互作用，改变了土坡的变形与破坏形态，显著提高了土坡的整体稳定性。试验表明，直立的土钉墙在坡顶的承载能力约比素土边坡提高一倍以上，更为重要的是，土钉墙在受荷载过程中一般不会发生素土边坡那样突发性的塌滑。土钉墙延缓了塑性变形发展阶段，而且明显地呈现出渐进变形与开裂破坏并存且逐步扩展的现象，即把突发性的"脆性"破坏转变为渐进性的"塑性"破坏，直至丧失承受更大荷载的能力，一般也不会发生整体性塌滑破坏。

土钉墙受力过程：荷载首先通过土钉与土之间的相互摩擦作用，其次通过面层与土之间的土-结构相互作用，逐步施加及转移到土钉上。土钉墙受力大体可分为四个阶段：①土钉安设初期，基本不受拉力或承受较小的力。喷射混凝土面层完成后，对土体的卸载变形有一定的限制作用，可能会承受较小的压力并将之传递给土钉。此阶段土压力主要由土体承担，土体处于线弹性变形阶段。②随着下一层土方的开挖，边坡土体产生向坑内位移趋势，主动土压力一部分通过钉土摩擦作用直接传递给土钉，一部分作用在面层上，使面层在与土钉连接处产生应力集中，对土钉产生拉力，此时土钉受力特征为：沿全长离面层近处较大，越远越小；最下 2～3 排土钉离开挖底面较近，承担了主要荷载，有阻止土体应力及位移向上排土钉传递的趋势，故位置越高土钉受力增量越小。土钉通过应力传递及扩散等作用，调动周边更大范围内土体共同受力，体现了土钉主动约束机制，土体进入塑性变形状态。③土体继续开挖，各排土钉的受力继续加大，土体塑性变形不断增加，土体发生剪胀，钉土之间局部相对滑动，使剪应力沿土钉向土钉内部传递，受力较大的土钉拉力峰值从靠近面层处向中部（破裂面附近）转移，土钉通过钉土摩擦力分担应力的作用加大，约束作用增强，下排土钉分担了更多的荷载，在深度方向上土钉受力最大点向下转移，土钉拉力在水平及竖直方向上均表现为中间大、两头小的枣核形状（如果土钉总体受力较小，可能不会表现为这种形状）。土体中逐渐出现剪切裂缝，地表开裂，土钉逐渐进入弯剪、拉剪等复合应力状态，其刚度开始发挥功效，通过分担及扩散作用，抑制及延缓了剪切破裂面的扩展，土体进入渐进性开裂破坏阶段。④土体抗剪强度达到极限不再增加，但剪切位移继续增加，土体开裂剩残余强度，土钉承担主要荷载，土钉在弯剪、拉剪等复合应力状态下注浆体碎裂，钢筋屈服，破裂面贯通，土体进入破坏阶段。

土钉墙的工作性能：通过对国内外土钉墙工程的实际测试资料及大型模拟试验结果的分析，可以将土钉墙的工作性能归纳为以下几点：①土钉墙的最大水平位移一般发生于墙体顶部，在深度方向越往下越小，即呈"探头"型，在水平纵向离墙面越远越小。水平位移在开挖面以下的开展深度有时较深，最大可达到开挖深度的 0.3～0.4 倍。变形受土质影响较大，较好土层中最大水平位移比一般 0.1%～0.5%，有时可达 1%，软弱土层中较大，有时高达 2%以上。对于较好土质，这种数量级的位移值通常不会影响工程的适用性和长期稳定性，不构成控制设计的主要因素，但在软土中则要慎重考虑。土钉的设计参数是控制位移的主要因素，土钉间距、长度、刚度、孔径、倾角注浆量、浆液强度等对位移均有影响；施工方法，如土方开挖的快慢、每步开挖高度、开挖面暴露时间的长短等均对位移有影响；此外，一些外界条件，如地面超载、地下水位变化、振动及挤压等，也会对位移产生影响。开挖完成后位移仍有一定量的增长，增长量与土的性状密切相关，也与土钉的蠕变、内力的重分布等因素相关，软弱土层中随时间增加位移的幅度相对较大且延续的时间相对较长；②土钉内的拉力分布是不均匀的，一般呈现沿全长中间大、两端小的枣核形规律，反应了土钉对土的约束。最大拉力一般位于土钉中部，临近破裂面处。实际破裂面位置不唯一确定，主要由土钉墙设计参数决定。土钉刚安装时，一般位于边坡的底部，边坡土体受紧邻基底土的约束，变形和应变很小，沿土钉周边产生的钉-土界面剪力较小，不足以使土钉产生较大拉力，故土钉仅受较小的力甚至不受力，且最大受力点靠近面层。随着土方开挖，土钉的内力逐步增大，但拉力增大到一定程度后增速变缓；最大受力点逐步向尾部转移，土钉位置越往下，最大受力点越靠近面板。这样，在竖向上土钉最大受力也大体呈现中部大、顶部及底部小的鼓肚形规律。最大拉力值连线与最危险滑移面并不完全重合，最危险滑移面是土钉、面层与土相互作用的结果。土体产生微小变位即能使土钉受力，大量拉拔试验表明，几毫米至二三十毫米的相对位移往往就能使钉土粘结力达到极限；③直接测量面层所受荷载的难度很大，测量数据质量差，故人们对面层的受力状况尚不十分清楚。对土钉的监测数据表明在面板附近土钉头受力不大，锚头的荷载总是小于土钉最大荷载，对土钉墙较上部分中承受最重荷载的土钉，锚头的荷载一般也仅为土钉最大荷载的 0.4～0.5 倍。实际工程中也并未发现在土钉墙整体破坏之前喷射混凝土面板和钉头已产生破坏现象，故设计中一般对面层不作特殊设计，结构满足构造要求即可；④面层后土压力分布接近于三角形，由于受基底土的约束，在坡角处土压力减少，不同于传统认为的上小下大的三角形。测量数据表明土压力合力约为库仑土压力的 60%～70%；⑤一般认为，破裂面将土体分成了两个相对独立的区域，即靠近面层的"主动区"及破裂面以外的"稳定区"，如图 6-1 所示。在主动区，土作用在土钉上的剪应力朝向面层并趋于将土钉从土中拔出；在稳定区，剪应力背离面层并趋于阻止将土钉拔出。土钉将主动区与稳定区连接起来，否则，主动区将产生相对于稳定区向外和向下的运动而引起破坏。为了达到稳定，土钉的材料抗拉强度必须足够大以防止被拉断，抗拔能力必须足够大以防止被拔出，锚头连接强度必须足够大以防止面层与土钉脱落。

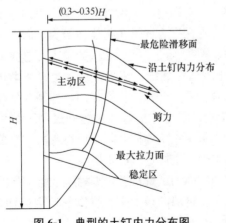

图 6-1 典型的土钉内力分布图

3. 土钉的几何参数

1）直径。钻孔注浆型土钉直径 d 一般根据成孔方法确定。孔径越大，越有助于提高土钉的抗拔力，增加结构的稳定性，但是，施工成本也会相应增加。故采用同一种工艺或机械设备成孔时，在成本增加不多的情况下，孔径应尽量大。人工使用洛阳铲成孔时，孔径一般为 60~80mm，土质松软、孔洞不深时，也可达到 90mm；机械成孔时，可用于成孔的机械较多，孔径可为 70~150mm，一般 100~130mm。

2) 长度。土钉长度 L 的影响是显而易见的，土钉越长，抗拔力越高，基坑位移越小，稳定性越好。但是，试验表明，采用相同的施工工艺，在同类土质条件下，当土钉达到临界长度（非软土中一般为 1.0~1.2 倍的基坑开挖深度）后，再加长对承载力的提高并不明显。另外，土钉越长，施工难度越大，效率越低，单位长度的工程造价越高，尤其是当土钉的长度超过了 12m 即一整条钢筋的长度后。但是，很短的注浆土钉也不便施工，注浆时浆液难以控制，容易造成浪费，故不宜短于 3m。所以，选择土钉长度是综合考虑技术、经济和施工难易程度后的结果，国内目前工程实践中土钉的长度一般为 3~12m，软弱土层中适当加长。土钉过长时应考虑与预应力锚杆等其他构件联合支护或采用其他支护形式，过长土钉组成的土钉墙的性能造价比通常不如复合土钉墙。在欧美，早期应用的土钉墙支护中土钉采用短而密的布置形式较多一些，土钉的长度较短，Bruce 和 Jewell 在 1987 年对十几项土钉工程调查分析表明：用于粒状土陡坡加固时，土钉长度比（即土钉长度与坡面垂直高度之比）钻孔注浆型一般为 0.5~0.8，打入型土钉一般为 0.5~0.6。近些年国内的工程实践中，土质不是很差时，土钉长度比一般为 0.6~1.5，在新近填土、淤泥、淤泥质土、淤泥质砂等软弱土层中，长度比可达 2.0 以上。当土坡倾斜时，侧向土压力降低，可以减短土钉的长度。不过，需要说明的是，对国内土钉长度的统计结果是基于图纸及论文等资料的，不一定是实际施工长度。

3) 间距。土钉密度的影响也是显而易见的，密度越大基坑稳定性越好。土钉的密度由其间距来体现，包括水平间距和竖向间距，水平间距有时简称为间距，竖向间距简称为排距。土钉通常等间距布置，有时局部间距不均。土钉间距与其长度密切相关，通常土钉越长，土钉密度越小，即间距越大。从施工的角度，在土钉密度不变时，排距加大、水平间距减少便于施工，可加快施工进度，但是，一方面排距因受到开挖面临界自稳高度的限制不能过大，且横向间距变小排距加大边坡的安全性会略有降低；另一方面土钉间距过小可能会因群钉效应降低单根土钉的功效，故纵横间距要适合，一般取 0.8~1.8m，即每 0.6~3m² 设置 1 根。

4) 倾角。理想状态下土钉轴线应与破裂面垂直，以便能充分发挥土钉提供的抗力。但这是做不到的。在理论上，土钉墙有多种稳定分析模式，破裂面是假定的，不同的计算模型假定的破裂面并不相同，破裂面的形状及位置只能是粗略的和近似的，与实际情况都会有程度不同的差别，故土钉不可能设计成与实际破裂面垂直。实际工程中，土钉安装角度很难控制，实际角度也只能是粗略的。就整体平均而言，国内外的研究结果表明，土钉倾角 5°~25°时对支护体系的稳定性影响的差别并不大，10°~20°时效果最佳。破裂面接近地表时近似垂直，故靠近地表的土钉越趋于水平对减少变形及地表角变位效果越好，这已经被实践所证实，但是土钉越趋于水平施工越困难。钻孔注浆型土钉要在已钻好的孔洞内靠重力作用注浆，欧美研究结果认为，15°是能够保证灌浆顺利进行的最小倾角。实践表明，倾角不应小于 5°，小于 5°时不仅浆液流入困难、浪费多、需补浆次数多，而且因为排气困难，注浆不易饱满，很难保证注浆体内没有孔隙。故综合考虑，钻孔注浆型土钉的倾角以 15°～20°效果最好。有时倾角更小或更大一些的目的是为了可以插入较好的土层。预应力锚杆灌浆时有采用止浆塞封堵加排气管排气的作法，因造价高、施工麻烦，基本不用于土钉施工。钢管注浆土钉因采用压力注浆，倾角可以缓平一些，但倾角过小与过大一样存在打入困难问题，故钢管土钉的最佳倾角为 10°～15°。就土钉整体而言，每排采用统一的倾角设计施工方便一些。

5）空间布置。

① 最上一排土钉与地表的距离值得关注。土钉之间存在着土拱效应及土钉之间荷载重分配，彼此可互相分担荷载，但第一排土钉以上的边坡处于悬臂状态，不存在土拱效应及荷载的重分配，土的自重压力及地面附加荷载引起的土压力直接作用到面层上，施工期间一直如此。为防止压力过大导致墙顶破坏，第一排土钉距地表要近一些，同时工程设计时往往规定坡顶距坑边一定范围内（通常 1～2m）不能有附加荷载，必要时应进行验算。但太近时注浆易造成浆液从地表冒出，也是不妥的。一般第一排土钉距地表的垂直距离为 0.5～2m。上部土钉长度不能太短，大量工程实践表明，如果上部土钉长度较短，土钉墙顶部水平位移较大，容易在土钉尾部附近的上方地表出现较大裂缝。

② 最下一排土钉往往也需要关注。下部土钉，尤其是最下一排，实际受力较小，长度可短一些。但工程中有许多难以意料的因素，如坑底沿坡脚局部超挖（挖承台、集水坑、电梯井、排水沟等）、大面积的浅量超挖（如地下室底板标高小幅调整）、坡脚被水浸泡、土体徐变、地面大量超载、雨水作用，等等，可能会导致下部土钉，尤其是最下一排内力加大，支护系统临近极限稳定状态时内力增加尤为明显，故其也不能太短，且高度不应距离坡脚太远。有资料建议最下一排土钉距坡脚的距离不应超过土钉排距的 2/3。当然，也不能过近，要满足土钉施工机械设备的最低工作面要求，一般不低于 0.5m。有人认为最下一排土钉应加长，理由为：坡脚是应力集中区，开挖造成的次生应力较大，土体可能进入塑性状态使其强度降低，故应加长土钉，使之深入到基坑深处未被扰动的土中。这一理由并不充分，因为土钉在端头所受到的剪应力沿长度传递不了多远。

③ 同一排土钉一般在同一标高上布置。地表倾斜时同一排土钉不应随之倾斜，因为倾斜时测量土钉定位及施工均不方便，最好是同排土钉标高相同，令其与地面的距离不断变化。此时应格外注意第一排土钉以上悬臂墙的高度。坡脚倾斜度不大时最下一排土钉也应该这样做（有时地下室底板底面被设计成缓慢倾斜的斜面）。但这些用于基坑开挖的经验用于道路边坡（路肩及路堑边坡）也许并不适合。上下排土钉在立面上可错开布置，俗称梅花状布置，也可铅直布置，即上下对齐。有人认为梅花形布置加大了土体的拱形展开，使相邻土钉间距较为均匀，有利于土拱形成，从而在施工过程中改善了开挖面的稳定，但也有人认为土拱倾向于在水平及垂直方向发展，没有资料表明哪种布置方式更有利于边坡稳定。铅直布置时放线定位更为容易一些，且能够为以后可能存在的使用微型桩类的补强加固措施留有较大的水平面空间。国内采用梅花型布置较多一些，而欧美国家恰好相反。在立面上土钉与基坑转角的距离没有设计限制，满足横向最小施工工作面要求即可。

④ 在深度方向上，土钉的布置形式大体有上下等长、上短下长、上长下短、中部长两头短、长短相间 5 种，在土质较为均匀时，这 5 种布置形式体现了不同的设计人对土钉墙工作机理的认识不同：a. 上短下长。这种布置形式在土钉墙技术使用早期较为常见，依

据力平衡原理设计：认为主动土压力作用在面层上，每条土钉要承担其单元面积内的土压力，主动土压力为传统的三角形，既然越向下土压力越大，土钉也应越长，以承担更多的压力。这种设计理论目前基本上已被实践否定。b. 上下等长。通常依据力矩平衡原理进行设计。因为性价比不太好，一般只在开挖较浅、坡角较缓、土钉较短、土质较为均匀时的基坑中有时采用。c. 上长下短。通常依据力矩平衡原理进行设计，假定土钉墙的破裂面为直线或弧线，上排土钉要穿过破裂面后才能提供抗滑力矩，长度越长能提供的抗滑力矩就越大，而下排土钉只需很短的长度就能穿过破裂面。这种布置形式有时因受到周边环境等条件限制而应用困难。d. 中部长上下短。实际工程中，靠近地表的土钉，尤其是第一、二排土钉，往往因受到基坑外建筑物基础及地下管线、窨井、涵洞、沟渠等市政设施的限制而长度较短，而且其位置下移，倾角有时也会较大，可能达 $25°\sim30°$。另外，通过增加较上排土钉的长度以增加稳定性在经济上往往不如将中部土钉加长合算，所以就形成了这种形式。但第一排土钉对减少土钉墙位移很有帮助，所以也不宜太短。这种布置形式目前工程应用最多。e. 长短相间。长短相间有两种布置形式，一种是在纵向（沿基坑侧壁走向）上，同排土钉一长一短间隔布置，另一种是在深度方向上，同一断面的土钉上下排长短间隔布置。采用长短间隔布置的理由为：较长的土钉能够调动更深处的土体，可以将应力在土体中分配得更均匀，减少了应力集中，从而提高了整体稳定性。但这似乎有悖于土钉的受力机理，因为粘结应力沿土钉全长并非均匀分布。拉力沿土钉全长以峰值的形式从前端向尾端传递，峰值大体在破裂面附近。如果破裂面同时穿过长短土钉，则长土钉比短土钉多出来的部分没有提供阻力，浪费了；如果破裂面只穿过长土钉，则短土钉位于主动区内，不能提供抗滑力矩，没有充分发挥作用，这与锚杆复合支护不一样。锚杆的长度较长，锚固段的后半部分主要作用是提供锚固力给自由段，设计时可以不考虑锚固段对土坡稳定的作用。

二、排桩支护

排桩围护体与地下连续墙相比，其优点在于施工工艺简单，成本低，平面布置灵活，缺点是防渗和整体性较差，一般适用于中等深度（$6\sim10m$）的基坑围护，但近年来也应用于开挖深度 $20m$ 以内的基坑。采用分离式、交错式排列式布桩以及双排桩时，当需要隔离地下水时，需要另行设置止水帷幕。

1. 支护桩平面布置与深度

当基坑不考虑防水（或已采取了降水措施）时，钻孔桩可按一字形间隔排列或相切排列。

对分离式排列的桩，当土质较好时，可利用桩侧"土拱"作用适当扩大桩距，桩间距最大可为 2 倍的桩径，当基坑需考虑防水，利用桩体作为防水墙时，桩体间需满足不渗漏水的要求。当按间隔或相切排列，需另设防渗措施时，桩体净距可根据桩径、桩长、开挖深度、垂直度以及扩径情况来确定，一般为 $100\sim150mm$。桩径和桩长应根据地质和环境条件由计算确定，常用桩径为 $1000\sim500mm$，当开挖深度较大且水平支撑相对较少时，宜采用较大的桩径。桩的入土深度需考虑围护结构的抗隆起、抗滑移、抗倾覆及整体稳定性。由于排桩围护体的整体性不及壁式钢筋混凝土地下连续墙，所以，在同等条件下，其入土深度的确定，应保障其安全度略高于壁式地下墙。在初步设计时，通常取入土深度为开挖深度的 0.8 倍为预估值。为了减小入土深度，应尽可能减小最下道支撑（或锚撑）至开挖面的距离，增强该道支撑（或锚撑）的刚度；充分利用时空效应，尽快及时浇筑坑底垫层作底撑，以及对桩脚与被动侧土体进行地基加固或坑内降水固结。

2. 单排桩内力与变形计算

单排桩虽由单个桩体并成，但其竖向受力形式与壁式地下连续墙是类似的，其与壁式地下连续墙的区别是，由于分离式布置的排桩之间不能传递剪力和水平向的弯矩，所以在横向的整体性远不如地下连续墙。在设计中，一般可通过水平向的腰梁来加强桩墙的整体性。目前设计计算时，一般将桩墙按抗弯刚度相等的原则等价为一定厚度的壁式地下墙进行内力分析，仅考虑桩体竖向受力与变形，此法称之为等刚度法。由于忽略腰梁给分离式桩墙水平向的整体型带来的空间效应及基坑有限尺寸给墙后土体作用在桩墙上土压力带来的空间效应，因此，按等价的壁式地下墙按平面问题进行内力计算分析与设计，其结果是偏于安全的。实测及计算分析表明，由于上述空间作用的影响，基坑一侧的排桩，接近基坑角部的桩体的内力与变形均显著小于中间部位桩体的内力与变形。

钻孔灌注桩作为挡土结构受力时，可按钢筋混凝土圆形截面受弯构件进行配筋计算。最小配筋率为 0.42%，主筋保护层厚度不应小于 50mm。钢箍宜采用 $\phi 6 \sim \phi 8$ 螺旋筋，间距一般为 $200 \sim 300mm$。每隔 $1500 \sim 2000mm$ 应布置一根直径不小于 12mm 的焊接加强箍筋，以增加钢筋笼的整体刚度，有利于钢筋笼吊放和浇灌水下混凝土时整体性。

3. 双排桩

当场地土软弱或开挖深度大时，或基坑面积很大时，采用悬臂支护单桩的抗弯刚度往往不能满足变形控制的要求，但设置水平支撑又非常影响施工且造价高时，可采用双排桩支护形式，通过钢筋混凝土灌注桩、压顶梁和联系梁形成空间门架式支护结构体系，可大大增加其侧向刚度，能有效限制边坡的侧向变形。

双排桩的计算较为复杂，首先是作用在双排桩结构上的土压力难以确定，特别是桩间土的作用对前后排桩的影响难以确定，桩间土的存在对前后排桩所受的主动及被动土压力均产生影响，由于有后排桩的存在，双排支护结构与无后排桩的单排悬臂支护桩相比，墙背土体的剪切角将发生改变，剪切破坏面不同，将导致土体的主动土压力的变化。如何考虑上述因素的作用，以对前后排桩所受土压力进行修正。其次是双排支护结构的简化计算模型如何确立，包括嵌固深度的确定、固定端的假定、桩顶位移的计算等。下面介绍三种常见计算方法。

1）桩间土静止土压力模型

假定前排桩桩前受被动土压力，后排桩桩后受主动土压力，桩间土压力为静止土压力，并采用经典土压力理论确定土压力值，以此可求得门式刚架的弯矩及轴向力。这种土压力确定方法较为简单，但反映的因素较少，计算结果误差很大。

2）前后排桩土压力分配模型

一般来说，双排桩由于桩间土的作用和"拱效应"的影响，确定土压力的不定因素很多，前后排桩的排列形式对土压力的分布也起关键影响。因此，需要考虑不同布桩形式的情况下，桩间土的土压力传递对前后排桩的土压力分布的影响。双排桩前后排桩的布置形式一般有矩形布置和梅花形布置。

3）考虑前后排桩相互作用的计算模型

前面介绍的几种方法均是对前后排桩分担的假设，没有考虑前后排桩的相互作用。由于单桩常采用杆系有限元，采用弹性抗力法进行弹性地基梁"m"法的弹性抗力法来考虑前后排桩相互作用的模型。该模型中，桩体采用弹性地基梁单元，地基水平反力系数采用"m"法确定。双排桩抗倾覆能力之所以强主要是因为它相当于一个插入土体的刚架，能够靠基坑以下桩前土的被动土压力和刚架插入土中部分的前桩抗压、后桩抗拔所形成的力偶来共同抵抗倾覆力矩。为此，可在桩侧设置考虑桩与土摩擦的弹性约束，并可在前排桩桩端处设置弹性约束以模拟桩端处桩底反力对抗倾覆的作用。该模型另一个重要特点是，考虑到双排桩间距一般较小，在前后排桩的约束下，类似水平方向受压缩的薄压缩层，因此，可采用在前后排桩之间设置弹性约束，反映前后排桩之间土体压缩性的影响，避免了"前后排桩土压力分配模型"中确定比例系数时不考虑桩间土压缩性对前后排桩之间相互作用的影响的缺陷。

4. 排桩的施工

1）钻孔灌注桩干作业成孔的主要方法有螺旋钻孔机成孔、机动洛阳挖孔机成孔及选挖钻机成孔等方法。

螺旋钻孔机由主机、滑轮、螺旋钻杆、钻头、滑动支架、出土装置等组成。其主要利用螺旋钻头切削土壤，被切的土块随钻头旋转，并沿螺旋叶片上升而被推出孔外。该类钻机结构简单，使用可靠，成孔作业效率高、质量好，无振动，无噪声、耗用钢材少，最宜用于匀质黏性土，并能较快穿透砂层。螺旋钻孔机适用于地下水位以上的匀质黏土、砂性土及人工填土。

钻头的类型有多种，黏性土中成孔大多常用锥式钻头。耙式钻头用 45 号钢制成，齿尖处镶有硬质合金刀头，最适宜于穿透填土层，能把碎砖破成小块。平底钻头，适用于松散土层。

机动洛阳挖孔机由提升机架、滑轮组、卷扬机及机动洛阳铲组成。提升机动洛阳铲到一定高度后，靠机动洛阳铲的冲击能量来开孔挖土，每次冲铲后，将土从铲具钢套中倒弃，宜用于地下水位以下的一般黏性土、黄土和人工填土地基。其设备简单，操作容易，北方地区应用较多。

选挖钻机是近年来引进的先进成孔机械，利用功率较大的电机驱动可旋转取土的钻斗，采用将钻头强力旋转压入土中，通过钻斗把旋转切削下来的钻屑提出地面。该方法在土质较好的条件下可实现干作业成孔，不必采用泥浆护壁。

2）钻孔灌注桩湿作业成孔施工。

钻孔灌注桩湿作业成孔的主要方法有冲击成孔、潜水电钻机成孔、工程水文地质回转钻机成孔及旋挖钻机成孔等。潜水电钻机其特点是将电机、变速机构加以密封，并同底部钻头连接在一起，组成一个专用钻具，可潜入孔内作业，多以正循环方式排泥。潜水电钻体积小、重量轻、机器结构轻便简单、机动灵活、成孔速度较快，宜用于地下水位高的轻硬地层，如淤泥质土、黏性土以及砂质土等，其常用钻头为笼式钻头。工程水文地质回转钻机由机械动力传动，配以笼式钻头，可多档调速或液压无级调速，以泵吸或气举的反循环方式进行钻进。有移动装置，设置性能可靠，噪声和振动小，钻进效率高，钻孔质量好。上海地区近几年已有数千根灌注桩应用它来施工。它适用松散土层、黏土层、砂砾层、软硬岩层等多种地质条件。

用作挡土墙的灌注桩施工前必须试成孔，数量不得少于2个，以便核对地质资料，检验所选的设备、机具、施工工艺以及技术要求是否适宜。如孔径、垂直度、孔壁稳定和沉淤等检测指标不能满足设计要求时，应拟定补救技术措施或重新选择施工工艺。

成孔须一次完成，中间不要间断。成孔完毕至灌注混凝土的间隔时间不宜超过24h。为保证孔壁的稳定，应根据地质情况和成孔工艺配制不同的泥浆。成孔到设计深度后，应进行孔深、孔径、垂直度、沉浆浓度、沉渣深度等测试检查，确认符合要求后，方可进行下一道工序施工。根据出渣方式的不同，成孔作业可分成正循环成孔和反循环成孔两种。

完成成孔后，在灌注混凝土之前，应进行清孔。通常清孔应分2次进行。第一次清孔在成孔完毕后，立即进行，第2次在下放钢筋笼和灌注混凝土导管安装完毕后进行。常用的清孔方式有正循环清孔、泵吸反循环清孔和空气升液反循环清孔，通常随成孔时采用的循环方式而定。清孔时先是钻头稍作提升，然后通过不同的循环方式排除孔底沉淤，与此同时，不断注入洁净的泥浆水，用以降低桩孔泥浆水中的泥渣含量。清孔过程中应测定沉浆指标。清孔后的泥浆相对密度应小于1.15。清孔结束时应测定孔底沉淤，孔底沉淤厚度一般应小于30cm。第2次清孔结束后孔内应保持水头高度，并应在30min内灌注混凝土。若超过30min灌注混凝土应重新测定孔底沉淤厚度。

钢筋笼宜分段制作，分段长度应按钢筋笼的整体刚度、来料钢的长度及起重设备的有效高度等因素确定。钢筋笼在起吊、运输和安装中应采取措施防止变形。

配制混凝土必须保证能满足设计强度以及施工工艺要求。混凝土是确保成桩质量的关键工序，灌注前应做好一切准备工作，保证混凝土灌注连续紧凑地进行。

钻孔灌注桩柱列式排桩采用湿作业法成孔时，要特别注意孔壁护壁问题。当桩距较小时，由于通常采用跳孔法施工，当桩孔出现坍塌或扩径较大时，会导致两根已经施工的桩之间插入后施工的桩时发生成孔困难，必须把该根桩向排桩轴线外移才能成孔。一般而言，柱列式排桩的净距不宜小于200mm。

3）人工挖孔桩围护体施工

人工挖孔桩是采用人工挖掘桩身土方，随着孔洞的下挖，逐段浇捣钢筋混凝土护壁，直到设计所需深度。土层好时，也可不用护壁，一次挖至设计标高，最后在护壁内一次浇注完成混凝土桩身的桩。挖孔桩作为基坑支护结构与钻孔灌注桩相似，是由多个桩组成桩墙而起挡土作用。它有如下优点：大量的挖孔桩可分批挖孔，使用机具较少，无噪声、无振动、无环境污染，适应建筑物、构筑物拥挤的地区，对邻近结构和地下设施的影响小，场地干净，造价较经济。

应当指出，选用挖孔桩作支护结构，除了对挖孔桩的施工工艺和技术要有足够的经验外，还应注意在有流动性淤泥、流砂和地下水较丰富的地区不宜采用。

人工挖孔桩在浇筑完成以后，即具有一定的防渗能力和支承水平土压力的能力。把挖孔桩逐个相连，即形成一个能承受较大水平压力的挡墙，从而起到支护结构防水、挡土等作用。

人工挖孔桩支护原理与钻孔灌注桩挡墙或地下连续墙相类似。人工挖孔桩直径较大，属于刚性支护，设计时应考虑桩身刚度较大对土压力分布及变形的影响。

挖孔桩选作基坑支护结构时，桩径一般为1000~1200mm。桩身设计参数应根据地质情况和基坑开挖深度计算确定。在实践中，也有工程采用挖孔桩与锚杆相结合的支护方案。

三、锚杆支护

锚杆是将受拉杆件的一端（锚固段）固定在稳定地层中，另一端与工程构筑物相联结，用以承受由于土压力、水压力等施加于构筑物的推力，从而利用地层的锚固力以维持构筑物（或岩土层）的稳定。

与其他支护形式相比，锚杆支护具有以下特点：

（1）提供开阔的施工空间，极大地方便土方开挖和主体结构施工。锚杆施工机械及设备的作业空间不大，适合各种地形及场地。

（2）对岩土体的扰动小，在地层开挖后，能立即提供抗力，且可施加预应力，控制变形发展。

（3）锚杆的作用部位、方向、间距、密度和施工时间可以根据需要灵活调整。

（4）用锚杆代替钢或钢筋混凝土支撑，可以节省大量钢材，减少土方开挖量，改善施工条件，尤其对于面积很大、支撑布置困难的基坑，更适合用锚杆支撑。

（5）锚杆的抗拔力可通过试验来确定，可保证设计有足够的安全度。

1. 锚杆的设置

1）锚杆位置的确定

锚杆的锚固区应当设置在主动土压力楔形破裂面以外。要根据地层情况来确定锚杆的锚固区，以保证锚杆在设计荷载下正常工作。锚固段需设置在稳定的地层以确保有足够的锚固力。同时，如采用压力灌浆时，应使地表面在灌浆压力作用下不破坏，一般要求锚杆锚固体上覆土层厚度不宜小于 4m（图 6-2）。

2）锚固体设置间距

锚杆间距应根据地层情况、锚杆杆体所能承受的拉力等进行经济比较后确定。间距太大，将增加腰梁应力，需增加腰梁断面；缩小间距，可使腰梁尺寸减小，但锚杆会发生相互干扰，产生群锚效应，使极限抗拔力减小而造成危险。现有的工程实例有缩小锚杆间距的倾向。因在锚杆较密集时，若其中一根锚杆承载能力受影响，其所受荷载会向附近其他锚杆转移，整个锚杆系统所受影响较小，整体受力还是安全的。

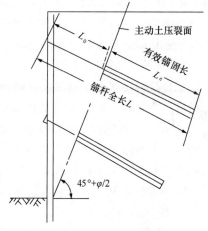

图 6-2　锚杆位置确定

锚杆的水平间距不宜小于 1.5m，上下排垂直间距不宜小于 2m。如果工程需要锚杆间距必须设置更近，可考虑设置不同的倾角及锚固长度以避免群锚效应的影响。

3）锚杆的倾角

锚杆倾角一般采用水平向下 15°～25°倾角，不应大于 45°。锚杆水平分力随锚杆倾角的增大而减小。倾角太大将降低锚固的效果，而且作用于支护结构上的垂直分力增加，可能造成挡土结构和周围地基的沉降。为有效利用锚杆抗拔力，最好使锚杆与侧压力作用方向平行。

锚杆的具体设置方向与可锚岩土层的位置、挡土结构的位置及施工条件等有关。锚杆倾角应避开与水平面的夹角为$-10°\sim+10°$这一范围，因为倾角接近水平的锚杆注浆后灌浆体的沉淀和泌水现象会影响锚杆的承载能力。

4）锚杆的层数

锚杆层数根据土压力分布大小、岩土层分布、锚杆最小垂直间距等而定，还应考虑基坑允许变形量和施工条件等综合因素。

当预应力锚杆结合钢筋混凝土支撑或钢支撑支护时，需考虑到预应力锚杆与钢筋混凝土支撑或钢支撑的水平刚度及承载能力的不同，尤其是锚杆与钢筋混凝土支撑的受力特性不同：锚杆可先主动施加预应力，在围护桩（墙）变形前就可提供承载力、限制变形；而钢筋混凝土支撑是被动受力，在围护桩（墙）变形使得支撑受压后支撑才会受力，阻止变形进一步发展。确定锚杆与支撑的间距时，既要控制好围护桩（墙）变形，又要充分发挥围护桩（墙）的抗弯、抗剪能力和支撑抗压承载力高的优势，合理分配锚杆和支撑承担的荷载。

5）锚杆自由长度的确定

锚杆自由长度的确定必须使锚杆锚固于比破坏面更深的稳定地层上，以保证锚杆系统的整体稳定性，使锚杆能在张拉荷载作用下有较大的弹性伸长量，不至于在使用过程中因锚头松动而引起预应力的明显衰减。《建筑基坑支护技术规程》JGJ 120 中规定锚杆自由长度不宜小于 5m 并应超过潜在滑裂面 1.5m。

6）锚杆的安全系数

锚杆设计中应考虑两种安全系数：对锚固体设计和对杆体筋材截面尺寸设计的安全系数。锚固体设计的安全系数需考虑锚杆设计中的不确定因素及风险程度，如岩土层分布的变化、施工技术可靠性、材料的耐久性、周边环境的要求等。锚杆安全系数的取值取决于锚杆服务年限的长短和破坏后影响程度。

7）锚杆杆体筋材的设计

锚杆杆体筋材宜用钢绞线、高强钢丝或高强精轧螺纹钢筋，其抗拉强度高，可减少钢材用量。钢绞线、钢丝运输安装方便，在狭窄空间也可施工。

当锚杆承载力值较小或锚杆长度小于 20m 时，预应力筋也可采用 HRB335、HRB400 钢筋。压力分散型锚杆及对穿型锚杆的预应力筋应采用无粘结钢绞线。无粘结钢绞线是近几年开发的预应力筋材，具有优异的防腐和抗震性能，它由钢绞线、防腐油脂涂层和聚乙烯或聚丙烯包裹的外层组成，是压力分散型锚杆的必用筋材。

2. 锚杆的施工

1）钻孔

锚杆孔的钻凿是锚固工程质量控制的关键工序。应根据地层类型和钻孔直径、长度以及锚杆的类型来选择合适的钻机和钻孔方法。

在黏性土钻孔最合适的是带十字钻头和螺旋钻杆的回转钻机。在松散土和软弱岩层中，最适合的是带球形合金钻头的旋转钻机。在坚硬岩层中的直径较小钻孔，适合用空气冲洗的冲击钻机。钻直径较大钻孔，需使用带金刚石钻头和潜水冲击器的旋转钻机，并采用水洗。

在填土、砂砾层等塌孔的地层中，可采用套管护壁、跟管钻进，也可采用自钻式锚杆或打入式锚杆。

跟管钻进工艺主要用于钻孔穿越填土、砂卵石、碎石、粉砂等松散破碎地层，通常用锚杆钻机钻进，采用冲击器、钻头冲击回转全断面造孔钻进，在破碎地层、造孔的同时，冲击套管管靴使得套管与钻头同步进入地层，从而用套管隔离破碎、松散易坍塌的地层，使得造孔施工得以顺利进行。跟管钻具按结构型式分为两种类型：偏心式跟管钻具和同心跟管钻具。同心跟管钻具使用套管钻头，壁厚较厚，钻孔的终孔直径比偏心式跟管钻具的终孔直径小 10mm 左右。偏心式跟管钻具的终孔直径大（大于套管直径），结构简单、成本低、使用较方便。

2）锚杆杆体的制作与安装

锚杆杆体的制作：钢筋锚杆（包括各种钢筋、精轧螺纹钢筋、中空螺纹钢管）的制作相对比较简单，按设计预应力筋长度切割钢筋，按有关规范要求进行对焊或绑条焊或用连接器接长钢筋和用于张拉的螺丝杆。预应力筋的前部常焊有导向帽以便于预应力筋的插入，在预应力筋长度方向每隔 1～2m 焊有对中支架，支架的高度不应小于 25mm，必须满足钢筋保护层厚度的要求。自由段需外套塑料管隔离，对防腐有特殊要求的锚固段钢筋提供双重防腐作用的波形管并注入灰浆或树脂。

钢绞线通常为一整盘方式包装，宜使用机械切割，不得使用电弧切割。杆体内的绑扎材料不宜采用镀锌材料。钢绞线分为有粘结钢绞线和无粘结钢绞线，有粘结钢绞线锚杆制作时应在锚杆自由段的每根钢绞线上施作防腐层和隔离层。

锚杆的安装：锚杆安装前应检查钻孔孔距及钻孔轴线是否符合规范及设计要求。锚杆一般由人工安装，对于大型锚杆有时采用吊装。在进行锚杆安装前应对钻孔重新检查，发现塌孔、掉块时应进行清理。锚杆安装前应对锚杆体进行详细检查，对损坏的防护层、配件、螺纹应进行修复。在推送过程中用力要均匀，以免在推送时损坏锚杆配件和防护层。当锚杆设置有排气管、注浆管和注浆袋时，推送时不要使锚杆体转动，并不断检查排气管和注浆管，以免管子压扁和磨坏，并确保锚杆在就位后排气管和注浆管畅通。在遇到锚索推送困难时，宜将锚索抽出查明原因后再推送，必要时应对钻孔重新进行清洗。锚头的施工锚具、垫板应与锚杆体同轴安装，对于钢绞线或高强钢丝锚杆，锚杆体锁定后其偏差应不超过 ±5°。垫板应安装平整、牢固，垫板与垫墩接触面无空隙。切割锚头多余的锚杆体宜采用冷切割的方法，锚具外保留长度不应小于 100mm。当需要补偿张拉时，应考虑保留张拉长度。打筑垫墩用的混凝土强度等级一般大于 C30，有时锚头处地层不太规则，在这种情况下，为了保证垫墩混凝土的质量，应确保垫墩最薄处的厚度大于 10cm，对于锚固力较高的锚杆，垫墩内应配置环形钢筋。

3）注浆体材料及注浆工艺

注浆是为了形成锚固段和为锚杆提供防腐蚀保护层，一定压力的注浆还可以使注浆体渗入地层的裂隙和缝隙中，从而起到固结地层、提高地基承载力的作用。水泥砂浆的成分及拌制和注入方法决定了灌浆体与周围岩土体的粘结强度和防腐效果。

灌注锚杆的水泥浆通常采用质量良好新鲜的普通硅酸盐水泥和干净水掺入细砂配制搅拌而成的，必要时可采用抗硫酸盐水泥。水泥龄期不应超过一个月，强度等级应大于 42.5。压力型锚杆最好采用更高强度等级的水泥；水中不应含有影响水泥正常凝结和硬化的有害物质，不得使用污水；砂的含泥量按重量计不得大于 3%，砂中云母、有机物、硫酸物和硫酸盐等有害物质的含量按重量计不得大于 1%；灰砂比宜为 0.8~1.5，水灰比宜为 0.38~0.5。也可采用水灰比 0.4~0.5 的纯水泥浆。水泥砂浆只能用于一次注浆。水灰比对水泥浆的质量有着特别重要的作用，过量的水会使浆液产生泌水，降低强度并产生较大收缩，降低浆液硬化后的耐久性，灌注锚杆的水泥浆最适宜的水灰比为 0.4~0.45，采用这种水灰比的灰浆具有泵送所要求的流动度，收缩也小。为了加速或延缓凝固，防止在凝固过程中的收缩和诱发膨胀，当水灰比较小时增加浆液的流动度及预防浆液的泌水等，可在浆液中加入外加剂，如三乙醇胺（早强剂，掺量为水泥重量的 0.05%）、木质磺酸钙（缓凝剂，水泥重量的 0.2%~0.5%）、铝粉（膨胀剂，水泥重量的 0.005%~0.02%）、UNF-5（减水剂，水泥重量的 0.6%）、纤维素醚（抗泌剂，水泥重量的 0.2%~0.3%）。向搅拌机加入任何一种外加剂，均须在搅拌时间过半后送入；拌好的浆液存放时间不得超过 120min。浆液拌好后应存放于特制的容器内，并使其缓慢搅动。浆体的强度一般 7d 应不低于 20MPa，28d 应不低于 30MPa；压力型锚杆浆体强度 7d 应不低于 25MPa，28d 应不低于 35MPa。水泥浆采用注浆泵通过高压胶管和注浆管注入锚杆孔，注浆泵的操作压力范围为 0.1~12MPa，通常采用挤压式或活塞式两种注浆泵，挤压式注浆泵可注入水泥砂浆，但压力较小，仅适用于一次注浆或封闭自由段的注浆。

注浆管一般是直径 12~25mm 的 PVC 软塑料管，管底离钻孔底部的距离通常为 100~250mm，并每隔 2m 左右就用胶带将注浆管与锚杆预应力筋相连。在插入预应力筋时，在注浆管端部临时包裹密封材料以免堵塞，注浆时浆液在压力作用下冲破密封材料注入孔内。注浆常分为一次注浆和二次高压注浆两种注浆方式。一次注浆是浆液通过插到孔底的注浆管，从孔底一次将钻孔注满直至从孔口流出的注浆方法。这种方法要求锚杆预应力筋的自由段预先进行处理，采取有效措施确保预应力筋不与浆液接触。二次高压注浆是在一次注浆形成注浆体的基础上，对锚杆锚固段进行二次（或多次）高压劈裂注浆，使浆液向周围地层挤压渗透，形成直径较大的锚固体并提高锚杆周围地层的力学性能，大大提高锚杆承载能力。其通常在一次注浆后 4~24h 进行，具体间隔时间由浆体强度达到 5MPa 左右而加以控制。该注浆方法需随预应力筋绑扎二次注浆管和密封袋或密封卷，注浆完成后不拔出二次注浆管。二次高压注浆非常适用于承载力低的软弱土层中的锚杆。注浆压力取决于注浆的目的和方法、注浆部位的上覆地层厚度等因素，通常锚杆的注浆压力不超过 2MPa。锚杆注浆的质量决定着锚杆的承载力，必须做好注浆记录。采用二次注浆时，尤其需做好二次注浆时的注浆压力、持续时间、二次注浆量等记录。

4）张拉锁定

锚具锚杆的锚头用锚具通过张拉锁定，锚具的类型与预应力筋的品种相适应，主要有以下几种类型：用于锁定预应力钢丝的墩头锚具、锥形锚具；用于锁定预应力钢绞线的挤压锚具，如：JM 锚具、XM 锚具、QM 锚具和 OVM 锚具；用于锁定精轧螺纹钢筋的精轧螺纹钢筋锚具；用于锁定中空锚杆的螺纹锚具；用于锁定钢筋的螺丝端杆锚具。锚具应满足分级张拉、补偿张拉等张拉工艺要求，并具有能放松预应力筋的性能。

锚杆用垫板的材料一般为普通钢板，外形为方形，其尺寸大小和厚度应由锚固力的大小确定。为了确保垫板平面与锚杆的轴线垂直和提高垫墩的承载力，可使用与钻孔直径相匹配的钢管焊接成套筒垫板。

当注浆体达到设计强度的 80% 后可进行张拉。一次性张拉较方便，但是这种张拉方法存在许多不可靠性。因为高应力锚杆有许多根钢绞线组成，要保证每一根钢绞线受力的一致性是不可能的，特别是很短的锚杆，其微小的变形可能会出现很大的应力变化，需采用有效施工措施以减小锚杆整体的受力不均匀性。

采用单根预张拉后再整体张拉的施工方法，可以大大减小应力不均匀现象。另外，使用小型千斤顶进行单根对称和分级循环的张拉方法同样有效，但这种方法在张拉某一根钢绞线时会对其他的钢绞线产生影响。分级循环次数越多，其相互影响和应力不均匀性越小。在实际工程中，根据锚杆承载力的大小一般分为 3～5 级。

考虑到张拉时应力向远端分布的时效性，以及施工的安全性，加载速率不宜太快，并且在达到每一级张拉应力的预定值后，应使张拉设备稳压一定时间，在张拉系统出力值不变时，确信油压表无压力向下漂移后再进行锁定。

张拉应力的大小应按设计要求进行，对于临时锚杆，预应力不宜超过锚杆材料强度标准值的 65%，由于锚具回缩等原因造成的预应力损失采用超张拉的方法克服，超张拉值一般为设计预应力的 5%～10%。为了能安全地将锚杆张拉到设计应力，在张拉时应遵循以下要求：

① 根据锚杆类型及要求，可采取整体张拉、先单根预张拉然后整体张拉或单根－对称－分级循环张拉方法；②采用先单根预张拉然后整体张拉的方法时，锚杆各单元体的预应力值应当一致，预应力总值不宜大于设计预应力的 10%，也不宜小于 5%；③采用单根－对称－分级循环张拉的方法时，不宜少于三个循环，当预应力较大时不宜少于四个循环；④张拉千斤顶的轴线必须与锚杆轴线一致，锚环、夹片和锚杆张拉部分不得有泥沙、锈蚀层或其他污物；⑤张拉时，加载速率要平缓，速率宜控制在设计预应力值的 0.1/min 左右，卸荷载速率宜控制在设计预应力值的 0.2/min；⑥在张拉时，应采用张拉系统出力与锚杆体伸长值来综合控制锚杆应力，当实际伸长值与理论值差别较大时，应暂停张拉，待查明原因并采取相应措施后方可进行张拉；⑦预应力筋锁定后 48h 内，若发现预应力损失大于锚杆拉力设定值的 10%，应进行补偿张拉；⑧锚杆的张拉顺序应避免相近锚杆相互影响；⑨单孔复合锚固型锚杆必须先对各单元锚杆分别张拉，当各单元锚杆在同等荷载条件下因自由长度不等引起的弹性伸长差得到补偿后，方可同时张拉各单元锚杆。先张拉最大自由长度的单元锚杆，最后张拉最小自由长度的单元锚杆，再同时张拉全部单元锚杆；⑩为了确保张拉系统能可靠的进行张拉，其额定出力值一般不应小于锚杆设计预应力值的 1.5 倍。张拉系统应能在额定出力范围内以任一增量对锚杆进行张拉，且可在中间相对应荷载水平上进行可靠稳压。

四、内支撑支护

深基坑工程中的支护结构一般有两种形式，分别为围护墙结合内支撑系统的形式和围护墙结合锚杆的形式。作用在围护墙上的水土压力可以由内支撑有效地传递和平衡，也可以由坑外设置的土层锚杆平衡。内支撑可以直接平衡两端围护墙上所受的侧压力，构造简单，受力明确。

内支撑系统由水平支撑和竖向支承两部分组成，深基坑开挖中采用内支撑系统的围护方式已得到广泛的应用，特别对于基坑面积大、开挖深度深的情况，内支撑系统由于具有无需占用基坑外侧地下空间资源，可提高整个围护体系的整体强度和刚度以及可有效控制基坑变形的特点而得到了大量的应用。

1. 内支撑体系的构成

围檩、水平支撑、钢立柱和立柱桩是内支撑体系的基本构件，典型的内支撑系统示意图见图 6-3。

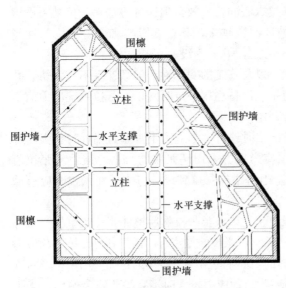

图 6-3　内支撑系统示意图

围檩是协调支撑和围护墙结构间受力与变形的重要受力构件，可加强围护墙的整体性，并将其所受的水平力传递给支撑构件，因此要求具有较好的自身刚度和较小的垂直位移。首道支撑的围檩应尽量兼作为围护墙的圈梁，必要时可将围护墙墙顶标高落低，如首道支撑体系的围檩不能兼作圈梁时，应另外设置围护墙顶圈梁。圈梁作用可将离散的钻孔灌注围护桩、地下连续墙等围护墙连接起来，加强了围护墙的整体性，对减少围护墙顶部位移有利。

水平支撑是平衡围护墙外侧水平作用力的主要构件，要求传力直接、平面刚度好而且分布均匀。

钢立柱及立柱桩的作用是保证水平支撑的纵向稳定，加强支撑体系的空间刚度和承受水平支撑传来的竖向荷载，要求具有较好自身刚度和较小垂直位移。

2. 水平支撑系统平面布置原则

水平支撑系统中内支撑与围檩必须形成稳定的结构体系，有可靠的连接，满足承载力、变形和稳定性要求。支撑系统的平面布置形式众多，从技术上，同样的基坑工程采用多种支撑平面布置形式均是可行的，但科学、合理的支撑布置形式应是兼顾了基坑工程特点、主体地下结构布置以及周边环境的保护要求和经济性等综合因素的和谐统一。水平支撑系统平面布置通常情况下可采用如下方式：

1）长条形基坑工程中，可设置以短边方向的对撑体系，两端可设置水平角撑体系。短边方向的对撑体系可根据基坑短边的长度、土方开挖、工期等要求采用钢支撑或者混凝土支撑，两端的角撑体系从基坑工程的稳定性以及控制变形角度上，宜采用混凝土支撑的形式。

2）当基坑周边紧邻保护要求较高建（构）筑物、地铁车站或隧道，对基坑工程的变形控制要求较为严格时，或者基坑面积较小、两个方向的平面尺寸相等时，或者基坑形状不规则，其他形式的支撑布置有较大难度时，宜采用相互正交的对撑布置方式。该布置型式的支撑系统具有支撑刚度大、传力直接以及受力清楚的特点，适合在变形控制要求高的基坑工程中应用。

3）当基坑面积较大，平面形状不规则，同时在支撑平面中需要留设较大作业空间时，宜采用角部设置角撑、长边设置沿短边方向的对撑结合边桁架的支撑体系。该类型支撑体系由于具有较好的控制变形能力、大面积无支撑的出土作业面以及可适应各种形状的基坑工程，同时由于支撑系统中对撑、各榀对撑之间具有较强的受力上的独立性，易于实现土方上的流水化施工，此外还具有较好的经济性，因此几乎成为上海等软土地区首选的支撑平面布置形式，近年来得到极为广泛的应用。

4）基坑平面为规则的方形、圆形或者平面虽不规则但基坑两个方向的平面尺寸大致相等，或者是为了完全避让塔楼框架柱、剪力墙等竖向结构以方便施工、加快塔楼施工工期，尤其是当塔楼竖向结构采用劲性构件时，临时支撑平面应错开塔楼竖向结构，以利于塔楼竖向结构的施工，可采用单圆环形支撑甚至多圆环形支撑布置方式。

5）基坑平面有向坑内折角（阳角）时，阳角处的内力比较复杂，是应力集中的部分，稍有疏忽，最容易在该部分出现问题。阳角的处理应从多方面进行考虑，首先基坑平面的设计应尽量避免出现阳角，当不可避免时，需作特别的加强处理，如在阳角的两个方向上设置支撑点，或者可根据实际情况将该位置的支撑杆件设置现浇板，通过增设现浇板增强该区域的支撑刚度，控制该位置的变形。无足够的经验可借鉴时，最好对阳角处的坑外地基进行加固，提高坑外土体的强度，以减少围护墙体的侧向水土压力。

6）支撑结构与主体地下结构的施工期通常是错开的，为了不影响主体地下结构的施工，支撑系统平面布置时，支撑轴线应尽量避开主体工程的柱网轴线，同时，避免出现整根支撑位于结构剪力墙之上的情况，其目的是减小支撑体系对主体结构施工时的影响。另外，如主体地下竖向结构构件采用内插钢骨的劲性结构时，应严格复核支撑的平面分布，确保支撑杆件完全避让劲性结构。

7）支撑杆件相邻水平距离首先应确保支撑系统整体变形和支撑构件承载力在要求范围之内，其次应满足土方工程的施工要求。当支撑系统采用钢筋混凝土围檩时，沿着围檩方向的支撑点间距不宜大于 9m；采用钢围檩时，支撑点间距不宜大于 4m；当相邻支撑之间的水平距离较大时，应在支撑端部两侧与围檩之间设置八字撑，八字撑宜左右对称，与围檩的夹角不宜大于 60°。

3. 水平支撑系统竖向布置原则

在基坑竖向平面内需要布置的水平支撑的数量，主要根据基坑围护墙的承载力和变形控制计算确定，同时应满足土方开挖的施工要求。基坑竖向支撑的数量主要受土层地质特性以及周围环境保护要求的影响。基坑面积、开挖深度、围护墙设计以及周围环境等条件都相同的条件下，不同地区不同土层地质特性情况下，支撑的数量区别是十分显著的，如开挖深度 15m 的基坑工程，在北方等硬土地区也许无需设置内支撑，仅在坑外设置几道锚杆即可满足要求，而在沿海软土地区，则可能需要设置 3～4 道水平支撑；另外即使在土层地质一致的地区，当周围环境保护要求有较大的区别时，支撑道数也相差较大。一般情况下，支撑系统竖向布置可按如下原则进行确定：

1）在竖向平面内，水平支撑的层数应根据基坑开挖深度、土方工程施工、围护结构类型及工程经验，有围护结构的计算工况确定。

2）上、下各层水平支撑的轴线应尽量布置在同一竖向平面内，主要目的是为了便于基坑土方的开挖，同时也能保证各层水平支撑共用竖向支承立柱系统。此外，相邻水平支撑的净距不宜小于 3m，当采用机械下坑开挖及运输时应根据机械的操作所需空间要求适当放大。

3）各层水平支撑与围檩的轴线标高应在同一平面上，且设定的各层水平支撑的标高不得妨碍主体工程施工。水平支撑构件与地下结构楼板间的净距不宜小于300mm；与基础底板间净距不小于600mm，且应满足墙、柱竖向结构构件的插筋高度要求。

4）首道水平支撑和围檩的布置宜尽量与围护墙结构的顶圈梁相结合。在环境条件容许时，可尽量降低首道支撑标高。基坑设置多道支撑时，最下道支撑的布置在不影响主体结构施工和土方开挖条件下，宜尽量降低。当基础底板的厚度较大，且征得主体结构设计认可时，也可将最下道支撑留置在主体基础底板内。

4. 竖向斜撑的设计

竖向斜撑体系一般较多地应用在开挖深度较小、面积巨大的基坑工程中。竖向斜撑体系一般由斜撑、压顶圈梁和斜撑基础等构件组成，斜撑一般投影长度大于15m时应在其中部设置立柱。斜撑一般采用钢管支撑或者型钢支撑，钢管支撑一般采用φ609×16mm，型钢支撑一般采用H700×300mm、H500×300mm以及H400×400mm，斜撑坡率不宜大于1：2，并应尽量与基坑内土堤的稳定边坡坡率相一致，同时斜撑基础与围护墙之间的水平距离也不宜小于围护墙插入深度的1.5倍，斜撑与围檩及斜撑与基础之间的连接，以及围檩与围护墙之间的连接应满足斜撑的水平分力和竖向分力的传递要求。

采用竖向斜撑体系的基坑，在基坑中部的土方开挖后和斜撑未形成前，基坑变形取决于围护墙内侧预留的土堤对墙体所提供的被动抗力，因此保持土堤边坡的稳定至关重要，必须通过计算确定可靠的安全储备。

5. 竖向支承系统是基坑实施期间的关键构件

钢立柱的具体形式是多样的，它既要承受较大的荷载，同时要求断面不应过大，因此构件必须具备足够的强度和刚度。钢立柱必须具备一个具有相应承载能力的基础。根据支撑荷载的大小，立柱一般可采用角钢格构式钢柱、H形钢柱或钢管柱；立柱桩常采用灌注桩，也可采用钢管桩。基坑围护结构立柱桩可以利用主体结构工程桩，在无法利用工程桩的部位应加设临时立柱桩。

立柱的设计一般应按照轴心受压构件进行设计计算，同时应考虑所采用的立柱结构构件与水平支撑的连接构造要求以及与底板连接位置的止水构造要求。基坑工程的立柱与主体结构的竖向钢构件的最大不同在于，立柱需要在基坑开挖前置入立柱桩孔中，并在基坑开挖阶段逐层与水平支撑构件完成连接。因此，立柱的截面尺寸大小要有一定的限制，同时也应能够提供足够的承载能力。立柱截面构造应尽量简单，与水平支撑体系的连接节点也必须易于现场施工。

6. 支撑结构施工

无论何种支撑，其总体施工原则都是相同的，土方开挖的顺序、方法必须与设计工况一致，并遵循"先撑后挖、限时支撑、分层开挖、严禁超挖"的原则进行施工，尽量减小基坑无支撑暴露时间和空间。同时应根据基坑工程等级、支撑形式、场内条件等因素，确定基坑开挖的分区及其顺序。宜先开挖周边环境要求较低的一侧土方，并及时设置支撑。环境要求较高一侧的土方开挖，宜采用抽条对称开挖、限时完成支撑或垫层的方式。

基坑开挖应按支护结构设计、降排水要求等确定开挖方案，开挖过程中应分段、分层、随挖随撑、按规定时限完成支撑的施工，作好基坑排水，减少基坑暴露时间。基坑开挖过程中，应采取措施防止碰撞支护结构、工程桩或扰动原状土。支撑的拆除过程必须遵循"先换撑、后拆除"的原则进行施工。

五、其他基坑支护形式

近年来，随着工程实践的发展，不断涌现出新型的基坑支护形式，下面做一些简述。

1. 预应力鱼腹梁水平支撑技术

该技术是应用预应力原理开发出的一种技术先进、新型支护结构。该工法是以钢绞线和支杆来代替传统支撑，实现了支护结构技术跨越式发展，不仅能显著改善施工场地条件，且大大减少支护结构安装、拆除、土方开挖、主体结构施工的造价和工期，是绿色环保、资源不消耗的建筑施工节能新技术。对边长不大的方形基坑，预应力鱼腹梁水平支撑技术可显著增加基坑无支撑施工面积比，极大地利于土方开挖和地下室结构施工（图6-4）。

图 6-4 鱼腹梁水平支撑示意图

但鱼腹梁水平支撑技术对土方开挖和地下室结构施工的方便程度提高不显著，不能解决水平支撑带来的造价提高、土方开挖困难、地下结构施工慢、工期长的问题。

2. 倾斜支护桩技术

2010年，天津大学郑刚提出倾斜支护桩技术[39]。经过研究和实践证明：倾斜桩与竖直桩组合支护可显著减小围护桩内力与变形，并可显著增加悬臂支护深度。在相同情况下，倾斜10°～20°的悬臂支护桩，桩顶最大水平位移仅相当于竖直悬臂支护桩的25%～60%；当竖直桩与倾斜20°的倾斜桩形成"斜一值交替布置"的支护形式时，桩顶最大水平位移仅相当于竖直悬臂支护桩的20%～35%，变形和内力显著减小（图6-5）。

图 6-5 倾斜支护桩技术模型示意图

第三节 防水排水设计

基坑施工中，为避免产生流砂、管涌、坑底突涌，防止坑壁土体的坍塌，保证施工安全和减少基坑开挖对周围环境的影响，当基坑开挖深度内存在饱和软土层和含水层及坑底以下存在承压含水层时，需要选择合适的方法进行基坑降水与排水。降排水的主要作用为：

（1）防止基坑底面与坡面渗水，保证坑底干燥，便于施工。

（2）增加边坡和坑底的稳定性，防止边坡或坑底的土层颗粒流失，防止流砂产生。

（3）减少被开挖土体含水量，便于机械挖土、土方外运、坑内施工作业。

（4）有效提高土体的抗剪强度与基坑稳定性。对于放坡开挖而言，可提高边坡稳定性。对于支护开挖，可增加被动区土抗力，减少主动区土体侧压力，从而提高支护体系的稳定性和强度保证，减少支护体系的变形。

（5）减少承压水头对基坑底板的顶托力，防止坑底突涌。

硬黏土由于属于隔水层，往往只进行基坑支护的防水和排水。基坑排水一般采用集水明排。

1. 集水明排的适用范围

1）地下水类型一般为上层滞水，含水土层渗透能力较弱。

2）一般为浅基坑，降水深度不大，基坑或涵洞地下水位超出基础底板或洞底标高不大于 2.0m。

3）排水场区附近没有地表水体直接补给。

4）含水层土质密实，坑壁稳定（细粒土边坡不易被冲刷而塌方），不会产生流砂、管涌等不良影响的地基土，否则应采取支护和防潜蚀措施。

2. 集水明排方法

1）基坑外侧设置由集水井和排水沟组成的地表排水系统，避免坑外地表明水流入基坑内。排水沟宜布置在基坑边净距 0.5m 以外（有止水帷幕时，基坑边从止水帷幕外边缘起计算；无止水帷幕时，基坑边从坡顶边缘起计算）。

2）多级放坡开挖时，可在分级平台上设置排水沟。

3）基坑内宜设置排水沟、集水井和盲沟等，以疏导基坑内明水。集水井中的水应采用抽水设备抽至地面。盲沟中宜回填级配砾石作为滤水层。

4）排水沟、集水井尺寸应根据排水量确定，抽水设备应根据排水量大小及基坑深度确定，可设置多级抽水系统。集水井尽可能设置在基坑阴角附近。

第四节 变 形 监 测

由于岩土体性质的复杂多变性及各种计算模型的局限性，很多基坑工程的理论计算结果与实测数据往往有较大差异。鉴于上述情况，在工程设计阶段就准确无误地预测基坑支护结构和周围土体在施工过程中的变化是不现实的，施工过程中如果出现异常，且这种变化又没有被及时发现并任其发展，后果将不堪设想。据统计多起国内外重大基坑工程事故在发生前监测数据都有不同程度的异常反映，但均未得到充分重视而导致了严重的后果。

近年来，基坑工程信息化施工受到了越来越广泛的重视。为保证工程安全顺利地进行，在基坑开挖及结构构筑期间开展严密的施工监测是很有必要的，因为监测数据可以称为工程的"体温表"，不论是安全还是隐患状态都会在数据上有所反映。从某种意义上施工监测也可以说是一次 1∶1 的岩土工程原型试验，所取得的数据是基坑支护结构和周围地层在施工过程中的真实反映，是各种复杂因素影响下的综合体现。与其他客观实物一样，基坑工程在空间上是三维的，在时间上是发展的，缺少现场实测和数据分析，对于认识和把握其客观规律几乎是不可能的。

值得一提的是，近年来我国各城市地区相继编写并颁布实施了各种基坑设计、施工规范和标准，其中都特别强调了基坑监测与信息化施工的重要性，甚至专门颁布了基坑工程监测规范，如国家标准《建筑基坑工程监测技术标准》GB 50497 等，其中明确规定"开挖深度超过 5m、或开挖深度未超过 5m 但现场地质情况和周围环境较复杂的基坑工程均应实施基坑工程监测"。经过多年的努力，我国大部分地区开展的城市基坑工程监测工作，已经不仅仅成为各建设主管部门的强制性指令，同时也成为工程参建各方诸如建设、施工、监理和设计等单位自觉执行的一项重要工作。

如前所述，近年来我国基坑工程监测技术取得了迅速的发展，重视程度也得到了提高，但与工程实际要求相比还存在较大的差距，问题主要表现在以下几个方面：

（1）现场数据分析水平有待提高

现场监测目的是及时掌握基坑支护结构和相邻环境的变形和受力特征，并预测下一步发展趋势。但由于现场监测人员水平的参差不齐以及对实测数据的敏感性差异，往往使基坑监测工作事倍功半。目前大部分现场监测的模式停留在"测点埋设—数据测试—数据简单处理—提交数据报表"阶段，监测人员很少对所测得的数据及其变化规律进行分析，更谈不上预测下一步发展趋势及指导施工。

与大型水电工程相比，一般城市基坑工程由于施工持续时间相对较短、投资规模相对较小，设计人员很少常驻现场。由于现场监测人员更熟悉整个工程施工和监测情况，现实要求监测人员也要具有一定的计算分析水平，充分了解设计意图，并能够根据实测结果及时提出设计修改和施工方案调整意见，这就对监测人员提出了更高的素质要求，而目前国内大多数监测人员还达不到这样的水平。

现场监测是岩土工程学科一个非常重要的组成部分，是联系设计和施工的纽带，是信息化施工得以实施的关键环节，也是多学科、多专业的交叉点。从事基坑监测工作需要掌握工程测量、土力学、基坑施工、工程地质与水文地质、概率统计、数据库、软件编程等相关的知识。所以需要广大监测人员付出更多的辛勤劳动，努力提高自身水平，才能把基坑监测工作做得更深入、更有效、更务实。

（2）现场监测数据的可靠性和真实性问题

在实际基坑监测过程中，数据的可靠性和真实性是我国基坑工程界目前面临的一个非常严肃的问题。某种意义上来说"失真"的监测数据非但不会起到指导施工的作用，甚至会"误导"施工，起到相反的效果。例如某基坑周边道路已经明显开裂，现场监测数据反映路面沉降尚不到 1cm，由于数据误导，各方麻痹大意，最终导致该工程发生严重事故，事后调查该现场监测工作极不正规，甚至存在篡改、乱编数据现象。据笔者的实际监测经验，基坑监测的误差主要来源于以下两个方面：

一是现场监测设备和测试元件是否满足实际工程监测的精度、稳定性和耐久性要求。目前国内有些传感器和测量仪器难以满足实际工程的精度和稳定性要求，有些测试数据的精度距实际工程需求竟然相差 1~2 个数量级，误差本身已经超过了实测数据变化量；国外虽有较高精度的元件，但是价格昂贵，不适应我国国情。同时基坑施工现场条件一般都比较恶劣，大部分监测设备和传感器都要经受施工周期内的风吹日晒和尘土影响，仪器设备的磨损和破坏也是必不可少的现象；另外工程现场条件，尤其是城市基坑现场施工场地往往十分狭小，可供监测使用的场地就更有限，测点和基准点遭受破坏的现象也屡见不鲜。所以在基坑监测过程中应该尽量采用经过鉴定的、满足精度的、性能稳定的仪器，监测过程中应定期校正和标定，注意对测点的保护，以满足保证施工安全的基本要求。

二是现场数据采集和处理过程是否满足监测技术要求。在实际监测过程中，由于监测项目多、监测工作量大、监测人员的个体差异，在监测点埋设、数据采集和数据处理过程中会出现各种误差；在监测成果的整理上，目前多数监测单位忽视了数据的可靠性检验和分析，导致实测数据"真假并存"。所以应由具有丰富现场监测工作经验的技术人员主持监测设计和施工工作，增加监测数据的检验程序；对于各项监测成果，必须首先进行统计检验或者稳定性分析，评价其精度和可靠程度。只有可靠的数据才能进入报表，指导设计和施工。

（3）监测数据警戒值标准的问题

设定基坑监测警戒值的目的是及时掌握基坑支护结构和周围环境的安全状态，对可能出现的险情和事故提出警报。但目前对于基坑警戒值暨控制值的确定还缺乏系统的研究，大多数还是依赖经验，而且各地区差异较大，很难形成量化指标；即使形成量化指标也很难实际操作。例如，在现场监测过程中，有时候会发现即使在基坑规程允许范围内的支护结构变形也会引起相邻建筑物、道路和地下管网等设施的破坏；而有时候，基坑支护结构变形相当大，远远超过报警值，周围相邻建筑物、道路和地下管网却安然无恙，这些都是值得探讨的问题。

由于目前基坑工程监测的警戒值设置存在不合理现象，很多现场监测人员发现实测数据超过警戒值后，很少分析是否真的存在隐患或者数据下一步发展趋势，而是盖上红章以示报警了事。这样的后果导致报警次数增多而未发生险情，产生麻痹思想，反而忽视真正险情而错过了最佳抢险时机，导致事故发生，即"狼来了"现象。所以基坑工程警戒值的合理性值得探讨，如何提出一套合理有效的报警体系成为基坑工程师关注的热点问题。

（4）监测数据的利用率和经验积累的问题

现场监测除了作为确保实际施工安全可靠的有效手段外，对于验证原设计方案或局部调整施工参数、积累数据、总结经验、改进和提高原设计水平具有相当的实际指导意义。但目前我国有关各基坑工程监测项目资料的汇总和总结尚无统一规划和系统收集，建立地区性的数据网络和成果汇集，对于资源共享、提高水平将有着不可估量的积极作用。

1. 基坑工程监测的主要目的

1）使参建各方能够完全客观真实地把握工程质量，掌握工程各部分的关键性指标，确保工程安全；

2）在施工过程中通过实测数据检验工程设计所采取的各种假设和参数的正确性，及时改进施工技术或调整设计参数以取得良好的工程效果；

3）对可能发生危及基坑工程本体和周围环境安全的隐患进行及时、准确的预报，确保基坑结构和相邻环境的安全；

4）积累工程经验，为提高基坑工程的设计和施工整体水平提供数据支持。

2. 监测原则

基坑工程监测是一项涉及多门学科的工作，其技术要求较高，基本原则如下：

1）监测数据必须是可靠真实的，数据的可靠性由测试元件安装或埋设的可靠性、监测仪器的精度以及监测人员的素质来保证。监测数据真实性要求所有数据必须以原始记录为依据，任何人不得篡改、删除原始记录；

2）监测数据必须是及时的，监测数据需在现场及时计算处理，发现有问题可及时复测，做到当天测、当天反馈；

3）埋设于土层或结构中的监测元件应尽量减少对结构正常受力的影响，埋设监测元件时应注意与岩土介质的匹配；

4）对所有监测项目，应按照工程具体情况预先设定预警值和报警制度，预警体系包括变形或内力累积值及其变化速率；

5）监测应整理完整监测记录表、数据报表、形象的图表和曲线，监测结束后整理出监测报告。

3. 监测方案

监测方案根据不同需要会有不同内容，一般包括工程概况、工程设计要点、地质条件、周边环境概况、监测目的、编制依据、监测项目、测点布置、监测人员配置、监测方法及精度、数据整理方法、监测频率、报警值、主要仪器设备、拟提供的监测成果以及监测结果反馈制度、费用预算等。

4. 监测项目

基坑监测的内容分为两大部分，即基坑本体监测和相邻环境监测。基坑本体中包括围护桩墙、支撑、锚杆、土钉、坑内立柱、坑内土层、地下水等；相邻环境中包括周围地层、地下管线、相邻建筑物、相邻道路等。基坑工程的监测项目应与基坑工程设计、施工方案相匹配。应针对监测对象的关键部位，做到重点观测、项目配套并形成有效的、完整的监测系统。

根据国家标准《建筑基坑工程监测技术标准》GB 50497，土质基坑工程监测项目应根据表 6-1 进行选择。

土质基坑工程仪器监测项目表　　　　　　　表 6-1

监测项目	基坑工程安全等级		
	一级	二级	三级
围护墙（边坡）顶部水平位移	应测	应测	应测
围护墙（边坡）顶部竖向位移	应测	应测	应测
深层水平位移	应测	应测	宜测
立柱竖向位移	应测	应测	宜测
围护墙内力	宜测	可测	可测
支撑轴力	应测	应测	宜测
立柱内力	可测	可测	可测
锚杆轴力	应测	宜测	可测
坑底隆起	可测	可测	可测
围护墙侧向土压力	可测	可测	可测
孔隙水压力	可测	可测	可测

监测项目		基坑工程安全等级		
		一级	二级	三级
地下水位		应测	应测	应测
土体分层竖向位移		可测	可测	可测
周边地表竖向位移		应测	应测	宜测
周边建筑	竖向位移	应测	应测	应测
	倾斜	应测	宜测	可测
	水平位移	宜测	可测	可测
周边建筑裂缝、地表裂缝		应测	应测	应测
周边管线	竖向位移	应测	应测	应测
	水平位移	可测	可测	可测
周边道路竖向位移		应测	宜测	可测

5. 监测频率

基坑工程监测频率的确定应满足能系统反映监测对象所测项目的重要变化过程而又不遗漏其变化时间的要求。监测工作应从基坑工程施工前开始，直至地下工程完成为止，贯穿于基坑工程和地下工程施工全过程。对有特殊要求的基坑周边环境的监测应根据需要延续至变形趋于稳定后结束。

基坑工程的监测频率不是一成不变的，应根据基坑开挖及地下工程的施工进程、施工工况以及其他外部环境影响因素的变化及时做出调整。一般在基坑开挖初期，地基土处于卸荷阶段，支护体系处于逐渐加荷状态，应适当加密监测；当基坑开挖完后一段时间，监测值相对稳定时，可适当减少监测频率。当出现异常现象和数据，或临近报警状态时，应增加监测频率甚至连续监测。监测项目的监测频率应综合基坑类别、基坑及地下工程的不同施工阶段以及周边环境、自然条件的变化和当地经验而确定。对于应测项目，在无数据异常和事故征兆的情况下，开挖后现场仪器监测频率可按相关规范确定。

第五节　土　方　开　挖

在建筑工程中，土方工程一般包括场地平整、基坑开挖、土方装运、土方回填压实等工作。随着基坑开挖工程规模越来越大，机械化施工已成为土方工程中提高工效、缩短工期的必要手段。土方工程可以根据机械的工作性能和特点，结合土方工程的具体需要，选择不同种类的土方施工机械。

基坑土方开挖的目的是为了进行地下结构的施工。为了实现土方开挖，就必须采取相应的支护施工技术，以保证基坑及周边环境的安全。基坑支护设计应综合考虑基坑土方开挖的施工方法，而基坑土方开挖的方案则应结合基坑支护设计确定。

一、基坑土方开挖总体要求

基坑开挖前应根据工程地质与水文地质资料、结构和支护设计文件、环境保护要求、施工场地条件、基坑平面形状、基坑开挖深度等，遵循"分层、分段、分块、对称、平衡、限时"和"先撑后挖、限时支撑、严禁超挖"的原则编制土方开挖施工方案。土方开挖施工方案应履行审批手续，并按照有关规定进行专家评审论证。

基坑工程中坑内栈桥道路和栈桥平台应根据施工要求以及荷载情况进行专项设计，施工过程中应严格按照设计要求对施工栈桥的荷载进行控制。挖土机械的停放和行走路线布置、挖土顺序、土方驳运、材料堆放等应避免引起对工程桩、支护结构、降水设施、监测设施和周围环境的不利影响，施工时应按照设计要求控制基坑周边区域的堆载。

基坑开挖过程中，支护结构应达到设计要求的强度，挖土施工工况应满足设计要求。采用钢筋混凝土支撑或以水平结构代替内支撑时，混凝土达到设计要求的强度后，才能进行下层土方的开挖。采用钢支撑时，钢支撑施工完毕并施加预应力后，才能进行下层土方的开挖。基坑开挖应采用分层开挖或台阶式开挖的方式，软土地区分层厚度一般不大于4m，分层坡度不应大于 1：1.5。基坑挖土机械及土方运输车辆直接进入坑内进行施工作业时，应采取措施保证坡道稳定。坡道宽度应保证车辆正常行驶，软土地区坡道坡度不应大于 1：8。

机械挖土应挖至坑底以上 20~30cm，余下土方应采用人工修底方式挖除，减少坑底土方的扰动。机械挖土过程中应有防止工程桩侧向受力的措施，坑底以上工程桩应根据分层挖土过程分段凿除。基坑开挖至设计标高应及时进行垫层施工。电梯井、集水井等局部深坑的开挖，应根据深坑现场实际情况合理确定开挖顺序和方法。

基坑开挖应通过对支护结构和周边环境进行动态监测，实行信息化施工。

二、无内支撑基坑土方开挖

场地条件允许时，可采用放坡开挖方式。为确保基坑施工安全，一级放坡开挖的基坑，应按照要求验算边坡稳定性，开挖深度一般不超过 4.0m；多级放坡开挖的基坑，应同时验算各级边坡的稳定性和多级边坡的整体稳定性，开挖深度一般不超过 7.0m。采用一级或多级放坡开挖时，放坡坡度一般不大于 1：1.5；采用多级放坡时，放坡平台宽度应严格控制不得小于 1.5m，在正常情况下放坡平台宽度一般不应小于 3.0m。

放坡坡脚位于地下水位以下时，应采取降水或止水的措施。放坡坡顶、放坡平台和放坡坡脚位置应采取集水明排措施，保证排水系统畅通。基坑土质较差或施工周期较长时，放坡面及放坡平台表面应采取护坡措施。护坡可采用钢丝网水泥砂浆、钢丝网细石混凝土、钢丝网喷射混凝土等方式。

采用土钉支护或土层锚杆支护的基坑，应提供成孔施工的工作面宽度，其开挖应与土钉或土层锚杆施工相协调，开挖和支护施工应交替作业。对于面积较大的基坑，可采取岛式开挖的方式，先挖除距基坑边 8~10m 的土方，中部岛状土体应满足边坡稳定性要求。基坑边土方开挖应分层分段进行，每层开挖深度在满足土钉或土层锚杆施工工作面要求的前提下，应尽量减小，每层分段长度一般不大于 30m。每层每段开挖后应限时进行土钉或土层锚杆施工。

采用水泥土重力式围护墙或板式悬臂支护的基坑，基坑总体开挖方案可根据基坑大小、环境条件，采用分层、分块的开挖方式。对于面积较大的基坑，基坑中部土方应先行开挖，然后再挖基坑周边的土方。

采用钢板桩拉锚支护的基坑，应先开挖基坑边 2～3m 的土方进行拉锚施工，大面积开挖应在拉锚支护施工完毕且预应力施加符合设计要求后方可进行，大面积基坑开挖应遵循分层、分块开挖方法。

三、有内支撑基坑土方开挖

有内支撑的基坑开挖方法和顺序应尽量减少基坑无支撑暴露时间。应先开挖周边环境要求较低的一侧土方，再开挖环境要求较高一侧的土方，应根据基坑平面特点采用分块、对称开挖的方法，限时完成支撑或垫层。开挖基坑面积较大的工程，可根据周边环境、支撑形式等因素，采用岛式开挖、盆式开挖、分层分块开挖的方式。

岛式开挖的基坑，中部岛状土体高度不大于 4.0m 时，可采用一级边坡；中部岛状土体高度大于 4.0m 时，可采用二级边坡，但岛状土体高度一般不大于 9.0m。一级边坡应验算边坡稳定性，二级边坡应同时验算各级边坡的稳定性和整体边坡的稳定性。

盆式开挖的基坑，盆边宽度不应小于 8.0m；盆边与盆底高差不大于 4.0m 时，可采用一级边坡；盆边与盆底高差大于 4.0m 时，可采用二级边坡，但盆边与盆底高差一般不大于 7.0m。一级边坡应验算边坡稳定性，二级边坡应同时验算各级边坡的稳定性和整体边坡的稳定性。

对于长度和宽度较大的基坑可采用分层分块土方开挖方法。分层的原则是每施工一道支撑后再开挖下一层土方，第一层土方的开挖深度一般为地面至第一道支撑底，中间各层土方开挖深度一般为相邻两道支撑的竖向间距，最后一层土方开挖深度应为最下一道支撑底至坑底。分块的原则是根据基坑平面形状、基坑支撑布置等情况，按照基坑变形和周边环境控制要求，将基坑划分为若干个边部分块和中部分块，并确定各分块的开挖顺序，通常情况下应先开挖中部分块再开挖边部分块。

狭长形基坑，如地铁车站等明挖基坑工程，应根据狭长形基坑的特点，选择合适的斜面分层分段挖土方法。采用斜面分层分段挖土方法时，一般以支撑竖向间距作为分层厚度，斜面可采用分段多级边坡的方法，多级边坡间应设置安全加宽平台，加宽平台之间的土方边坡一般不应超过二级；各级土方边坡坡度一般不应大于 1∶1.5，斜面总坡度不应大于 1∶3。

第六节　硬黏土地区基坑常见问题与对策

近年来，随着城市建设的不断推进，深基坑工程数量日益增多，基坑深度也在持续增加。这些基坑工程主要包括工业与民用建筑的地下室基础开挖、地铁及管廊明挖施工等，各项建设工程施工初期基本都会涉及基坑工程，而城市建设空间日趋狭小，基坑开挖环境日趋复杂，使得确保深基坑工程的安全可靠越来越具有挑战性。除基坑开挖深度和长度以外，影响硬黏性地区基坑工程安全使用的三大因素主要为地质情况、支护形式以及周边环境。硬黏性土为膨胀土，遇水膨胀，失水收缩；黏性土上部为填土，厚度及状态都不均匀，含水量大。土钉墙支护在黏性土中坡率一般控制在 1∶0.4～1∶0.7。支护桩一般应用于支护空间有限、周边环境复杂的情况，以混凝土支护桩为主，桩顶设置冠梁，支撑采用锚杆和内支撑，随着对建设用地红线外地下空间的保护，锚杆的使用日趋减少，目前支护桩加坑内斜抛撑成为一种较为常见的支护形式。

一、常见问题

1. 黏土层自然放坡坡率不足

根据统计，硬可塑黏性土抗剪强度试验值较高，部分黏聚力可达到 60kPa，根据放坡整体稳定性计算，5m 深的基坑，放坡角度取 90°垂直开挖时，整体安全系数接近 2.2，如图 6-6 所示。现场垂直开挖后确实也能保持短暂的稳定，但随着开挖时间的增长，坡面则出现垮塌。图 6-7 是某工地按 1：0.3 放坡时出现的坡体损坏。C20 素混凝土护面 $\phi 8@200\times 200$ 钢筋网片出现了崩裂破坏，坡体内土体散落。

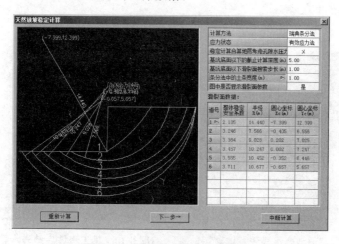

图 6-6　深层载荷板试验装置图

经分析，小坡率自然放坡虽然计算上能通过，但现场实施过程中原本埋置于地下原状黏性土被开挖暴露，表层与水气接触，喷射混凝土过程中，膨胀土吸水变形，导致表层土体软化，抗剪强度降低，加之混凝土面层与土体间粘结效果不佳，坡体较陡，混凝土面层接近于悬挂，成为坡面荷载，从而进一步诱发坡体变形破坏。

2. 基坑内外水环境影响

基坑工程的安全实施首先要解决水的问题，所有的基坑事故基本都能

图 6-7　某工程小坡率自然放坡时出现的坡体破坏

看到水造成的危害，故基坑如何有效防水、排水是基坑工程的一项重要内容。图 6-8 从水源角度对基坑水环境进行了初步分类。

图 6-9 是暴雨季节，市政道路雨水管（盲管）满流溢出，从坡顶冲入坡体，导致支护损坏。图 6-10 所示，该工程采用放坡支护，坡底位置为下柱墩超深坑，由于施工时遭遇降雨，雨水汇入超深坑，未能及时排除，导致坡脚裸露浸泡，硬黏土遇水软化，24h 内基

坑坡顶出现较大位移。图 6-11 是某基坑坡体内水管漏水导致的坡体失稳滑移。

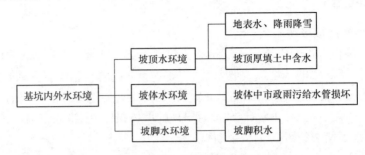

图 6-8　基坑内外水环境分类

图 6-9　某工程坡顶地表水导致基坑破坏

图 6-10　某工程坡底地表水导致基坑破坏

3. 桩间土破坏

基坑采用桩支护时，由于土拱效应的存在，往往各方容易忽略桩间土的稳定。硬黏土地区对桩间土的防护常选择采用挂网喷浆或砖拱墙。后者砖拱墙常用于填土厚度较大的地质情况，前者则用于土质情况较好的黏性土地层。但现场施工中，往往忽略此防护的重要性，常存在桩间土防护裸露、滞后施工或施工不合格等情况，偶遇降雨或其他不利工况，桩间硬黏土遇水软化，从而导致基坑施工中出现如图 6-12、图 6-13 所示的情况。

图 6-11　某工程坡体内水管渗水导致基坑破坏

图 6-12　某工程桩间土垮塌导致护面坍塌

4. 注浆填土失稳

针对深度超过 2m 的填土，采用 1∶1.5 以下的自然放坡一般较难确保安全，常用的加固措施是针对杂填土打入花管进行注浆加固，提高其抗剪强度。但是由于杂填土的组成、含水量等指标离散性大，所以注浆量和注浆压力难以有效控制，较难达到良好的加固效果，加之部分施工质量缺陷，导致基坑在杂填土区段破坏，该滑动面往往发生在填土和硬黏土交界面，如图 6-14 所示。

图 6-13　某工程桩间土破坏导致的桩后土破坏　　　　图 6-14　填土注浆质量缺陷导致的基坑破坏

二、问题分析

通过上述对硬黏土地区若干基坑问题的阐述，可以将以上基坑问题出现的原因归结为如下几类：

（1）外界水进入基坑坡体，与土体发生作用，使得土体抗剪强度指标降低，沿着土体孔隙形成渗流路径，产生渗透力，在多因素的共同作用下，基坑坡体发生局部破坏或整体失稳。

（2）土体抗剪强度评价不足。对于杂填土，一般各勘察院按自己经验结合现场填土成分进行取值；对于黏性土，其抗剪强度指标较高，但未充分考虑其弱膨胀性对基坑带来的影响。

（3）基坑施工质量难评价。基坑工程，很多措施性设置，如压密注浆等，一般设计仅提注浆参数和注浆量等指标，而实际施工后，对于注浆土体是否达到的设计要求，则没有有效的技术手段进行准确评价。同样，如桩间土挂网和砖拱墙，往往是构造设计，施工质量同样难以评价。

（4）不能严格按工况施工。基坑工程一旦牵扯到挖土和工期问题，就显得错综复杂。基坑工程往往包括若干家分包单位，如支护单位、土方单位、主体施工单位等，几家单位一旦互相协调失当，则极易造成开挖进度与设计工况不符，出现基坑事故。

（5）基坑工程破坏往往是以点带面的，基坑是一个薄弱点出现了问题，但未能及时发现和采取相关措施，造成损坏集中，继而从薄弱点向周边进行危害辐射，造成更大的问题或事故。

三、对策研究

针对上述提出的工程问题以及原因分析，结合硬黏土地区工程实际情况等，初步结论和建议如下：

（1）加强对填土和黏性土的评价。对于填土，应根据不同场地的成分、颗粒组成、包含物、含水量以及密实度，对填土抗剪强度提出综合评价；对于黏性土，应重点关注其弱膨胀性对抗剪强度指标的影响，必要的时候进行试验验证。

（2）基坑施工前应充分调查基坑周边高程、地下管网、天气环境等因素，充分评估基坑进水和浸水的可能性，基坑施工至坡底必须立即施工排水沟，封闭坡脚，坡顶不宜设置截水沟时，应增加有效的截水措施。基坑坡顶、坡面、坡底均匀设置有组织、有针对性的排水措施。

（3）应加强对构造性措施（如混凝土护面、短插筋、注浆花管和砖拱墙等）的研究，使其设置更为规范、合理。

（4）规范基坑监测。基坑支护作为岩土工程的重要组成部分，继承了岩土工程的不确定性和离散型，为确保基坑工程的安全可靠，必须在基坑寿命范围内进行动态、有效的基坑监测，做到动态监测、动态反馈。

第七章 硬黏土地区常用的桩基工程

第一节 大直径扩底灌注桩

一、概述

岩土层能提供较大竖向承载力，且适宜底部扩大时采用。当缺乏地区经验时，应通过试验确定其适用性。但在软弱土层，湿陷性或溶陷性土层，存在不稳定溶洞、土洞、采空区及扩大端施工时容易坍塌的土层，未经处理不得采用大直径扩底桩基础[40]。

根据建筑物的重要性、荷载大小及地基复杂程度，将大直径扩底桩分为三个设计等级：单柱荷载大于10000kN或一柱多桩或相邻扩底桩的荷载差别较大或同一建筑结构单元桩端置于性质明显不同的岩土上或结构特殊或地基复杂的重要建筑物，定为甲级；荷载分布均匀的七层及以下民用建筑或与其荷载类似的工业建筑的大直径扩底桩，定为丙级；除甲级和丙级以外的均可定为乙级的大直径扩底桩。

对于柱基础，宜采用一柱一桩；当柱荷载较大或持力层较弱时，亦可采用群桩基础，此时桩顶应设置承台，桩的承载力中心应与竖向永久荷载的合力作用点重合；对于承重墙下的桩基础，应根据荷载大小、桩的承载力以及承台梁尺寸等进行综合分析后布桩，并应优先选用沿墙体轴线布置单排桩的方案；对于剪力墙结构、筒体结构，应沿其墙体轴线布桩；桩的中心距不宜小于1.5倍桩的扩大端直径；扩大端的净距不应小于0.5m；应选择承载能力高的岩土层为持力层；同一建筑结构单元的桩宜设置在同一岩土层上。

二、地基勘察

硬黏土地区大直径扩底桩的岩土工程勘察应查明拟建场地各岩土层的类型、成因、深度、分布、工程特性和变化规律；查明场地水文地质状况，包括地下水类型、埋藏深度、地下水位变化幅度和地下水对桩身材料的腐蚀性等；选择合理的桩端持力层；采用土层作为桩端持力层时，应查明其承载力及变形特性；采用基岩作为桩端持力层时，应查明基岩的岩性、构造、岩面变化、风化程度，确定其坚硬程度、完整性和基本质量等级，判定有无洞穴、临空面、破碎岩体或软弱夹层、风化球体等；查明不良地质作用，提供可液化土层和特殊性岩土的分布及其对桩基的危害程度，并提出防治措施的建议。

对硬黏土地区大直径扩底桩勘察时，勘探点应按建筑轴线布设，其间距应能控制桩端持力层层面和厚度的变化，宜为12~24m。当相邻勘探点所揭露桩端持力层面坡度大于10%，且单向倾伏时，勘探孔应加密。对于荷载较大或地基复杂的一柱一桩工程，桩位确定后应逐桩勘察。勘探深度应能满足沉降计算的要求，控制性勘探孔的深度应达到预计桩端持力层顶面以下（3~5）倍桩的扩大端直径；一般性勘探孔的深度应达到预计桩端持力层顶面以下（2~3）倍桩的扩大端直径；控制性勘探孔的比例宜为勘探孔总数的1/3~1/2。

三、桩的设计

硬黏土地区大直径扩底桩设计时，应进行桩基竖向承载力计算，桩身和承台结构承载力计算，软弱下卧层验算，坡地、岸边的整体稳定性验算，抗拔桩的抗拔承载力计算和桩身裂缝控制验算（按现行行业标准《建筑桩基技术规范》JGJ94 的规定），设计等级为甲级和乙级时（嵌岩桩除外）的沉降和变形计算、水平承载力验算（当桩承受水平荷载时）、桩的水平位移计算（当对桩的水平位移有严格限制及工程施工可使桩产生水平位移）、桩的抗震承载力计算（对于抗震设防区）。

大直径扩底桩的桩端持力层宜选择中密以上的粉土、砂土、卵砾石和全风化或强风化岩体，且层位稳定；当无软弱下卧层时，桩端下持力层厚度不宜小于 2.5 倍桩的扩大端直径；当存在相对软弱下卧层时，持力层的厚度不宜小于 2.0 倍桩的扩大端直径，且不宜小于 5m；桩端下 2.0～2.5 倍桩的扩大端直径范围内应无软弱夹层、断裂带和洞隙，且在桩端应力扩散范围内应无岩体临空面。

1. 大直径扩底灌注桩构造

硬黏土地区大直径扩底桩扩大端如图 7-1 所示，其直径与桩身直径之比（D/d）不宜大于 3.0，矢高（h_c）宜取 0.30～0.35 倍桩的扩大端直径，基岩面倾斜较大时，桩的底面可做成台阶状；扩底端侧面的斜率（b/h_a），对于砂土不宜大于 1/4；对于粉土和黏性土不宜大于 1/3；对于卵石层、风化岩不宜大于 1/2。桩端进入持力层深度，对于粉土、砂土、全风化、强风化软质岩等，可取扩大段斜边高度（h_a），且不小于桩身直径（d）；对于卵石、碎石土、强风化硬质岩等，可取 0.5 倍扩大段斜边高度且不小于 0.5m。同时，桩端进入持力层的深度不宜大于持力层厚度的 0.3 倍。

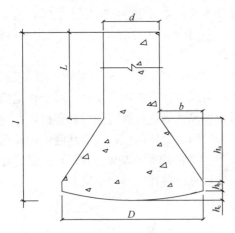

图 7-1　硬黏土地区大直径扩底桩几何尺寸示意图

d—桩身直径；D—扩大端直径；l—桩长；L—扩大端变截面以上桩身长度；h_c—扩大端矢高；h_a—扩大段斜边高度；h_b—最大桩径段高度；b—扩大端半径与桩身半径之差

硬黏土地区大直径扩底桩桩身正截面的最小配筋率不应小于 0.3%，主筋应沿桩身横截面周边均匀布置；对于抗拔桩和受荷载特别大的桩，应根据计算确定配筋率；箍筋直径不应小于 8mm，间距宜为 200～300mm，宜用螺旋箍筋或焊接环状箍筋；对于承受较大水平荷载或处于抗震设防烈度大于等于 8 度地区的桩，箍筋直径不应小于 10mm，桩顶部 3 倍至 5 倍范围内（桩径小取大值，桩径大取小值）箍筋间距应加密至 100mm；扩大端变截面以上，纵向受力钢筋应沿等直径段桩身通长配置；当钢筋笼长度超过 4m 时，每隔 2m 宜设一道直径为 18～25mm 的加劲箍筋；每隔 4m 在加劲箍内设一道井字加强支撑，其钢筋直径不宜小于 16mm；加劲箍筋、井字加强支撑、箍筋与主筋之间宜采用焊接；除抗拔桩外，桩端扩大部分可不配筋；主筋保护层厚度应符合下列规定：有地下水、无护壁时不应小于 50mm；无地下水、有护壁时不应小于 35mm。

当水下灌注混凝土施工时，硬黏土地区大直径扩底桩桩身混凝土的强度等级不应低于C30；干法施工时，桩身混凝土的强度等级不应低于C25；护壁混凝土的强度等级不宜低于桩身混凝土的强度等级。

2. 承台与连系梁构造

硬黏土地区大直径扩底桩桩基承台应满足抗冲切、抗剪切、抗弯承载力和上部构造要求；宜采用正方形或矩形现浇承台，承台高度不宜小于500mm，且应大于连系梁的高度50mm；承台底面的边长应大于或等于桩身直径加400mm，如图7.1.2所示；承台钢筋的混凝土保护层厚度应满足：1）承台底面：有混凝土垫层时，不应小于50mm；无垫层时不应小于70mm；且不小于桩头嵌入承台内的高度；2）承台侧面：不应小于35mm。一柱一桩的承台宜按图7-2配置受力钢筋，且不宜小于ϕ12@200。

硬黏土地区大直径扩底桩桩基承台侧面应设置双向连系梁，连系梁截面高度应取柱中心距的$1/10\sim1/15$，且不宜小于400mm；梁的宽度不应小于250mm；当利用墙梁兼作连系梁时，梁的宽度不应小于墙宽；当承台连系梁仅为符合构造

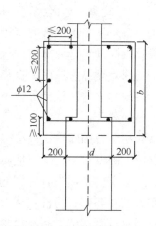

图 7-2　承台构造

b—承台高于地连梁

高度 50mm；d—桩径

要求设置时，可取所连柱最大竖向力设计值的10%作为联系梁的拉力，并应按轴心受拉构件进行截面设计；连系梁的一侧纵向钢筋应按受拉钢筋锚固的要求锚入承台；其最小配筋率应符合现行国家标准《混凝土结构设计规范》GB50010的要求，不宜小于0.2和$45f_t/f_y$中的较大值（f_t为混凝土轴心抗拉强度设计值，f_y为普通钢筋的抗拉强度设计值）；条形承台梁的纵向主筋除需按计算配置外尚应符合现行国家标准《混凝土结构设计规范》GB50010中最小配筋率的规定，主筋直径不应小于12mm，架立筋直径不应小于HRB335ϕ10mm，箍筋直径不应小于8mm。

硬黏土地区大直径扩底桩顶部嵌入承台的长度不宜小于100mm；桩顶部纵向主筋应锚入承台内，其锚固长度不应小于35倍纵向主筋直径；采用一桩一柱时，当建筑体系简单、柱网规则、相邻柱荷载相差较小、地基沉降较小、水平力较小时，可不设置承台；对于不设置承台的一柱一桩基础，柱纵向主筋锚入桩身内的长度不应小于35倍纵向主筋直径；柱主筋与桩主筋宜焊接；对于多桩承台，柱纵向主筋锚入承台内的长度不应小于35倍纵向主筋直径；当承台高度不满足锚固要求时，竖向锚固长度不应小于25倍纵向主筋直径，并应向柱轴线方向呈90°弯折；当有抗震设防要求时，对于一、二级抗震等级的柱，纵向主筋锚固长度应乘以1.15的系数；对于三级抗震等级的柱，纵向主筋锚固长度应乘以1.05的系数。

一柱多桩的板式承台和条式承台内力计算按现行行业标准《建筑桩基技术规范》JGJ94验算承台抗弯承载力、抗冲切承载力、抗剪承载力和局部抗压承载力，并确定承台板或承台梁的截面高度和配筋。

3. 设计计算

硬黏土地区一般建筑物的大直径扩底群桩基础桩顶作用效应计算按现行行业标准《建筑桩基技术规范》JGJ94进行计算。对于主要承受竖向荷载的抗震设防区低承台大直径扩

底桩基，在同时满足不进行桩基抗震承载力验算的建筑物和建筑场地位于建筑抗震的有利地段两个条件时，桩顶作用效应计算可不考虑地震力作用；当大直径扩底桩为端承型桩基，不宜考虑承台效应，基桩竖向承载力特征值应取单桩竖向承载力特征值。

1）硬黏土地区大直径扩底桩桩基竖向承载力计算

（1）硬黏土地区大直径扩底桩桩基竖向承载力荷载效应标准组合、地震作用效应和荷载效应标准组合计算按现行行业标准《建筑桩基技术规范》JGJ 94进行计算。

（2）硬黏土地区大直径扩底桩单桩竖向承载力计算

硬黏土地区设计等级为甲级的建筑桩基，大直径扩底桩单桩竖向承载力特征值应通过单桩静载荷试验确定；当有可靠地区经验时，可通过深层载荷试验与等直径纯摩擦桩载荷试验相结合的间接试验法确定；设计等级为乙级的建筑桩基，当有可靠地区经验时，可根据原位测试结果，参照地质条件相同的试桩资料，结合工程经验综合确定；设计等级为丙级的建筑桩基，当有可靠地区经验时，可根据原位测试和经验参数确定；以风化基岩、密实砂土和卵砾石为桩端持力层的建筑桩基，当有可靠地区经验时，除甲级建筑桩基外，可根据原位测试结果和经验参数确定。非自重湿陷性黄土场地设计等级为甲级的建筑桩基，应由原型桩浸水载荷试验确定承载力特征值。当有可靠地区经验时，浸水饱和后非自重湿陷性黄土的桩侧阻力折减系数 K 可按表7-1的规定取值。

非自重湿陷性黄土侧阻力折减系数　　表7-1

S_r	≥0.90	0.85	0.80	0.75	0.70	0.65	0.60	0.55	≤0.50
K	1.00	0.98	0.88	0.81	0.74	0.68	0.61	0.54	0.47

注：S_r 为扩底桩桩侧黄土浸水前按土层厚度计算的饱和度加权平均值；可由 S_r 值内插法确定 K。

根据土的物理力学指标与单桩承载力参数间的经验关系估算硬黏土地区大直径扩底桩竖向承载力特征值 R_a：

$$R_a = \pi d \sum l_i q_{sia} + A_p q_{pa} \tag{7-1}$$

式中　d——桩身直径（m）；

l_i——第 i 层土的厚度（m）；

q_{sia}——第 i 层土的桩侧阻力特征值（kPa），由当地经验确定或按表7-2取值；

A_p——桩底扩大端水平投影面积（m²）；

q_{pa}——桩端阻力特征值（kPa），根据当地经验确定或按表7-3取值。

大直径扩底桩侧阻力特征值 q_{sia}（kPa）　　表7-2

岩土名称	土的状态		泥浆护壁钻孔桩及干作业挖孔桩
黏性土	流塑	$I_L>1$	10～20
	软塑	$0.75<I_L≤1$	20～26
	可塑	$0.50<I_L≤0.75$	26～34
	硬可塑	$0.25<I_L≤0.50$	34～42
	硬塑	$0<I_L≤0.25$	42～48
	坚硬	$I_L≤0$	48～52

大直径扩底桩端阻力特征值 q_{pa}（kPa）　　　　表 7-3

土类及状态		桩入土深度 (m)	扩底直径 D (m)					
			1.0	1.5	2.0	2.5	3.0	3.5
黏性土	可塑	$5 \leqslant l_m < 10$	490～650	440～590	420～555	390～515	370～490	350～470
		$10 \leqslant l_m < 15$	650～790	590～715	555～675	515～630	490～595	470～570
		$15 \leqslant l_m \leqslant 30$	790～1050	715～950	675～895	630～835	595～790	570～750
	硬塑	$5 \leqslant l_m < 10$	850～980	780～885	725～840	675～780	640～740	610～705
		$10 \leqslant l_m < 15$	980～1140	885～1030	840～975	780～905	740～860	705～820
		$15 \leqslant l_m \leqslant 30$	1140～1380	1030～1245	975～1180	905～1100	860～1040	820～990

2）硬黏土地区大直径扩底桩沉降计算

（1）单桩竖向变形计算

$$S = S_1 + S_2 \tag{7-2}$$

$$S_1 = \frac{QL}{E_c A_{ps}} \tag{7-3}$$

$$S_2 = \frac{DI_\rho p_b}{2E_0} \tag{7-4}$$

$$p_b = (N_k + G_{fk})/A_p - (\pi d q_{sk} L/A_p) - \gamma_0 l_m \tag{7-5}$$

式中　S——大直径扩底桩基础单桩竖向变形（mm）；

S_1——桩身轴向压缩变形（mm）；

S_2——桩端下土的沉降变形（mm）；

Q——荷载效应准永久组合作用下，桩顶的附加荷载标准值（kN）；

L——扩大端变截面以上桩身长度（m）；

E_c——桩体混凝土的弹性模量（MPa）；

A_{ps}——扩大端变截面以上桩身截面面积（m²）；

I_ρ——大直径扩底桩沉降影响系数，与大直径扩底桩入土深度 l_m、扩大端半径 a 及持力层土体的泊松比有关，可按表 7-4 的规定取值；

p_b——桩底平均附加压力标准值（kPa）；

E_0——桩端持力层土体的变形模量（MPa），可由深层载荷试验确定。当无深层载荷试验数据时应取 $E_0 = \beta_0 E_{s1-2}$，其中 E_{s1-2} 为桩端持力层土体的压缩模量；β_0 为室内土工试验压缩模量换算为计算变形模量的修正系数，应按表 7-5 的规定取值；

G_{fk}——大直径扩底桩自重标准值（kN）；

A_p——桩底扩大端水平投影面积（m²）；

q_{sk}——扩大端变截面以上桩长范围内按土层厚度计算的加权平均极限侧阻力标准值（kPa），应由当地经验或《大直径扩底灌注桩技术规程》JGJ/T 225 中表 7-12 确定，$q_{sik} = 2q_{sia}$；

γ_0——桩入土深度范围内土层重度的加权平均值（kN/m³）；

l_m——桩入土深度（m）；

其余符号意义同前。

<table>
<tr><td colspan="13">大直径扩底桩沉降影响系数　　　　　　　　　　表 7-4</td></tr>
</table>

l_m/a	2.0	3.0	4.0	5.0	6.0	7.0	8.0	9.0	10.0	11.0	12.0	15.0
I_ρ	0.837	0.768	0.741	0.702	0.681	0.664	0.652	0.641	0.625	0.611	0.598	0.565

注：可由 l_m/a 值内插法确定 I_ρ；当 $l_m/a>15$ 时，I_ρ 应按 0.565 取值。

大直径扩底桩桩端土体计算变形模量的修正系数　　　　　　　　表 7-5

E_{s1-2}/MPa	10.0	12.0	15.0	18.0	20.0	25.0	28.0
β_0	1.30	1.55	1.87	2.20	2.30	2.40	2.50

注：可由 E_{s1-2} 值内插法确定 β_0；$E_{s1-2}>28.0MPa$ 时，可由深层载荷试验确定 E_0。

（2）当存在相邻荷载时，可按现行国家标准《建筑地基基础设计规范》GB 50007 的规定，考虑相邻荷载计算大直径扩底桩桩基沉降。

3）硬黏土地区大直径扩底桩水平承载力和抗拔承载力

（1）大直径扩底桩单桩水平承载力宜通过现场水平载荷试验确定，试验宜采用慢速维持荷载法，试验方法和承载力取值按现行行业标准《建筑基桩检测技术规范》JGJ 106[41] 执行。受水平荷载作用的大直径扩底群桩，当考虑承台（包括地下墙体）、基桩协同工作和土的弹性抗力作用时，按现行行业标准《建筑桩基技术规范》JGJ 94 的有关规定计算基桩内力和位移。

（2）对于设计等级为甲级和乙级建筑的大直径扩底桩的单桩抗拔极限承载力，通过现场单桩抗拔静载荷试验确定，试验符合现行行业标准《建筑基桩检测技术规范》JGJ 106 的规定。丙级建筑的大直径扩底桩的单桩抗拔极限承载力，按现行行业标准《建筑桩基技术规范》JGJ 94 的有关规定计算。当验算地震荷载作用下的桩身抗拔承载力时，根据现行国家标准《建筑抗震设计规范》GB 50011 的规定，对作用于桩顶的地震作用效应进行调整。

四、大直径扩底灌注桩施工

1. 基本注意事项

硬黏土地区大直径扩底在进行成孔施工工艺选择时：在地下水位以下成孔时宜采用泥浆护壁工艺，在地下水位以上或降水后可采用干作业钻、挖成孔工艺；在黏性土、粉土、砂土、碎石土及风化岩层中，可采用旋挖成孔工艺；在地下水位较高，有承压水的砂土层、厚度较大的流塑淤泥和淤泥质土层中不宜选用人工挖孔施工工艺。

硬黏土地区大直径扩底桩施工过程中成孔设备就位后，应保持平整、稳固，在成孔过程中不得发生倾斜和偏移。桩端进入持力层的设计深度应由工程勘察人员、监理工程师、设计和施工技术人员共同确认。

灌注桩成孔施工的允许误差应符合表 7-6 的规定：

硬黏土地区大直径扩底桩在进行钢筋笼制作时，钢筋的材质、数量、尺寸应符合设计要求，且制作允许偏差应符合表 7-7 的规定；灌注混凝土的导管接头处外径应比钢筋笼的内径小 100mm 以上。

灌注桩成孔施工允许误差 表7-6

成孔方法		桩径偏差（mm）	垂直度允许偏差（%）	桩位允许偏差（mm）
钻、挖孔扩底桩		±50	±1.0	≤d/4 且不大于100mm
人工挖孔扩底桩	现浇混凝土护壁	±50	±0.5	
	长钢套管护壁	±20	±1.0	

注：桩径允许偏差的负值是指个别断面。

钢筋笼制作允许偏差 表7-7

项目	允许偏差（mm）
主筋间距	±10
箍筋间距	±20
钢筋笼直径	±10
钢筋笼长度	±100

硬黏土地区大直径扩底桩桩体混凝土粗骨料可选用卵石或碎石，其骨料粒径不得大于50mm，且不宜大于主筋最小净距的1/3。

2. 泥浆护壁成孔大直径扩底灌注桩

采用泥浆护壁成孔工艺施工时，除能自行造浆的黏性土层外，均应制备泥浆。泥浆制备应选用高塑性黏土或膨润土。泥浆护壁施工期间护筒内的泥浆面应高出地下水位1.0m以上，在受水位涨落影响时，泥浆面应高出最高水位1.5m以上；成孔时孔内泥浆液面应保持稳定，且不宜低于硬地面30cm；在容易产生泥浆渗漏的土层中应采取保证孔壁稳定的措施；开孔时宜用密度为1.2g/cm³的泥浆；在黏性土层、粉土层中钻进时，泥浆密度宜控制在1.3g/cm³以下。废弃的浆、渣应集中处理，不得污染环境。

对于正、反循环钻孔扩底灌注桩，孔深较大的端承型桩，宜采用反循环工艺成孔或清孔，也可根据土层情况采用正循环钻进、反循环清孔。泥浆护壁成孔应设孔口护筒，护筒中心与桩位中心的允许偏差应为±50mm；护筒埋设应稳固；护筒宜用厚度为4～8mm的钢板制作，内径应大于钻头直径100mm，其上部宜开设1～2个溢浆孔；在黏性土中护筒的埋设深度不宜小于1.0m，砂土中护筒的埋设深度不宜小于1.5m，其高度尚应满足孔内泥浆面高度的要求；受水位涨落影响或在水下钻进施工，护筒应加高加深，必要时应打入不透水层。

正、反循环钻孔扩底灌注桩施工时，宜采用与钻机配套的标准直径钻头成孔，并应根据成孔的充盈系数确定钻头的直径大小，应保证成桩的充盈系数不小于1.10。钻孔应采用钻机自重加压法钻进；灌注混凝土前，对于竖向承载的扩底桩，孔底沉渣厚度不应大于50mm；对于抗拔或抗水平力的扩底桩，孔底沉渣厚度不应大于200mm。

大直径扩底灌注桩（图7-3）的扩孔边锥角（α）：风化

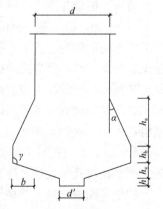

图7-3 钻孔扩底桩扩底形状示意图

α—扩孔边锥角；γ—扩孔底角；d'—沉渣孔的直径及深度

基岩中宜取 $22°\sim28°$，较稳定土层宜取 $15°\sim25°$；扩孔底锥角（γ）：宜取 $105°\sim135°$；最大桩径段高度（h_b）：宜取 $0.3\sim0.4$m；沉渣孔：直径宜取 $0.2\sim0.3$m；深度宜取 $0.1\sim0.3$m。

3. 干作业成孔大直径扩底灌注桩

1）钻孔扩底灌注桩

钻杆应保持垂直稳固，位置准确，应防止因钻杆晃动引起扩径；钻进速度应根据电流值变化及时调整；钻进过程中，应随时清理孔口积土，遇到地下水、塌孔、缩孔等异常情况时，应及时处理。应根据电流值或油压值，调节扩孔刀片削土量，防止出现超负荷现象；扩底直径和孔底的虚土厚度应符合设计要求。成孔扩底达到设计深度后，应保护孔口，并应按《大直径扩底灌注桩技术规程》JGJ/T 225 规定进行验收，及时做好记录。当扩底成孔发现桩底硬质岩残积土或页岩、泥岩等发生软化时，应重新启动钻机将其清除。灌注混凝土前，应在孔口安放护孔漏斗，然后放置钢筋笼，并应再次测量孔内虚土厚度。灌注混凝土时，第一次应灌到扩大端的顶面，并随即振捣密实；灌注桩顶以下 5m 范围内混凝土时，应随灌注随振捣密实，每次灌注高度不应大于 1.5m。

2）人工挖孔扩底灌注桩

人工挖孔大直径扩底灌注桩的桩身直径不宜小于 0.8m，孔深不宜大于 30m。当相邻桩间净距小于 2.5m 时，应采取间隔开挖措施。相邻排桩间隔开挖的最小施工净距不得小于 4.5m。当桩身直径不大于 1.5m 时，混凝土护壁厚度不宜小于 100mm，护壁应配置直径不小于 8mm 的环形和竖向构造钢筋，钢筋水平和竖向间距不宜大于 200mm，钢筋应设于护壁混凝土中间，竖向钢筋应上下搭接或焊接；当桩身直径大于 1.5m 且小于 2.5m 时，混凝土护壁厚度宜为 120~150mm；应在护壁厚度方向配置双层直径为 8mm 的环形和竖向构造钢筋，钢筋水平和竖向间距不宜大于 200mm，竖向钢筋应上下搭接或焊接；当桩身直径大于等于 2.5m 且小于 4m 时，混凝土护壁厚度宜为 200mm，应在护壁厚度方向配置双层直径为 8mm 的环形和竖向构造钢筋，钢筋水平和竖向间距不宜大于 200mm，竖向钢筋应上下搭接或焊接。

第一节护壁井圈中心线与设计轴线的偏差不得大于 20mm；井圈顶面应高于场地地面 100~150mm，第一节井圈的壁厚应比下一节井圈的壁厚加厚 100~150mm，并应按上述要求配置构造钢筋。人工挖孔大直径扩底桩施工时每节挖孔的深度不宜大于 1.0m，每节挖土应按先中间、后周边的次序进行。当遇有厚度不大于 1.5m 的淤泥或流砂层时，应将每节开挖和护壁的深度控制在 0.3~0.5m，并应随挖随验，随做护壁，或采用钢护筒护壁施工，并应采取有效的降水措施；扩孔段施工应分节进行，应边挖、边扩、边做护壁，严禁将扩大端一次挖至桩底后再进行扩孔施工；人工挖孔桩应在上节护壁混凝土强度大于 3.0MPa 后，方可进行下节土方开挖施工；当渗水量过大时，应采取截水、降水等有效措施。严禁在桩孔中边抽水边开挖。

护壁井圈施工时每节护壁的长度宜为 0.5~1.0m；上下节护壁的搭接长度不得小于 50mm；每节护壁均应在当日连续施工完毕；护壁混凝土应振捣密实，如孔壁少量渗水可在混凝土中掺入速凝剂，当孔壁渗水较多或出现流砂时，应采用钢护筒等有效措施；护壁模板的拆除应在灌注混凝土 24h 后进行；当护壁有孔洞、露筋、漏水现象时，应及时补强；同一水平面上的井圈直径的允许偏差应为 50mm。

灌注桩身混凝土时宜采用串筒或溜管，串筒或溜管末端距混凝土灌注面高度不宜大于2m；也可采用导管泵送灌注混凝土。混凝土应垂直灌入桩孔内，并连续灌注，宜利用混凝土的大坍落度和下冲力使其密实。桩顶5m以内混凝土应分层振捣密实，分层灌注厚度不应大于1.5m。

4. 大直径扩底灌注桩后注浆

大直径扩底灌注桩后注浆导管应采用直径为30～50mm的钢管，且应与钢筋笼的加强箍筋固定牢固；桩端后注浆导管及注浆阀的数量宜根据桩径大小设置，直径不大于1200mm的桩，宜沿钢筋笼圆周对称设置5～7根；当桩长超过15m且单桩承载力增幅要求较高时，宜采用桩端、桩侧复式注浆；对于非通长配筋桩，下部应有不少于2根与注浆管等长的主筋组成的钢筋笼通底；钢筋笼应沉放到底，不得悬吊，下笼受阻时不得撞笼、墩笼、扭笼。

浆液的水灰比应根据土的饱和度、渗透性确定，对于饱和土，水灰比宜为0.45～0.65；对于非饱和的松散碎石土、砾砂土等水灰比宜为0.5～0.6；低水灰比浆液宜掺入减水剂。注浆终止时的注浆压力应根据土层性质及注浆点深度确定，风化岩、非饱和黏性土及粉土，注浆压力宜为3～10MPa；饱和土层注浆压力宜为1.2～4MPa。软土宜取低值，密实黏性土宜取高值。注浆流量不宜大于75L/min。

单桩注浆量的设计应根据桩径、桩长、桩端和桩侧土层性质、单桩承载力增幅及是否复式注浆等因素确定，可按下式估算：

$$G_c = \alpha_p D + \alpha_s nd \tag{7-6}$$

式中　G_c——注浆量，以水泥质量计（t）；

α_p、α_s——分别为桩端、桩侧注浆经验系数，$\alpha_p = 1.5 \sim 1.8$，$\alpha_s = 0.5 \sim 0.7$，对于卵砾石、中粗砂取高值，一般黏性土取低值；

D——扩大端直径（m）；

n——桩侧注浆断面数；

d——桩身直径（m）。

对独立单桩、桩距大于$6d$的群桩和群桩初始注浆的数根基桩的注浆量，应按公式（7-6）估算，并将估算值乘以1.2的系数。

注浆前应对注浆管及设施进行压水试验；后注浆作业宜于成桩$2d$后开始，注浆作业与成桩作业点的距离不宜小于10m；对于饱和土，宜先桩侧后桩端注浆；对于非饱和土，宜先桩端后桩侧注浆；对于多断面桩侧注浆，应先上后下；桩侧和桩端注浆间隔时间不宜少于2h；桩端注浆时，应对同一根桩的各注浆导管依次实施等量注浆；对于群桩注浆宜先外围、后内部；注浆过程中应记录注浆压力、注浆量和注浆管的变化，并用百分表检测桩的上抬量。

5. 安全措施

硬黏土地区大直径扩底灌注桩施工机械设备的操作应符合现行行业标准《建筑机械使用安全技术规程》JGJ 33[42]的规定，应对机械设备、设施、工具配件以及个人劳保用品经常检查，确保完好和使用安全。桩孔口应设置围栏或护栏、盖板等安全防护设施，每个作业班结束时，应对孔口防护进行逐一检查，严禁非施工作业人员入内。在距未灌注混凝土的桩孔5m范围内，场地堆载不应超过15kN/m²，不应有运输车辆行走。对于软土地基，在表层地基土影响范围内禁止堆载。

　　硬黏土地区人工挖孔大直径扩底桩施工时：孔内应设置应急软爬梯供作业人员上下；操作人员不得使用麻绳、尼龙绳吊挂或脚踏井壁上下；使用的电葫芦、吊笼等应安全可靠，并应配有自由下落卡紧保险装置；电葫芦宜用按钮式开关，使用前应检验其安全起吊能力，并经过动力试验；每日开工前应检测孔内是否有有毒、有害气体，并应有安全防范措施；当桩孔挖深超过 $3\sim5m$ 时，应配置向孔内作业面送风的设备，风量不应少于 $25L/s$；在孔口应设置防止杂物掉落孔内的活动盖板；挖出的土方应及时运离孔口，不得堆放在孔口周边 5m 的范围内；当孔深大于 6m 时，应采用机械动力提升土石方，提升机构应有反向锁定装置。

五、质量检验与验收

1. 质量检验主要内容

　　大直径扩底桩质量检验主要内容包括桩体原材料检验、成孔检验、成桩检验、后注浆检验和桩承台检验等方面。大直径扩底桩质量检验应符合表 7-8 的规定；钢筋笼质量检验应符合表 7-9 的规定；桩体原材料质量检验应符合现行国家标准《建筑地基基础工程施工质量验收标准》GB 50202[43] 的规定。承台工程的检验除应符合本规程的规定外，尚应符合现行国家标准《混凝土结构工程施工质量验收规范》GB 50204 的规定。

大直径扩底桩质量检验要求　　　　　　　　　　　　表 7-8

序号	检查项目	允许偏差	检查方法
1	桩位	$\leqslant d/4$ 且不大于 100mm	开挖后量桩中心
2	孔深	$0\sim+300mm$	测钻具长度或用重锤测量
3	混凝土强度	设计要求	试件报告或钻芯取样送检
4	沉渣厚度	$\leqslant50mm$	用沉渣测定仪或重锤测量
5	桩径	$\pm50mm$	用伞形孔径仪或超声波检测
6	垂直度	$<1.0\%$	测钻杆的垂直度或用超声波探测
7	钢筋笼安装深度	$\pm100mm$	用钢尺量
8	混凝土充盈系数	>1.0	检查桩的实际灌注量
9	桩顶标高	$+30$，$-50mm$	用水准仪量

大直径扩底桩钢筋笼质量检验要求　　　　　　　　　表 7-9

项目	序号	检查项目	允许偏差	检查方法	备　注
主控项目	1	主筋间距	$\pm10mm$	用钢尺量	主筋、加劲筋电焊搭接时，单面焊缝长度$>10d$，焊缝饱满
主控项目	2	钢筋笼整体长度	$\pm100mm$	用钢尺量	主筋、加劲筋电焊搭接时，单面焊缝长度$>10d$，焊缝饱满
一般项目	1	钢筋材质检验	设计要求	抽样送检	主筋、加劲筋电焊搭接时，单面焊缝长度$>10d$，焊缝饱满
一般项目	2	箍筋间距	$\pm20mm$	用钢尺量	主筋、加劲筋电焊搭接时，单面焊缝长度$>10d$，焊缝饱满
一般项目	3	钢筋笼直径	$\pm10mm$	用钢尺量	主筋、加劲筋电焊搭接时，单面焊缝长度$>10d$，焊缝饱满

2. 成孔质量检验

　　大直径扩底桩成孔施工前，应试成孔，其数量在每个场地不应少于 2 个。对于有经验的建筑场地，试成孔可结合工程桩进行。成孔质量检验应包括：孔深、孔径、垂直度、扩大端尺寸、孔底沉渣厚度等。

人工成孔时，应逐孔检验桩端持力层岩土性质、进入持力层深度、扩大端孔径、桩身孔径和垂直度，孔底虚土应清理干净。持力层为风化基岩时，宜采用点荷载法逐孔测试风化岩的强度。机械成孔时，应逐孔检验桩端持力层岩土性质、进入持力层深度、扩大端孔径、桩身孔径、垂直度和孔底沉渣厚度。机械成孔桩扩大端孔径及桩身孔径采用超声波法或伞形孔径仪进行检验；孔底沉渣厚度采用沉渣测定仪检测；沉渣厚度检测宜在清孔完毕后、灌注混凝土前进行，检测至少应进行 3 次，应取 3 次检测数据的平均值为最终检测结果。

3. 成桩质量检验

大直径扩底桩成桩质量检验项目应包括：钢筋笼制作与吊放、混凝土灌注、混凝土强度、桩位、桩身完整性、单桩承载力等，具体要求如下：

1) 钢筋笼制作前应对钢筋与焊条规格、品种、质量、主筋和箍筋的制作偏差等进行检查；钢筋笼制作与吊放应按设计要求施工，钢筋保护层允许偏差为 10mm，钢筋笼就位后，顶面和底面标高允许偏差为 ±50mm；对钢筋笼安装进行检查，并应填写相应质量检测、检查记录。

2) 拌制混凝土时，应对原材料计量、混凝土配合比、坍落度等进行检查；成桩后应对桩位偏差、混凝土强度、桩顶标高等进行检验；每灌注 50m³ 混凝土必须有 1 组试件，每根桩必须有 1 组试件。

3) 大直径扩底桩可采用钻芯法或声波透射法进行桩身完整性检验，抽检数量不应少于总桩数的 30%，且不应少于 10 根；采用低应变法检验桩身完整性时，检验数量应为 100%。钻芯法或声波透射法检验应符合现行行业标准《建筑基桩检测技术规范》JGJ 106 的规定。

4) 大直径扩底桩应进行承载力检测，当采用单桩静载试验检测承载力时，检验数量不应少于同条件下总桩数的 1%，且不应少于 3 根；当总桩数少于 50 根时，检测数量不应少于 2 根；在桩身混凝土强度达到设计要求的条件下，后注浆桩承载力检测应在注浆 20d 后进行，浆液中掺入早强剂时可于注浆 15d 后进行。大直径扩底桩单桩竖向抗压静载试验、单桩竖向抗拔承载力和单桩水平承载力的静载试验应符合现行行业标准《建筑基桩检测技术规范》JGJ 106 的规定。

4. 大直径扩底灌注桩及承台质量验收

当桩顶设计标高与施工场地标高相近时，大直径扩底桩桩基工程应待成桩完毕后验收；当桩顶设计标高低于施工场地标高时，应待开挖到设计标高后进行验收。大直径扩底桩及承台工程的验收应符合现行国家标准《建筑地基基础工程施工质量验收标准》GB 50202 的规定。

第二节　长螺旋钻孔压灌混凝土桩

一、概述

长螺旋钻孔压灌混凝土桩是利用长螺旋钻机钻孔至设计深度，通过钻杆芯管将混凝土压送至孔底，边压送混凝土边提钻至桩顶标高，再将钢筋笼植入素混凝土桩体中形成的钢筋混凝土灌注桩。长螺旋钻孔压灌混凝土桩具备施工便捷、无泥浆或水泥浆污染、噪声小、效率高、成本低和成桩质量稳定等特点。

二、地基勘察

长螺旋钻孔压灌混凝土桩的地基勘察前应通过踏勘和搜集场地及场地附近的地质资料、地区建筑经验，基本了解场地的工程、水文地质条件等。勘探点、控制性勘探孔的数量和深度应符合现行国家规范《岩土工程勘察规范》GB 50021 相关要求。

长螺旋钻孔压灌混凝土桩地基勘察的目的是对该土层是否适用长螺旋钻孔压灌混凝土桩作出评价；对场地的不良地质作用、液化土层和特殊岩土等对桩基工程的危害程度有明确的判断和结论，并提出防治方案建议。提供场地地下水的类型、埋藏条件、水位等水文地质条件；判定地下水对建筑材料的腐蚀性，评价地下水对桩基、复合地基设计和施工的影响。提供各层岩土的桩侧阻力、桩端阻力值、复合地基桩间土承载力值及其他设计、施工所需的岩土参数；提出桩端持力层和桩端进入持力层深度的建议。对需进行沉降计算的桩基、复合地基工程，应提供地基土层的变形参数。

三、桩的设计

设计长螺旋钻孔压灌混凝土桩应取得拟建工程场地的岩土工程勘察文件、建筑物的总平面图、基础平面图、对地基承载力和变形的技术要求、设备性能、施工工艺对场地条件的适应性等基本资料。根据长螺旋钻孔压灌混凝土桩基础损坏造成建筑物的破坏后果（危及人的生命、造成经济损失、产生社会影响）的严重性，长螺旋钻孔压灌混凝土桩基础设计时应根据表 7-10 选用适当的设计等级。

建筑桩基设计等级 表 7-10

安全等级	建筑物类型
甲级	(1) 重要的建筑； (2) 30 层以上或高度超过 100m 的高层建筑； (3) 体型复杂且层数相差超过 10 层的高低层（含纯地下室）连体建筑； (4) 20 层以上框架-核心筒结构及其他对差异沉降有特殊要求的建筑； (5) 场地和地基条件复杂的 7 层以上的一般建筑及坡地、岸边建筑； (6) 对相邻既有工程影响较大的建筑
乙级	除甲级、丙级意外的建筑
丙级	场地和地基条件简单、荷载分层均匀的 7 层及 7 层以下的一般建筑

一般在基础范围内布桩，对于复合地基，特殊情况下可考虑在基础外增加护桩。设计桩径可采用 400～1000mm，对于复合地基桩径宜采用 300～600mm，长螺旋钻孔压灌混凝土后插钢筋笼灌注桩桩径宜采用 400～800mm；桩长宜按实际岩土工程条件，工程设计要求等因素综合确定；一般应选择较硬土层作为桩端持力层，桩端进入持力层的深度应大于 1 倍桩身直径；桩的最小中心距应取 $3.0d$ 桩径，支护桩的最小中心距根据计算确定。

1. 桩的承载力计算

1）单桩竖向承载力特征值

长螺旋钻孔压灌混凝土桩基础设计等级为甲级、乙级的建筑物，单桩竖向承载力特征值应通过单桩竖向静载试验确定；长螺旋钻孔压灌混凝土桩基础设计等级为丙级的建筑物可根据原位测试法和经验参数确定。

当根据土的物理指标与承载力参数之间的经验关系确定 R_a 时，宜按下式计算：

$$R_a = \frac{1}{K} Q_{uk} \tag{7-7}$$

$$Q_{uk} = u \sum \psi_{si} q_{sik} l_i + \psi_p q_{pk} A_p \tag{7-8}$$

式中　　R_a——单桩竖向承载力特征值；

　　　　K——安全系数，取 $K=2$；

　　　　Q_{uk}——单桩竖向极限承载力标准值；

　　　　u——桩身截面周长；

　　ψ_{si}、ψ_p——桩侧阻力、端阻力尺寸效应系数；按表 7-11 取值；

　　　　q_{sik}——桩侧第 i 层土的极限侧阻力标准值；

　　　　q_{pk}——桩端土极限端阻力标准值；

　　　　l_i——第 i 层土的厚度；

　　　　A_p——桩端面积。

长螺旋钻孔压灌混凝土桩桩侧阻力尺寸效应系数ψ_{si}、端阻力尺寸效应系数ψ_p　表 7-11

土类型	黏性土
ψ_{si}	$(0.8/d)^{1/5}$
ψ_p	$(0.8/d)^{1/4}$

注：当为等直径桩时，表中 $D=d$；当 $d<800$mm 时，取 $d=800$mm。

2）单桩水平承载力特征值

单桩水平极限承载力标准值取决于桩的材料强度、截面刚度、入土深度、土质条件、桩顶水平位移允许值和桩顶嵌固情况等因素，应通过现场水平荷载试验确定。试验方法及承载力取值按现行《建筑基桩检测技术规范》JGJ 106 执行，并应满足在同一条件下的试桩数量，不应少于总桩数的 1%，且不得少于 3 根。

3）桩的抗拔承载力特征值

对用于抗浮、抗拔的长螺旋钻孔压灌混凝土桩，应进行单桩的抗拔承载力计算。对于设计等级为甲级和乙级的建筑桩基，单桩的抗拔极限承载力应通过现场单桩上拔静载荷试验确定。试验及抗拔极限承载力标准值取值按现行《建筑基桩检测技术规范》JGJ 106 执行。对于设计等级为丙级的建筑桩基，单桩呈非整体破坏时，纵筋满足要求的条件下，单桩抗拔极限承载力标准值可按现行《建筑桩基技术规范》JGJ 94 相关要求进行计算。

4）配筋设计

（1）长螺旋钻孔压灌混凝土桩最小配筋率可取 0.20%～0.65%（小直径桩取大值，大直径桩取小值）；对受荷载特别大的桩、抗拔桩应根据计算确定配筋率，并且不小于上述规定值。

（2）端承型桩和坡地岸边的基桩应沿桩身等截面或变截面通长配筋；桩径大于600mm的摩擦型桩，配筋长度不应小于 2/3 桩长；当有地区经验时配筋长度可为 1/2 桩长，且应穿过软弱层；受水平荷载和弯矩较大的桩，配筋长度应通过计算确定；抗拔桩、因地震作用、冻胀或膨胀力作用而抗拔的桩，应等截面或变截面通长配筋；桩长范围内存在淤泥、淤泥质土或液化土层时，钢筋应穿过上述土层进入稳定土层。

（3）对于受水平荷载的桩，主筋不应小于 8φ12；对于抗压桩和抗拔桩，主筋不应少于 6φ10；纵向主筋应沿桩身周边均匀布置，其净距不应小于 60mm。

（4）长螺旋钻孔压灌混凝土后插钢筋笼灌注桩箍筋宜采用 φ6～φ8@150～300mm 螺旋式箍筋，并应在钢筋内侧每隔 1.0～2.0m 设一道加强筋，其直径宜为 12～16，锚桩箍筋配置长度与工程桩箍筋配置长度相同；受水平荷载较大的桩基、抗震桩基、以及考虑主筋作用计算受压承载力时，桩顶 5d 范围内箍筋应加密；液化土层范围内箍筋应加密。

（5）钢筋混凝土轴心受压桩正截面受压承载力按现行《建筑桩基技术规范》JGJ 94 相关要求进行计算。

2. 桩的沉降计算

对以下建筑物的桩基应进行沉降计算：1）建筑桩基设计等级为甲级的建筑物桩基；2）体型复杂、荷载不均匀或桩端以下存在软弱土层的设计等级为乙级的建筑物桩基；3）摩擦型桩基。需要计算变形的建筑物，其桩基变形计算值不应大于建筑物变形允许值，并应符合《建筑地基基础设计规范》GB 50007 的规定。

嵌岩桩、设计等级为丙级的建筑物桩基、对沉降无特殊要求的条形基础下不超过两排桩的桩基、吊车工作级别 A5 及 A5 以下的单层工业厂房桩基（桩端下为密实土层），可不进行沉降验算。当有可靠地区经验时，对地质条件不复杂、荷载均匀、对沉降无特殊要求的端承型桩基也可不进行沉降验算。

计算桩基础沉降时，最终沉降量宜按单向压缩分层总和法计算。地基内的应力分布宜采用各向同性均质线性变形体理论，计算应按《建筑地基基础设计规范》GB 50007 进行。

3. 复合地基承载力计算

长螺旋钻孔压灌混凝土桩复合地基承载力特征值，应通过现场复合地基载荷试验确定，初步设计时可按下式估算：

$$f_{spk} = m\frac{R_a}{A_p} + \beta(1-m)f_{sk} \tag{7-9}$$

式中　f_{spk} ——复合地基承载力特征值；

m ——面积置换率，即桩截面的面积与基础面积之比，其值不应大于 8%；

β ——桩间土承载力折减系数，宜按地区经验取值，如无经验时可取 0.75～0.95，天然地基承载力较高时取大值，对变形要求高的建筑取较低值；

f_{sk} ——处理后桩间土承载力特征值，宜按地区经验取值，如无经验时，可取天然地基承载力特征值。

复合地基桩顶宜铺设褥垫层，褥垫层材料宜采用中、粗砂，碎石，级配砂石。碎石、级配砂石的最大粒径不宜大于 30mm，其厚度宜取 150～300mm。当需要桩承担较多荷载时，取较低值；需要土承担较多荷载时，可取较高值。褥垫层材料的最大干密度应通过现场或实验室试验确定，用以计算施工中虚铺厚度与压实厚度的比值。

4. 复合地基的沉降计算

地基处理后的变形计算可采用复合模量法按国家标准《建筑地基基础设计规范》GB 5007 的有关规定执行。复合地基变形不应大于建筑物变形允许值；地基变形计算深度必须大于复合土层的厚度，并满足《建筑地基基础设计规范》GB 5007 地基变形计算深度的有关规定。

四、桩的施工

长螺旋钻孔压灌混凝土桩所用材料、成品、半成品质量应符合设计及相关标准的规定。施工前应做成桩工艺试验，确定钻进速度、钻杆提升速度、混凝土坍落度、泵送速度、钢筋笼沉放工艺等工艺参数。施工中各个工序应连续进行，缩短间隔时间。如间隔时间超过混凝土初凝时间，地泵及管内混凝土应进行处理。成桩完成后，应及时清除钻杆及软管内残留的混凝土。长时间停置时，应用清水将钻杆、软管、地泵清洗干净。

1. 施工准备

地上、地下障碍物处理完毕，达到"三通一平"，施工用临时设施准备就绪。对回填土场地表层宜进行不小于 300mm 厚灰土处理。正式进场施工前应对整套施工设备进行检查，保证设备状态良好，禁止带故障设备进场。

2. 材料要求

混凝土宜采用和易性、泌水性较小的预拌混凝土，强度等级符合设计及相关验收要求，初凝时间不少于 6h。混凝土灌注前坍落度宜为 160～200mm，采用后插钢筋笼时的灌注前坍落度宜为 180～220mm。

水泥强度等级不应低于 42.5 级，质量符合《通用硅酸盐水泥》GB 175[44] 的规定。砂应选用洁净中砂，含泥量不大于 3%，质量符合《普通混凝土用砂、石质量标准及检验方法标准（附条文说明）》JGJ 52[45] 的规定。石子宜选用质地坚硬的粒径 10～30mm 的碎石，含泥量不大于 2%。粉煤灰宜选用Ⅰ级或Ⅱ级粉煤灰，细度分别不大于 12% 和 20%，掺量通过配比试验确定。外加剂宜选用液体缓凝剂，质量符合相关标准要求，掺量和种类根据施工季节通过配比试验确定。

钢筋品种、规格、性能符合现行国家产品标准和设计要求，并有出厂合格证明文件及检测报告。主筋及加强筋规格不宜低于 HRB335 钢筋，箍筋可选用 HPB235 钢筋。

3. 施工机具

长螺旋钻机动力性能满足地质条件、成孔直径、成孔深度要求；混凝土输送泵，可选用 45～60m³/h 规格或根据工程需要选用；连接混凝土输送泵与钻机的钢管、高强柔性管，内径不宜小于 150mm；其他满足工程需要的辅助工具，软土或回填土场地不宜采用履带式设备。

4. 施工工艺

长螺旋钻孔压灌混凝土后插钢筋笼灌注桩施工工艺流程如图 7-4。

冬期施工应采取有效的防冻施工方案。压灌混凝土

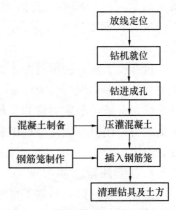

图 7-4　长螺旋钻孔压灌混凝土后插钢筋笼灌注桩施工工艺流程

时，混凝土的入孔温度不得低于 5℃。当气温高于 30℃时，应在混凝土输送泵管上采取降温措施。桩体达到 70％设计强度以后，方可进行开槽及桩间土挖除等土方清理工作。垂直度和桩位偏差的控制应按《建筑地基基础工程施工质量验收标准》GB 50202、《建筑地基处理技术规范》JGJ 79[46] 执行。桩顶保护长度不应小于 0.5m，桩间土宜采用人工清运。

5. 褥垫层施工

褥垫层铺设厚度应均匀，厚度允许偏差±10mm。褥垫层铺设范围应超过基础边缘不小于褥垫层厚度，虚铺厚度按压实系数计算确定。褥垫层铺设宜采用静力压实法，当基础底面下桩间土的含水量较小时，也可采用动力夯实法。

五、质量的检验和验收

长螺旋钻孔压灌混凝土桩应进行桩位、桩长、桩径、桩身质量和单桩承载力的检验，检验按时间顺序可分为三个阶段：施工前检验、施工过程检验和施工后检验。

1. 施工前检验

施工前应严格对桩位进行检验，还应进行混凝土配合比、坍落度、钢筋规格、焊条规格、品种、焊口规格、焊缝长度、焊缝外观和质量、主筋和箍筋的制作偏差等检查。

设计等级为甲、乙级或设计有要求的建筑桩基，施工前应试桩。试验桩检测，应依据静载试验方法确定单桩极限承载力；检测数量在同一条件下不应少于 3 根，且不宜少于预计总桩数的 1％；当预计工程桩总数在 50 根以内时，不应少于 2 根。

2. 施工过程检验

施工过程中应对已成孔的中心位置、孔深、孔径、垂直度进行检验；应对钢筋笼安放的实际位置等进行检查，并填写相应质量检测、检查记录；混凝土灌注应检查单桩灌注方量和灌注完成时间等。

3. 施工后检验

施工后应检查成桩桩位偏差，工程桩应进行承载力和桩身质量验收检验。采用静载荷试验对工程桩单桩竖向承载力进行验收检测，检测数量应根据桩基设计等级、施工前取得试验数据的可靠性因素，按现行行业标准《建筑基桩检测技术规范》JGJ 106 确定。

桩身质量除对预留混凝土试件进行强度等级检验外，尚应采用动测法进行现场检测，检测数量可根据现行行业标准《建筑基桩检测技术规范》JGJ 106 确定。对抗拔桩和对水平承载力有特殊要求的桩基工程，应进行单桩抗拔静载试验和水平静载试验检测。复合地基承载力可用复合地基静载试验确定，也可用单桩竖向承载试验确定单桩竖向承载力后经计算确定。

4. 工程质量验收

当桩顶设计标高与施工场地标高相近时，基桩的验收应待基桩施工完毕后进行；当桩顶设计标高低于施工场地标高时，应待开挖到设计标高后进行验收。承台工程验收应符合现行国家标准《混凝土结构工程施工质量验收规范》GB 50204 的规定。

第三节　双向螺旋挤土灌注桩

一、概述

双向螺旋挤土灌注桩（简称 SDS 桩）是一种新型的成桩工艺技术制成的桩，在成桩过程中完全不排土，使桩周和桩端土体挤密，最终形成圆柱形桩体，如图 7-5 所示。这种桩基础的承载力和变形性能得到显著改善，降低建筑材料消耗，节约工程造价，具有较好的经济效益。由于这项新技术具有显著的技术、环保和成本优势（图 7-6），现已推广到 17 个省市自治区，完成了 30 多个工程项目，为我国的桩基工程技术发展做出了贡献。

作为挤土桩，SDS 桩施工采用双向螺旋挤扩钻具和大扭矩钻机。在国内外，SDS 桩的成桩直径范围为 350～750mm，常用桩径为 400～600mm，桩长范围为 8～34m，常用桩长为 10～28mm，单桩承载力特征值位于 1000～3000kN，适用于填土、黏性土、粉土、砂土、碎石类土、

图 7-5　双向螺旋挤土灌注桩

全风化岩和强风化岩等可压缩岩土地层，且不受地下水位的限制。

采用双向螺旋挤扩钻具成桩能够实现完全不排土，其桩周土体受到挤密，桩周土体抗剪强度指标得到较大提高，变形性能得到改善，桩周水平应力也出现大幅度增长，进而导致 SDS 桩的桩侧摩阻力远高于 CFA 桩。在众多工程条件下，采用 SDS 桩基础和 SDS 桩复合地基方案能够通过减少桩数、桩径或桩长，取得比 CFA 桩基础和 CFA 桩复合地基方案更为经济合理的效果。

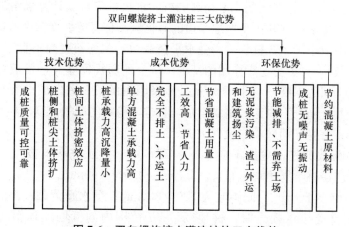

图 7-6　双向螺旋挤土灌注桩的三大优势

二、桩的设计

双向螺旋挤土灌注桩基础应按两类极限状态设计：（1）承载能力极限状态：桩基达到最大承载能力、整体失稳或发生不适于继续承载的变形；（2）正常使用极限状态：桩基达到建筑物正常使用所规定的变形限值或达到耐久性要求的某项限值。

1. 一般要求

根据建筑物结构型式、功能特性、体形特点、规模大小、差异变形要求、场地地质条件与环境复杂程度，以及由于桩基问题可能造成建筑物破坏或影响建筑物正常使用的程度，双向螺旋挤土灌注桩设计应按现行行业标准《建筑桩基技术规范》JGJ 94 分为三个设计等级。双向螺旋挤土灌注桩的桩基最小中心距见表 7-12 所示。

双向螺旋挤土灌注桩最小中心距　　　　　　　　表 7-12

地基土类型	排数不少于 3 排且桩数不少于 9 根的摩擦型桩桩基	其他情况
非饱和土、饱和非黏性土	$4.0d$	$3.5d$
饱和黏性土	$4.5d$	$4.0d$

注：表中 d 为桩身直径。

桩的持力层选择和桩端进入持力层深度应综合考虑上部结构特点、设计单桩承载力大小、地层性状、机械设备能力及成桩工艺等因素。桩端持力层应选择较硬的岩土层，桩端全断面进入持力层深度，对于黏性土、粉土不宜小于 $2d$，砂土不宜小于 $1.5d$，砾砂类土和强风化岩不宜小于 $1d$。对于抗震设防区桩基，基桩进入液化土层以下稳定土层的长度应按计算确定。对于密实粉土、坚硬黏性土、中砂、粗砂、砾砂和碎石类土不应小于 $2d$，对其他非岩石类土不宜小于 $4d$。

当双向螺旋挤土灌注桩作为复合地基增强体时，应符合现行行业标准《建筑地基处理技术规范》JGJ 79 相关规定。

2. 桩身构造

当桩身直径为 350～800mm 时，双向螺旋挤土灌注桩桩身正截面配筋率可取 0.65％～0.4％（小直径桩取高值）；对于受水平荷载的桩和抗拔桩应根据计算确定配筋率，且不应小于上述规定值。端承型桩和位于坡地岸边的基桩应沿桩身等截面或变截面通长配筋；摩擦型桩配筋长度不应小于 2/3 桩长，当受水平荷载时，配筋长度尚不宜小于 $4.0/\alpha$（α 为桩的水平变形系数）；对于受地震作用的基桩，桩身配筋长度应穿过可液化土层和软弱土层，且进入稳定土层的深度不应小于 $3d$；受负摩阻力的桩、因先成桩后开挖基坑而随地基土回弹的桩，其配筋长度应穿过软弱土层，且进入稳定土层的深度不应小于 $2\sim3d$；抗拔桩应通长配筋；桩身配筋底端应设置引尖。

对于受水平荷载的桩，主筋不应小于 $8\phi12$；对于抗压桩和抗拔桩，主筋不应小于 $6\phi10$；纵向主筋应沿桩身周边均匀布置，其净距不应小于 60mm。

箍筋直径不应小于 6mm，间距宜为 200～300mm；受水平荷载较大的基桩以及考虑主筋作用计算桩身受压承载力时，桩顶以下 $5d$ 范围内的箍筋应加密，间距不应大于 100mm；当桩身位于液化土层范围内时，箍筋应加密；当考虑箍筋受力作用时，箍筋配置应符合现行国家规范《混凝土结构设计规范》GB 50010 的有关规定；当钢筋笼长度超过 4m 时，应每隔 2m 设一道直径不小于 12mm 的焊接加劲箍筋。

桩身混凝土强度等级不应小于 C25，桩的主筋混凝土保护层厚度不应小于 50mm，四类、五类环境中的桩身混凝土保护层厚度应符合国家现行标准《港口工程混凝土结构设计规范》JTJ 267[47]、《工业建筑防腐蚀设计标准》GB/T 50046[48] 的相关规定。

3. 桩顶作用效应计算

对于一般建筑物和受水平力（包括力矩与水平剪力）较小的高层建筑群桩基础，计算柱、墙、核心筒群桩中基桩或复合基桩的桩顶作用效应按现行国家规范《建筑桩基技术规程》JGJ 94 有关规定计算。

4. 单桩竖向极限承载力计算

设计等级为甲级的建筑桩基和工程与水文地质条件复杂的乙级建筑桩基，单桩竖向极限承载力应通过单桩静载试验确定；设计等级为乙级的建筑桩基，当地质条件简单时，可参照地质条件相近的试桩资料，或结合静力触探法、标准贯入试验法和经验参数法综合确定；设计等级为丙级的建筑桩基，可根据原位试验方法和经验参数方法确定单桩竖向极限承载力。

双向螺旋挤土灌注桩单桩竖向极限承载力标准值可根据成桩工艺、地层类别、物理指标、截面尺寸和桩的入土深度与承载力参数之间的经验关系，按公式（7-10）计算：

$$Q_{uk} = Q_{sk} + Q_{pk} = u \sum \alpha_{si} q_{sik} l_i + q_{pk} A_p \tag{7-10}$$

式中　Q_{sk}——单桩总极限侧阻力标准值；

$\quad\quad Q_{pk}$——单桩总极限端阻力标准值；

$\quad\quad q_{sik}$——单桩第 i 层土的极限侧阻力标准值，无当地经验时，可按表 7-13 取值；

$\quad\quad q_{pk}$——单桩极限端阻力标准值，无当地经验时，可按表 7-13 取值；

$\quad\quad u$——桩身周长；

$\quad\quad A_p$——桩端面积；

$\quad\quad l_i$——桩周第 i 层土的厚度；

$\quad\quad \alpha_{si}$——第 i 层土的极限侧阻力标准值的增强系数，依据土性选取 α_{si} 值：

填土、黏性土、粉土：$\alpha_{si} = 1.05 \sim 1.3$；

砂土、碎石类土、全风化岩和强风化岩：$\alpha_{si} = 1.15 \sim 1.4$；

α_{si} 值应根据现场单桩静载试验结果或当地已有试桩资料进行验证和调整。

$\quad\quad \alpha_p$——极限端阻力标准值的增强系数，依据土性选取 α_p 值：

填土、黏性土、粉土：$\alpha_p = 1.0 \sim 1.2$；

砂土、碎石类土、全风化岩和强风化岩：$\alpha_p = 1.0 \sim 1.25$；

α_p 值应根据现场单桩静载试验结果或当地已有试桩资料进行验证和调整。

根据双桥探头静力触探资料确定双向螺旋挤土灌注桩单桩竖向极限承载力标准值时，对于黏性土、粉土和砂土，按公式（7-11）估算：

$$Q_{uk} = Q_{sk} + Q_{pk} = u \sum l_i \beta_i f_{si} + \alpha q_c A_p \tag{7-11}$$

式中　Q_{sk}——单桩总极限侧阻力标准值；

$\quad\quad Q_{pk}$——单桩极限端阻力标准值；

$\quad\quad f_{si}$——第 i 层土的探头平均侧阻力（kPa）；

$\quad\quad q_c$——桩端平面上、下探头阻力，取桩端平面以上 $4d$（d 为桩的直径）范围内按土层厚度的探头阻力加权平均值（kPa），然后再和桩端平面以下 $1d$ 范围内的探头阻力进行平均；

$\quad\quad u$——桩身周长；

$\quad\quad A_p$——桩端面积；

$\quad\quad l_i$——桩周第 i 层土的厚度；

$\quad\quad \alpha$——桩端阻力修正系数，对于黏性土、粉土取 2/3，饱和砂土取 1/2；

$\quad\quad \beta_i$——第 i 层土桩侧阻力综合修正系数，黏性土、粉土：$\beta_i = 10.04\,(f_{si})^{-0.55}$；砂土：$\beta_i = 5.05\,(f_{si})^{-0.45}$。

注：双桥探头的圆锥底面积为 15cm²，锥角 60°，摩擦套筒高 21.85cm，侧面积 300cm²。

桩的竖向极限侧阻力和极限端阻力标准值　　表 7-13

土名称	土的状态		桩的极限侧阻力标准值 q_{sik}（kPa）	桩的极限端阻力标准值 q_{pk}（kPa）		
				$5 \leqslant l < 10$ （m）	$10 \leqslant l < 15$ （m）	$15 \leqslant l$ （m）
黏性土	流塑	$I_L > 1$	21～38	—	—	—
	软塑	$0.75 < I_L \leqslant 1$	38～53	200～400	400～700	700～950
	可塑	$0.5 < I_L \leqslant 0.75$	53～66	500～700	800～1100	1000～1600
	硬可塑	$0.25 < I_L \leqslant 0.50$	66～82	850～1100	1500～1700	1700～1900
	硬塑	$0 < I_L \leqslant 0.25$	82～94	1600～1800	2200～2400	2600～2800
	坚硬	$I_L < 0$	94～104	—	—	—

根据标准贯入试验资料确定双向螺旋挤土灌注桩单桩竖向极限承载力标准值时，对于填土、黏性土、粉土、砂土、砾砂、全风化岩和强风化岩，按公式（7-12）估算：

$$Q_{uk} = Q_{sk} + Q_{pk} = u\sum q_{sik}l_i + q_{pk}A_p \qquad (7\text{-}12)$$

式中　Q_{sk}——单桩总极限侧阻力标准值；

$\quad\quad Q_{pk}$——单桩总极限端阻力标准值；

$\quad\quad q_{sik}$——单桩第 i 层土的极限侧阻力标准值（kPa）；

$\quad\quad\quad$ 填土、黏性土、粉土：$q_{sik} = (3 \sim 4)N_i$，

$\quad\quad\quad$ 砂土、砾砂、全风化岩和强风化岩：$q_{sik} = (4 \sim 5)N_i$；

$\quad\quad q_{pk}$——单桩极限端阻力标准值（kPa）；

$\quad\quad\quad$ 填土、黏性土、粉土：$q_{pk} = (120 \sim 150)N$，

$\quad\quad\quad$ 砂土、砾砂、全风化岩和强风化岩：$q_{pk} = (150 \sim 200)N$；

$\quad\quad N_i$——第 i 层土未经修正的标贯击数，$N_i \leqslant 40$，当 $N_i > 40$ 时取 $N_i = 40$；

$\quad\quad N$——桩端面以上 $4d$ 和以下 $4d$ 范围内土层未经修正的标贯击数平均值，$N \leqslant 40$，当 $N > 40$ 时取 $N = 40$；

u——桩身周长；

A_p——桩端面积；

l_i——桩周第 i 层土的厚度。

5. 桩身承载力计算

双向螺旋挤土灌注桩桩身应进行受压承载力计算，按现行行业规范《建筑桩基技术规范》JGJ 94，计算时应考虑桩身材料强度、地质条件、成桩工艺、约束条件、环境类别等因素。

6. 单桩竖向抗拔承载力计算

1）群桩基础中基桩的抗拔承载力按现行行业规范《建筑桩基技术规范》JGJ 94 相关规定进行计算。

2）对于设计等级为甲级和乙级的建筑桩基，群桩及其基桩的抗拔极限承载力应通过现场抗拔静载荷试验确定。单桩抗拔静载荷试验应按现行行业标准《建筑基桩检测技术规范》JGJ 106 执行。如无当地经验时，群桩基础及设计等级为丙级建筑桩基，基桩的抗拔极限承载力取值可按现行行业标准《建筑桩基技术规范》JGJ 94 进行计算。

3）抗拔裂缝控制计算应按现行行业标准《建筑桩基技术规范》JGJ 94 执行。

7. 单桩水平承载力计算

对于受水平荷载较大，设计等级为甲级、乙级的双向螺旋挤土灌注桩，单桩水平承载力特征值应通过单桩水平静载荷试验确定，试验方法应按现行行业标准《建筑基桩检测技术规范》JGJ 106 执行；桩身配筋率小于 0.65% 时，取单桩水平静载荷试验的临界荷载的 75% 作为单桩水平承载力特征值；桩身配筋率不小于 0.65% 时，应按单桩水平静载荷试验结果取桩基承台底标高处桩的水平位移为 10mm（对于水平位移敏感的建筑物取水平位移 6mm）所对应的荷载的 75% 作为单桩水平承载力特征值；当缺少单桩水平静载荷试验资料时，单桩水平承载力特征值估算应按现行行业标准《建筑桩基技术规范》JGJ 94 执行。

8. 桩基沉降计算

双向螺旋挤土灌注桩的桩基变形特征分为沉降量、沉降差、整体倾斜和局部倾斜。设计等级为甲级和乙级的建筑物应进行沉降验算。设计等级为丙级的建筑物符合下列情况时应进行沉降验算：对持力层地基土承载力特征值低，且体形复杂的建筑物；在基础上及其附近有地面堆载或相邻基础荷载差异较大，可能引起地基产生过大的不均匀沉降；软弱地基上的建筑物存在偏心荷载；相邻建筑距离过近，可能发生倾斜时；地基内有厚度较大或厚薄不均的填土，其自重固结未完成时。

由于土层厚度与性质不均匀、荷载差异、体形复杂等因素引起的桩基变形，对于砌体承重结构应由局部倾斜控制；对于框架结构和单层排架结构应由相邻基础的沉降差控制；对于多层或高层建筑和高耸结构应由倾斜控制，必要时尚应控制平均沉降量。

双向螺旋挤土灌注桩基的最终沉降量宜采用等效作用分层总和法计算，双向螺旋挤土灌注桩基的沉降变形计算值应小于桩基沉降变形允许值，其沉降变形允许值见表 7-14。

双向螺旋挤土灌注桩基沉降变形允许值　　　　　表 7-14

变形特征		允许值
砌体承重结构基础的局部倾斜		0.002
各类建筑相邻柱（墙）基的沉降差 1）框架、框架—剪力墙、框架—核心筒结构 2）砌体墙填充的边排柱 3）当基础不均匀沉降时不产生附加应力的结构		$0.002l_0$ $0.0007l_0$ $0.005l_0$
单层排架结构（柱距为6m）桩基的沉降量（mm）		120
桥式吊车轨面的倾斜（按不调整轨道考虑） 纵向 横向		 0.004 0.003
多层和高层建筑的整体倾斜	$H_g \leqslant 24$	0.004
	$24 < H_g \leqslant 60$	0.003
	$60 < 60 < H_g \leqslant 100$	0.0025
	$H_g > 100$	0.002
高耸结构桩基的整体倾斜	$H_g \leqslant 20$	0.008
	$20 < H_g \leqslant 50$	0.006
	$50 < H_g \leqslant 100$	0.005
	$100 < H_g \leqslant 150$	0.004
	$150 < H_g \leqslant 200$	0.003
	$200 < H_g \leqslant 250$	0.002
高耸结构基础的沉降量（mm）	$H_g \leqslant 100$	350
	$100 < H_g \leqslant 200$	250
	$200 < H_g \leqslant 250$	150
体型简单的剪力墙结构 高层建筑桩基最大沉降量（mm）	—	200

注：1. 本表数值为建筑物地基实际最终变形允许值。

2. l_0 为相邻柱基的中心距离（mm）；H_g 为自室外地面起算的建筑物高度（m）。

3. 倾斜指基础倾斜方向两端点的沉降差与其距离的比值。

4. 局部倾斜指砌体承重结构沿纵向 6～10m 内基础两点的沉降差与其距离的比值。

9. 复合地基

复合地基设计前，宜在有代表性的场地上进行现场试验或试验性施工，以确定设计参数和处理效果。作为复合地基中的竖向增强体，双向螺旋挤土灌注桩身可不配钢筋，其单桩竖向承载力计算方法应按规程执行，复合地基的设计应按现行行业标准《建筑地基处理技术规范》JGJ 79 中关于有粘结强度增强体复合地基计算方法进行计算。

复合地基变形计算应符合现行国家规范《建筑地基基础设计规范》GB 50007 的有关规定，地基变形计算深度应大于复合土层的深度。复合地基的沉降计算经验系数可根据地区沉降观测资料统计值，无经验取值时，按现行行业标准《建筑地基处理技术规范》JGJ 79

或现行国家规范《建筑地基基础设计规范》GB 50007 执行。

复合地基承载力特征值应按现行行业标准《建筑地基处理技术规范》JGJ 79 中附录 B 的方法确定；复合地基的单桩承载力特征值应按现行行业标准《建筑地基处理技术规范》JGJ 79 中附录 C 的方法确定。

三、施工注意事项

成桩设备就位后，必须平整稳固，确保在成桩过程中不发生倾斜和偏移，钻机上应设置控制深度和垂直度的仪表或标尺，应在施工过程中对钻杆垂直度进行量测并及时调整。施工前应进行钻机试成孔，根据试成孔的结果选择适宜的施工参数和施工顺序。摩擦桩应以设计桩长控制成孔深度；对于端承摩擦型桩，应保证设计桩长及桩端进入持力层深度。施工前应对双向螺旋挤扩钻头的直径进行检查，确保成桩直径在允许偏差范围内。

1. 施工准备

双向螺旋挤土灌注桩施工应具备：建筑场地勘察报告，桩基工程施工图及图纸会审纪要，建筑场地和邻近区域内地下管线、地下构筑物、危房、精密仪器车间等的调查资料，钻机装备及配套设备的技术性能资料，桩基工程的施工组织设计，水泥、砂、石、钢筋等原材料及其制品的质检报告，有关荷载、施工工艺试验的参考资料等。施工前应根据工程特点编写施工组织设计，制订工程质量管理措施和质量检验条例。

2. 施工过程质量控制

桩基施工应考虑成桩挤土效应对邻近建筑物、道路和地下管线所产生的不利影响。群桩施工宜由中间向外施工；对于多桩承台边缘的桩宜待承台内其他桩施工完成并重新测定桩位后再施工；对于一侧靠近现有建构筑物的场地，宜从邻近建构筑物一侧开始由近至远端施工。其施工工艺流程按图 7-7 执行。

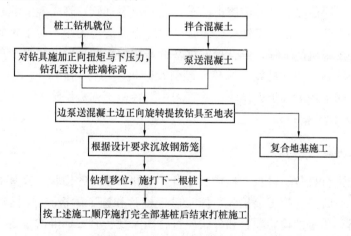

图 7-7 双向螺旋挤土灌注桩的施工工艺流程框图

施工钻机就位后，应进行桩位复验，双向螺旋挤扩钻头中心与桩位点偏差不得大于 20mm，成桩施工的允许偏差应符合表 7-15 中的规定。对于复合地基中双向螺旋挤土灌注桩的桩位施工时，条形基础的允许偏差边桩沿轴线方向应为桩径的 ±1/4，沿垂直轴线方向应为桩径的 ±1/6，对于满堂布桩基础的施工允许偏差应为桩径的 ±40%；桩身垂直度允许偏差应为±1%。

成桩施工允许偏差　　　　　　　　　　　　　表 7-15

成桩直径 （mm）	桩径允许偏差 （mm）	垂直度允许偏差 （%）	桩位允许偏差（mm）	
			1～3 根桩、条形桩基沿垂直轴线 方向和群桩基础中的边桩	条形桩基沿轴线方向和 群桩基础的中间桩
350～800	−20～+50	1	100	$d/4$，且不大于 150

注：1. 桩径允许偏差的负值是指个别断面。

　　　2. d 为设计桩径。

钻机钻进过程中，双向螺旋挤扩钻头采用正向旋转挤土成孔，在钻机施加扭矩的同时施加竖向压力，直至钻孔深度达到设计桩端标高。当双向螺旋挤扩钻头钻至设计桩端标高后，钻具应保持正向旋转，待混凝土泵入钻具后，提升钻具并保持钻具正向旋转。提钻速度应根据土层情况确定，且应与混凝土泵送量相匹配，必须保证钻具内有一定高度的混凝土。

混凝土输送泵管布置宜减少弯道、保持水平，泵管下面应垫实。桩身混凝土的泵送压灌应连续进行，混凝土泵料斗内的混凝土应连续搅拌，泵送混凝土时，料斗内混凝土的高度不得低于 400mm。当气温高于 30℃时，宜在输送泵管上覆盖隔热材料，每隔一段时间应洒水降温。冬期施工时，应在输送泵管周围包裹保温材料。桩身混凝土灌注的充盈系数宜为 1.0～1.1，桩顶混凝土超灌高度不宜小于 0.3m。在钢筋笼沉放前宜按 4～6m 分段对称设置或绑扎主筋保护层钢筋或混凝土垫块；在钢筋笼沉放到位后，宜使用振动棒对桩身顶部混凝土进行振捣。桩基施工中每台班应制作混凝土试块一组，检验桩身混凝土的抗压强度。

成桩后，应及时清除双向螺旋挤扩钻头、钻杆及泵（软）管内残留混凝土。长时间停置施工时，应采用清水将钻头、钻杆、泵管、混凝土泵清洗干净。对于先成桩（尤其是素混凝土桩）后开挖基坑的工程，应合理安排基坑开挖顺序和分层开挖深度，防止土体发生侧向位移，避免已施工的基桩发生侧移、倾斜及断桩。桩体达到 70% 设计强度以后，方可进行开槽及桩间土挖除等土方作业，并宜用小型轻型土方机械施工。桩顶覆土厚度小于500mm 时，桩间土宜采用人工开挖。

四、质量检验与验收

桩基工程应进行桩位、桩长、桩径、桩身质量和承载力的检验，桩基工程的检验按时间顺序可分为三个阶段：施工前检验、施工过程检验和施工后检验，对砂、石子、水泥、钢材等桩体原材料质量的检验项目和方法应符合国家现行有关标准的规定。

1. 施工前检验

施工前应对桩位进行检验，同时对混凝土拌制应对原材料质量与计量、混凝土配合比、坍落度等进行检查；钢筋笼制作应对钢筋规格、焊条规格、品种、焊口规格、焊缝外观和质量、主筋和箍筋的制作偏差等进行检查。

设计等级为甲、乙级或设计有要求的建筑桩基，施工前应进行试桩。试验桩检测，采用静载荷试验方法确定单桩极限承载力标准值；检测数量在同一地质条件下不应少于 3

根，且不宜少于预计总桩数的 1‰；当预计工程桩总数在 50 根以内时，不应少于 2 根。

2. 施工过程检验

施工过程中应对已成孔的中心位置、孔深、垂直度进行复查；应对钢筋笼安放的实际位置等进行检查，并填写相应质量检测、检查记录；应检查单桩灌注方量。此外，施工过程中应对地面土体和已施工的邻近桩位进行观察，若发现异常，应采取跳打、调整成桩顺序及控制成桩速率等技术措施。

3. 施工后检验

施工完成后应按桩基或复合地基的要求检查桩位偏差和桩顶标高。工程桩应进行桩身完整性和承载力的验收检测。对于以下四种情况应采用静载荷试验对工程桩单桩承载力进行验收检测，检测数量应根据桩基设计等级、施工前取得试验数据的可靠性因素，按现行行业标准《建筑基桩检测技术规范》JGJ 106 确定；也可采用高应变动测法对设计等级为甲、乙级的建筑桩基静载试验检测的工程桩进行辅助验收检测：①施工过程中变更了施工工艺参数或施工质量出现异常时；②施工前未进行单桩静载荷试验的工程；③地质条件复杂、桩的施工质量可靠性低；④没有双向螺旋挤土灌注桩施工经验的地区的桩基工程。

对于桩身混凝土试件抗压强度等级不满足设计要求时，应进行钻芯法检测。检测方法及检测数量应符合现行行业标准《建筑基桩检测技术规范》JGJ 106 的规定。抗拔桩和对水平承载力有特殊要求的基桩，应进行单桩抗拔静载荷试验和水平静载荷试验检测。复合地基承载力的检测应符合现行行业标准《建筑地基处理技术规范》JGJ 79 的规定。

4. 桩的检测

桩基检测前，应编制检测方案，检测方案包含以下内容：工程与地质概况、基桩参数与设计要求、施工工艺与要求、检测方法与数量、受检桩选取原则、检测周期及所需的机械与人工。受检桩应先进行桩身完整性检测，后进行承载力检测。当基础埋深较大时，桩身完整性检测和承载力检测应在基坑开挖至基底标高后进行。

5. 工程验收

当桩顶设计标高与施工场地标高相近时，基桩的验收应待基桩施工完毕后进行；当桩顶设计标高低于施工场地标高时，应待开挖到设计标高后进行验收。

第四节　常用的预应力混凝土桩

一、预应力混凝土管桩

预应力混凝土管桩可分为后张法预应力管桩和先张法预应力管桩。先张法预应力管桩是采用先张法预应力工艺和离心成型法制成的一种空心筒体细长混凝土预制构件，主要由圆筒形桩身、端头板和钢套箍等组成。管桩按混凝土强度等级或有效预压应力分为预应力混凝土管桩和预应力高强混凝土管桩。预应力混凝土管桩代号为 PC，预应力高强混凝土管桩代号为 PHC，薄壁管桩代号为 PTC。PC 桩的混凝土强度等级不得低于 C60，薄壁管桩强度等级不得低于 C60，PHC 桩的混凝土强度等级不得低于 C80。

1. 场地评价

地基勘察应评价场地对管桩使用的适宜性，并提出相应的使用建议；拟采用管桩基础的场地。岩土工程勘察报告应包含：①场地的交通运输条件；②对建筑场地中孤石、坚硬夹层、岩溶、土洞和构造断裂等不良地质现象及岩面坡度对桩端稳定性的影响的判断结论；③抗震设防区按抗震设防烈度提供的可液化地层分布和判定资料；④岩土的物理力学指标或原位试验成果；⑤桩端持力层选择、沉桩可行性的建议；⑥管桩基础的极限特征值；⑦沉桩对周边环境影响的评价；⑧挤土效应评价；⑨施工注意事项。

2. 预应力混凝土管桩的设计

1）构造要求

预应力竖向钢筋应沿桩横截面圆周均匀配置，最小配筋率不宜低于 0.5%，且不得少于六根，间距允许偏差为 ±5mm。不同品种、规格、型号的管桩结构配筋应符合现行国家行业标准《预应力混凝土管桩技术标准》JGJ/T 406[49] 相关规定；螺旋筋的直径应不小于表 7-16 的规定。管桩两端 2000mm 范围内螺旋筋的螺距应为 45mm；其余部分螺旋筋的螺距应为 80mm；螺距的允许偏差均为 ±5mm。

螺旋筋的直径　　　　　　　　　　　　　　　　　　　　表 7-16

管桩外径 D (mm)	管桩型号	螺旋筋直径 (mm)	管桩外径 D (mm)	管桩型号	螺旋筋直径 (mm)
400~450	A、AB、B、C	4	800	A、AB、B、C	6
500~600	A、AB、B、C	5			
700	A、AB、B、C	6	1000~1200	A、AB、B	6
				C	8

注：螺旋筋的直径不得有负偏差。

管桩接头端板的宽度不应小于管桩的设计壁厚；接头的端面必须与桩身的轴线垂直，其允许偏差应为 ±0.5%D（D 为管桩外径）；接头的焊接坡口尺寸应按国家现行焊接规范执行。管桩可不设端部锚固钢筋，当需要设置端部锚固钢筋时，锚固钢筋宜采用低碳钢热轧圆盘条或钢筋混凝土用热轧带肋钢筋，其质量应分别符合现行国家标准《低碳钢热轧圆盘条》GB/T 701[50] 和《钢筋混凝土用钢　第 2 部分：热轧带肋钢筋》GB 1499.2[51] 的规定。端板制造不得采用铸造工艺，严禁使用地条钢制造端板。端板最小厚度应符合表 7-17 的规定，且不得有负偏差，除焊接坡口、桩套箍连接槽、预应力钢筋挂筋孔、消除焊接应力槽、机械连接孔外，端板表面应平整，不得开槽和打孔。

端板最小厚度　　　　　　　　　　　　　　　　　　　　表 7-17

钢棒直径（mm）	7.1	9.0	10.7	12.6	14.0
端板最小厚度（mm）	16	18	20	24	28

对承压桩，管桩填芯深度不得小于 3 倍桩径，且不得小于 1.5m；对抗拔桩，填芯深度应按计算确定，且不得小于 3.0m；对桩顶承担较大水平力的桩，填芯深度应按计算确定，且不得小于 6 倍桩径并不得少于 3m，桩间应设置厚度为 150mm 的 C15 混凝土垫层；管桩顶的填芯混凝土应灌注饱满，振捣密实，下封层不得漏浆；填芯混凝土强度等级应比承台提高一级，且不应低于 C30，填芯混凝土应采用无收缩混凝土或掺入微膨胀剂的混凝土。

管桩与承台连接时，桩顶嵌入承台深度不应小于 50mm，且不应大于 100mm；对于承压桩，可利用桩的纵向钢筋或另加插筋锚入承台内。当采用桩的纵向钢筋直接与承台锚固时，锚固长度不应小于 50 倍钢筋直径，且不应小于 500mm。当采用插筋时，插筋作为连接钢筋的数量应根据桩径选取，钢筋插入管桩内的长度应与桩顶填芯混凝土深度相同，锚入承台内的长度不应小于 35 倍钢筋直径，并应符合国家工程建设标准设计图集《预应力混凝土管桩》10G409 的有关规定；对于抗拔桩，宜另补锚固钢筋，其数量应根据计算确定，钢筋插入管桩内的长度宜与桩顶填芯混凝土长度相同，锚入承台内的长度不应小于 40 倍钢筋直径；截桩、接桩、不截桩桩顶与承台连接应按照图集《预应力混凝土管桩》10G409[52] 设计。

每根桩的接头数量不宜超过 3 个；桩的接头处的抗弯能力不应低于桩身的抗弯能力，接头强度不应低于桩身强度；抗拔桩宜选用 AB 型以上型号的管桩。

2）管桩基础设计

管桩的选型和基础设计等级按现行国家行业标准《预应力混凝土管桩技术标准》JGJ/T 406 相关规定选择进行基础设计。

（1）设计等级为甲级、抗震设防烈度为 7 度或工程地质条件较复杂的管桩基础工程，宜选用 AB 型、B 型、C 型管桩，不应选用 ϕ400 以下的管桩；抗拔桩宜选用 AB 型或 B 型、C 型管桩；甲、乙级工程，对于形体不规则和荷载较大的单项工程，宜选用较大直径的管桩。

（2）管桩的平面布置

相邻桩的中心距不应小于表 7-18 的规定值；采用多桩或群桩时，应使桩承载力合力点与其上部结构竖向永久荷载重心相重合；同一结构单元应避免采用不同类型的桩；硬黏土层应适当加大桩距。

管桩的最小中心距	表 7-18
桩基情况	桩的最小中心距
独立承台内桩数超过 30 根；大面积群桩	4.0D
独立承台内桩数超过 9 根，但不超过 30 根； 条形承台内排数超过 2 排	3.5D
其他情况	3.0D

注：1. 相邻桩的中心距指相邻的两根桩横截面中心点之间的距离。

2. D 为管桩外径。

3. 当采用减少挤土效应的措施时，相邻桩的中心距可适当减少，但不得少于 3.0D。

（3）应选择良好土层作为桩端持力层；桩端进入持力层的深度不应小于 2D。

3）桩基计算

对于一般建筑物和受水平力较小的高层建筑物，桩径相同的群桩基础，单桩桩顶作用力应按现行国家行业标准《预应力混凝土管桩技术标准》JGJ/T 406 相关规定进行计算。对于管桩基础的抗震性能，应符合现行国家标准《建筑抗震设计规范》GB 50011 的规定。对于主要承受竖向荷载的抗震设防区桩基，当同时满足下列条件时，桩顶作用效应计算可不考虑地震作用：①按现行国家标准《建筑抗震设计规范》GB 50011 规定，可不进行天然地基和基础抗震承载力计算的建筑物；②按现行国家标准《建筑抗震设计规范》GB 50011 规定，可不进行桩基抗震承载力验算的建筑物。

（1）管桩基础设计等级为甲级、乙级的建筑物，单桩竖向承载力特征值应通过单桩竖向抗压静载试验确定，单桩竖向静载荷试验应按现行行业标准《建筑基桩检测技术规范》JGJ 106 的相关规定执行；管桩基础设计等级为丙级的建筑物，单桩竖向承载力特征值可根据原位测试法和经验参数确定。当根据土的物理指标与承载力参数之间的经验关系确定单桩竖向抗压承载力特征值时，宜按下式估算：

$$R_a = u_p \sum q_{sia} l_i + q_{pa}(A_j + \lambda_p A_{pl}) \tag{7-13}$$

式中　R_a——单桩竖向承载力特征值（kN）；

　　　u_p——桩身外周边长度（m）；

　　　q_{sia}——桩侧第 i 层土的摩擦力特征值（kPa），宜按场地岩土工程勘察报告取值，如无当地经验值时，可按表 7-19 选取；

　　　l_i——管桩穿越第 i 层土（岩）的厚度（m）；

　　　q_{pa}——桩端土的承载力特征值（kPa），宜按场地岩土工程勘察报告取值，如无当地经验值时，可按表 7-20 选取；

　　　A_j——空心桩桩端净面积（m²），对于管桩，$A_j = \pi(D^2 - d^2)/4$；

　　　λ_p——桩端土塞效应修正系数，对于闭口管桩 $\lambda_p = 1$；对于敞口管桩：当 $h_b/D < 5$ 时，$\lambda_p = 0.16 h_b/D$，当 $h_b/D \geqslant 5$ 时，$\lambda_p = 0.8$；其中 h_b 为管桩桩端进入持力层深度；

　　　A_{pl}——管桩空心部分敞口面积（m²），$A_{pl} = \pi d^2/4$。

管桩侧摩阻力特征值的经验值 q_{sia}（kPa）　　　表 7-19

土的名称	土的状态		桩侧摩阻力特征值的经验值（kPa）
黏性土	流塑	$I_L > 1$	12～23
	软塑	$0.75 < I_L \leqslant 1$	23～32
	可塑	$0.50 < I_L \leqslant 0.75$	32～40
	硬可塑	$0.25 < I_L \leqslant 0.50$	40～49
	硬塑	$0 < I_L \leqslant 0.25$	49～56
	坚硬	$I_L \leqslant 0$	56～60
圆砾、角砾	中密、密实	$N_{63.5} > 10$	80～120
碎石、卵石	中密、密实	$N_{63.5} > 10$	100～172
全风化岩	—	$30 < N \leqslant 50$	50～92
强风化岩	—	$N_{63.5} > 10$	80～172

管桩端阻力特征值的经验值 q_{pa}（kPa）　　　表 7-20

土（岩）名称	桩入土深度（m） 土（岩）的状态		端阻力特征值的经验值 q_{pa}（kPa）			
			$l \leqslant 9$	$9 < l \leqslant 16$	$16 < l \leqslant 30$	$l > 30$
黏性土	软塑	$0.75 < I_L \leqslant 1$	120～500	400～800	700～1100	800～1100
	可塑	$0.50 < I_L \leqslant 0.75$	500～1000	800～1300	1100～1700	1400～2200
	硬可塑	$0.25 < I_L \leqslant 0.50$	900～1400	1400～2000	1600～2200	2200～2600
	硬塑	$0 < I_L \leqslant 0.25$	1500～2300	2300～3300	3300～3600	3600～4100

土（岩）名称	桩入土深度（m）		端阻力特征值的经验值 q_{pa}（kPa）			
	土（岩）的状态		$l\leqslant 9$	$9<l\leqslant16$	$16<l\leqslant30$	$l>30$
砾砂	中密、密实	$N>15$	3300～5200		5000～5800	
角砾、圆砾		$N_{63.5}>10$	3800～5500		5200～6300	
碎石、卵石		$N_{63.5}>10$	4400～6000		5800～7100	
全（强）风化岩	—	$30<N\leqslant50$	3300～4400			
强风化岩	—	$N_{63.5}>10$	4400～6000			

（2）单桩水平承载力特征值应通过单桩水平静载荷试验确定，试验应符合现行行业标准《建筑基桩检测技术规范》JGJ 106 相关规定，并应满足在同一条件下的试桩数量，不应少于总桩数的 1‰，且不得少于 3 根。

（3）管桩基础设计等级为甲级、乙级的建筑物，单桩抗拔承载力特征值应通过单桩抗拔静载荷试验确定；管桩基础设计等级为丙级的建筑物，可按现行地方标准《先张法预应力混凝土管桩技术规程》DB34 5005[53] 相关规定计算。

（4）管桩桩身结构承载力计算

① 管桩轴心受压时

$$Q\leqslant\varphi_c f_c A \tag{7-14}$$

式中　Q——相应于荷载效应基本组合时的单桩竖向力设计值；

　　　f_c——管桩混凝土轴心抗压强度设计值，按现行国家标准《混凝土结构设计规范》GB 50010 取值；

　　　A——管桩桩身横截面面积；

　　　φ_c——工作条件系数，取 0.55～0.65，对于沿江等复杂地质条件地区宜取低值，对于其他地质条件较好地区宜取高值。

② 管桩轴心受拉时

单节桩：当裂缝控制等级为一级时，应按下式计算：

$$Q_t\leqslant f_{py} A_{py} \tag{7-15}$$

式中　Q_t——相应于荷载效应基本组合时的单桩竖向上拔力设计值；

　　　f_{py}——管桩预应力钢筋的抗拉强度设计值；

　　　A_{py}——管桩预应力钢筋的截面面积。

多节桩：

$$Q_t\leqslant 0.8 l_w h_e f_t^w \tag{7-16}$$

式中　l_w——焊缝长度，$l_w=\pi(d_1+d_2)/2$（d_1 为焊缝外径，d_2 为焊缝内径）；

　　　h_e——焊缝计算厚度，$h_e=0.75 l_a$（l_a 为焊缝坡口根部至焊缝表面的最小距离）；

　　　f_t^w——焊缝抗拉强度设计值，可取 170N/mm²。

对两节及以上的管桩，应取按式（7-38）、式（7-39）计算的较小值。

③ 桩身受弯矩作用时

$$M\leqslant R_m \tag{7-17}$$

式中　M——相应于荷载效应基本组合时的单桩弯矩设计值；

　　　R_m——桩身的抗弯承载力特征值。

管桩桩身正截面受弯承载力设计值因符合下列规定：

$$M \leqslant \alpha_1 f_c A(r_1+r_2)\frac{\sin\pi\alpha}{2\pi} + f'_{py}A_p r_p \frac{\sin\pi\alpha}{\pi} + (f_{py}-\sigma_{p0})A_p r_p \frac{\sin\pi\alpha_t}{\pi} \tag{7-18}$$

$$\alpha = \frac{0.55\sigma_{p0}A_p + 0.45 f_{py}A_p}{\alpha_1 f_c A + f'_{py}A_p + 0.45(f_{py}-\sigma_{p0})A_p} \tag{7-19}$$

$$\alpha_t = 0.45(1-\alpha) \tag{7-20}$$

式中　α——矩形应力图中，混凝土受压区面积和全截面面积的比值；

　　　α_t——纵向受拉预应力钢筋面积与全部纵向预应力钢筋面积的比值；

　　　α_1——矩形应力图中，纵向受拉预应力钢筋达到屈服强度的钢筋面积与全部纵向预应力钢筋截面面积的比值；

　　　r_p——预应力钢筋重心所在圆周的半径；

　　　A——管桩截面面积；

　　　A_p——全部纵向预应力钢筋的截面面积；

　　　σ_{p0}——预应力钢筋合力点处混凝土法向应力等于零时预应力钢筋应力；

r_1、r_2——抗拔管桩截面的内、外半径（mm）；

　　　f'_{py}——管桩预应力钢筋的抗压强度设计值。

④ 管桩桩身横向受剪承载力设计值

$$V \leqslant \frac{tI}{S_0}\sqrt{(\sigma_{ce}+2\phi_t f_t)^2 - \sigma_{ce}^2} \tag{7-21}$$

式中　V——剪力设计值；

　　　t——管桩壁厚；

　　　I——管桩截面对中心轴的惯性矩；

　　　S_0——管桩半个圆环的面积对中心轴的面积矩；

　　　ϕ_t——混凝土抗拉强度变异性调整系数，$\phi_t = 0.7$。

⑤ 偏心受压的管桩，桩身正截面受压承载力

$$N \leqslant \alpha\alpha_1 A f_c - \sigma_{p0}A_p + \alpha f'_{py}A_p - \alpha_t(f_{py}-\sigma_{p0})A_p \tag{7-22}$$

$$N\eta e_i \leqslant \alpha_1 f_c A(r_1+r_2)\frac{\sin\pi\alpha}{2\pi} + f'_{py}A_p r_p \frac{\sin\pi\alpha}{\pi} + (f_{py}-\sigma_{p0})A_p r_p \frac{\sin\pi\alpha_t}{\pi} \tag{7-23}$$

$$\alpha_t = 0.45(1-\alpha) \tag{7-24}$$

式中　e_i——初始偏心距。

管桩桩身裂缝控制应符合下列要求：

a. 当裂缝控制等级为一级时，应按下式计算：

$$Q_t \leqslant \sigma_{pc}A \tag{7-25}$$

式中　Q_t——相应于作用的基本组合时，轴心竖向力作用下桩基中单桩所受上拔力。

b. 当裂缝控制等级为二级时，应按下式计算：

$$Q_t \leqslant (\sigma_{pc}+f_t)A \tag{7-26}$$

式中　f_t——管桩混凝土轴心抗拉强度设计值。

（5）地基基础设计等级为甲级的管桩基础，结构体系复杂、荷载不均匀或桩端以下存

在软弱下卧层的地基基础设计等级为乙级的管桩基础，摩擦型管桩基础的沉降计算应按国家现行相关标准的规定执行，管桩基础沉降变形允许值按现行行业标准《建筑桩基技术规范》JGJ 94 中建筑桩基沉降变形允许值执行，并不得超过建筑物的沉降允许值。

3. 预应力混凝土管桩施工注意事项

1）应根据设计要求、岩土特性、施工场地周边环境，选择合适的沉桩机械。对于锤击机械：桩锤应采用柴油锤、液压锤，不得采用自由落锤；桩锤大小的选择应与桩径和沉桩难易程度相结合，配套使用，大桩应选用重锤；桩架必须具有足够的承载力、刚度和稳定性。对于静压机械：压桩机的每件配重必须核实，并将其质量标记在该件配件外露表面；静力压桩机的最大压桩力，应小于桩机的自重及配重之和的 0.9 倍。

2）采用管桩的基坑工程开挖施工，基坑开挖顺序、方法应与设计工况相一致；严禁边打桩、边开挖基坑；基坑施工机械和运土车辆不得挤推、碰撞或损坏已成管桩桩身。基坑开挖尚应保持基坑围护结构和边坡的稳定，并做好监测工作，实施动态管理；饱和黏性土场地的基坑，应在管桩施工 15d 后方可进行开挖。

3）管桩的连接可采用端板焊接法，接头强度不应低于桩身强度。采用端板焊接接桩应符合国家现行标准《钢结构焊接规范》GB 50661[54]的有关规定；接桩时下节桩的桩头宜高出地面 1.0～1.3m；下节桩的桩头处宜设导向箍，以便上节桩就位。接桩时上下节桩段应保持顺直，中心线允许偏差为±2mm。接桩就位纠偏时，不得用大锤横向敲打。管桩焊接前应先确认接头部位是否符合要求，上下节桩端板表面应用钢丝刷清刷干净，坡口处应清除油污和铁锈，并刷至露出金属光泽。接桩焊接宜采用二氧化碳保护焊，由两个焊工沿桩周对称进行。焊接时宜先在坡口周边对称点焊 4～6 点，待上下节桩固定后拆除导向箍再分层施焊。当坡口宽度为 12mm 时，焊接层数宜为二层，当坡口宽度为 17mm 时，焊接层数宜为三层。内层焊完后应将焊渣清理干净，方可施焊外层。焊缝应连续、饱满，不得有表面气孔、夹渣、弧坑、裂纹、电弧擦伤等缺陷。雨天焊接时，应采取可靠的防雨措施。二氧化碳保护焊尚应采取防风措施。二氧化碳保护焊冷却时间不宜少于 8min，严禁用水冷却或焊好后立即沉桩。

4）管桩需截桩时，应采取有效措施保证截桩后管桩的质量。截桩应采用锯桩器，严禁采用大锤横向敲击截桩或强行扳拉截桩。

5）浇灌填芯混凝土前，应采用涂刷水泥净浆、混凝土界面剂等措施将管桩内壁浮浆清除干净。填芯混凝土的托板宜采用 4～5mm 厚的薄钢板，并通过端板用钢筋与托板焊接定位，托板与管桩接触周边缝隙应采取可靠措施防止漏浆。填芯混凝土的深度及强度等级应符合本节的规定和设计要求。

6）采用静压法沉桩施工时，施工顺序应为：空旷场地沉桩应由中心向四周进行；某一侧有需要保护的建（构）筑物或地下管线时，应由该侧向远离该侧的方向进行；根据桩型、桩长和桩顶设计标高，宜先深后浅，先长后短，先大后小；根据建筑物的设计主次，宜先主后次；沉桩机运行线路应经济合理，方便施工。管桩沉桩时应满足：首节桩插入时，垂直度允许偏差为±0.5%；压桩时压桩机应保持水平；宜连续一次性将桩沉到设计标高，中间停顿时间宜短，应避免在接近持力层时接桩。

终压标准应根据工程地质条件、设计承载力、设计标高、桩型等综合确定，应通过试桩静载试验确定终压力及单桩承载力特征值，在无试桩终压力与静载试验资料的情况下，终压力不宜小于 2 倍特征值；终压后的管桩应采取有效措施封住管口；送桩遗留的孔洞，应立即回填或覆盖。

PHC 桩桩身允许抱压力应符合下式要求：

$$P_{max} \leqslant 0.45(f_{cu,k} - \sigma_{ce})A \tag{7-27}$$

式中　P_{max}——桩身允许抱压压力；

$f_{cu,k}$——边长为 150mm 的桩身混凝土立方体抗压强度标准值；

σ_{ce}——桩身截面混凝土有效预压应力；

A——管桩桩身横截面面积。

PHC 桩顶压式桩机的最大施压力或抱压式桩机送桩时的施压力应符合下式要求：

$$P'_{max} \leqslant 0.5(f_{cu,k} - \sigma_{pc})A \tag{7-28}$$

式中　P'_{max}——顶压式桩机的最大施压力或抱压式桩机送桩时的施压力。

7）当采用锤击法沉桩施工时，桩机的选择应满足打桩施工的设计技术要求，并具有足够的强度、刚度和稳定性。管桩打入时应满足：桩锤和桩帽与桩圆周的间隙应为 5～10mm；桩锤和桩帽（送桩器）与桩顶面之间应加设弹性衬垫，衬垫厚度应均匀，且经锤击压实后的厚度不宜小于 60mm，在打桩期间应经常检查，并及时更换和补充衬垫；首节桩打入时，垂直度允许偏差为 ±0.5%，桩锤、桩帽或送桩器应与桩身在同一中心线上；宜连续一次性将桩沉到设计标高，确需停锤时尽量减少停锤时间；沉桩时，桩顶应有排气孔，当管内充满水时应先排水后才能继续施工，管内大量涌土时也应采取相应处理措施。

锤击法施工时的最大打桩力应符合下式规定：

$$P_{max} \leqslant 0.7Af_{ck} \tag{7-29}$$

式中　P_{max}——锤击桩施工时的最大打桩力；

A——管桩桩身横截面面积；

f_{ck}——桩身混凝土轴心抗压强度标准值。

对于 PHC 管桩，锤击法沉桩每根桩的总锤击数不宜大于 2500 击；入土深度最后 1m 的锤击数不宜大于 300 击。

在布桩密集时，可采用"引孔助沉"，并应符合：引孔的直径、孔深及数量应由设计、施工、监理等单位共同通过现场试验后确定；引孔宜用长螺旋钻干作业法或其他适宜本地区使用的方法；引孔的垂直度允许偏差为 ±0.5%；引孔作业和打桩施工应密切配合，随钻随打，引孔和打桩应在同一个工作台班中完成；引孔中有积水时，宜用开口型桩尖。

收锤后的管桩应采取有效措施封管口。送桩遗留的孔洞，应立即回填或覆盖。对硬黏土、密实粉土、粉质黏土分布地区，且布桩较密时，应进行施工监测，当发现群桩上浮时，应采取复打（压）等处理措施。

4. 质量的检验与验收

预应力管桩基础工程应进行桩位、桩长、桩径和桩身质量的复检。施工完成后应进行单桩承载力检测。预应力管桩基础工程的检验按时间顺序可分为三个阶段：施工前检验、施工过程检验和施工后检验。

1）运入工地的管桩，抽查管桩的外观质量和尺寸偏差，抽查数量不得少于 2% 的桩节数，且不得少于 2 节。当抽检结果出现一根桩节不符合质量要求时，应加倍检查，若再发现有不合格的管桩，该批管桩不准使用并必须撤离现场。

当管桩采取焊接接头时，按现行行业标准《先张法预应力混凝土管桩用端板》JC/T 947[55]的有关规定检查桩套箍和端板的质量，重点应检查端板的材质、厚度和电焊坡口尺寸。抽检端板厚度的桩节数量不得少于 2% 的桩节数量且不得少于 2 节；电焊坡口尺寸检查应逐条进行。凡端板厚度或电焊坡口尺寸不合格的桩严禁使用。端板的材质检查可先查阅管桩或端板生产厂家所提供的材质检验报告，有怀疑时可在工地上随机选取 2～3 个端板，送到具有金属材料检测资质的检测单位进行化学成分的检测，若检测不合格，该批桩不得使用。对接桩时使用焊条等材料应进行检验。

2）管桩结构钢筋抽检的主要内容应为预应力钢筋的数量和直径，螺旋筋的直径、间距及加密区的长度，以及钢筋的混凝土保护层厚度，每个工地抽检桩节数不应少于 2 根。

对同一生产厂家生产的每种规格桩，对每一工地，每施工 5000m 应送单节管桩至有资质单位进行破坏性试验，主要检验桩的抗弯性能，应执行见证取样送检制度。常用桩尖的检查和检测，应对桩尖的钢板厚度、桩尖尺寸、焊缝质量等按照现行行业标准《预应力混凝土管桩技术标准》JGJ/T 406 进行检测，每栋建筑物的检测数量应不少于总桩数的 1%，且不应少于 2 个桩尖。

3）对管桩基础设计等级为甲级或乙级的工程，在施工前进行试桩时，应对施工过程进行严格控制与检验，并做好相关记录。试桩的单桩竖向抗压静载荷试验应按国家相应规范进行，并应压至破坏。当拟采用高应变法进行单桩竖向抗压承载力的验收检测时，应先对试桩进行高应变检测，再进行单桩竖向静载荷试验并压至破坏，取得可靠的动静对比资料后，方可在验收检测中实施高应变法。对比试验数量不应少于 3 根，当预估总桩数少于 50 根时，应不少于 2 根。

4）沉桩施工过程中进行桩身垂直度检测时，首先应检查第一节桩定位时的垂直度，当垂直度偏差不大于 0.5% 时，方可开始打（压）桩；测量桩身垂直度可用吊线锤法，需送桩的管桩桩身垂直度可利用送桩前桩头露出自然地面 1.0～1.5m 时测得的桩身垂直度作为该成桩的垂直度，但深基坑内的基桩，应待深基坑土方开挖后再次量测桩身垂直度作为该桩的桩身垂直度；沉桩后的最终桩身垂直度允许偏差为 1%。

沉桩过程中，对工程桩总数的 20%（先沉桩施工的三分之一抽取 30%，中间沉桩施工的三分之一抽取 20%，最后沉桩施工的三分之一抽取 10%）进行单桩沉桩完成时的桩顶标高（单桩沉桩完成时立即测量桩顶标高并记录）和全部工程桩沉桩完成后对先前测量过桩顶标高的桩进行复测并记录，计算前后标高差。当发现桩顶上浮超过 20mm 时，应对全部工程桩进行复打（压），并对总桩数的 20%（抽取方法同上）进行单桩复打（压）完成时和全部工程桩复打（压）完成后的桩顶标高测量并记录，直至复压后本次桩顶上浮量小于 10mm。复打（压）施工终锤（终压）标准可与沉桩时相同或复打（压）到初始标高。在深厚饱和软土中沉桩，当布桩密集又无经验时，尚宜在施工过程中监测桩顶的水平位移，监测数量不应少于 6 根。

5）施工结束后应对桩进行下列检验：截桩后的桩顶标高；桩顶平面位置；桩身的完整性；单桩承载力；对桩身抗压强度出现争议时的全截面抗压能力检测。

（1）截桩后桩顶的实际标高与设计标高的允许偏差为 ±10mm。设计标高处桩顶平面位置的允许偏差应符合表 7-21 的规定。

管桩桩顶平面位置的允许偏差

表 7-21

项　目		允许偏差值（mm）
柱下单桩		±80
单排或双排桩条形桩基	垂直于条形桩基横向轴的桩	±100
	平行于条形桩基纵向轴的桩	±150
承台桩数为 2～4 根的桩		±100
承台桩数为 5～16 根的桩	周边桩	±100
	中间桩	±D/3 或±150 两者中较大者
承台桩数多于 16 根的桩	周边桩	±150
	中间桩	±D/2

注：D 为管桩外径。

（2）工程桩应进行桩身完整性的验收检测，其桩身完整性等级分类应符合表 7-22 的规定。管桩的桩身完整性检测数量应符合下列规定：①采用 PHC 桩，对于甲级设计等级的桩基，抽检数量不应小于总桩数的 30％，且不应少于 20 根。其他设计等级的桩基抽检数量不应少于总桩数的 20％，且不应少于 10 根；②柱下单桩承台的桩应全部检测，柱下三桩或三桩以下的承台抽检桩数不得少于 1 根；③抗拔桩、以桩身强度为设计控制指标的抗压桩、超过 25 层的高层建筑基桩及倾斜度大于 1％的桩应全数检测；④锤击法沉桩的管桩，锤击总数超过 2000 击的，应全数检测。

桩身完整性分类表

表 7-22

桩身完整性类别	分类原则
Ⅰ类桩	桩身完整
Ⅱ类桩	桩身有轻微缺陷，不会影响桩身结构承载力的正常发挥
Ⅲ类桩	桩身有明显缺陷，对桩身结构承载力有影响
Ⅳ类桩	桩身存在严重缺陷

（3）对于采用封口型桩尖且接头为电焊焊缝的管桩，当采用低应变法检测其桩身完整性，对结果有疑问时，应采用孔内摄像法检测桩身完整性，检测方法应按工程建设标准化协会标准《基桩孔内摄像检测技术规程》CECS253[56] 相关规定执行。

（4）对低应变检测中存在缺陷的Ⅲ类、Ⅳ类桩均应进行处理，并应进行桩身倾斜度及桩位偏差的检测。考虑地质情况、沉桩施工情况、基坑开挖情况等进行综合分析，确定利用和处理方法。以桩身强度为设计控制指标或受力较大的Ⅲ类桩经处理后应进行单桩竖向抗压静载试验以确认其单桩竖向抗压承载力能否满足设计要求。单位工程处理后的Ⅲ类桩数超过 50 根时，试验数量取处理桩数的 1％且不少于 3 根，单位工程处理后的Ⅲ类桩数少于或等于 50 根时试验数量不应少于 2 根。

（5）对桩身浅部存在缺陷的管桩，可根据场地岩土工程条件进行开挖检查处理，截除缺陷以上的桩身，再次进行低应变及桩身倾斜度检测，检测结果符合要求后，方可进行接桩处理。

（6）工程桩施工完成后应进行承载力验收检验，按现行国家行业标准《预应力混凝土管桩技术标准》JGJ/T 406 相关规定执行。

6）当桩顶设计标高与施工场地标高基本相同时，桩基工程的质量验收应待打桩完毕后进行。当桩顶设计标高低于施工场地标高，需送桩时，在每一根桩的桩顶沉至场地标高时应进行中间检查后再送桩，待全部桩基施工完毕，并开挖到设计标高时，再作质量检验。

二、预应力混凝土空心方桩

近年来，随着我国基础设施建设的大力推进，基础建设工程对新型基桩产品预应力离心混凝土空心方桩的需求量较大，部分省市已推广使用近 5 年，每年的产量达 500 多万米，已成为目前我国生产量较大的一种新型基桩材料。该产品与现有的同规格管桩、普通方桩相比，在使用过程中具有以下特点：①空心方桩为外方内圆形结构，运输中容易绑扎、固定；②由于空心方桩结构截面为方形，外表面平整，采用抱压施工时出现桩身抱碎事故率较低；③空心方桩在软土地基施工后，当基坑开挖时，出现桩位倾斜的情况比管桩少；④空心方桩基础的承台较管桩小，可以降低基础工程量和工程成本等。

此外，空心方桩具有如下优点：①空心方桩挤土效应更小。挤土效应主要由于沉桩时使桩四周的土体结构受到扰动，改变了土体的应力状态而产生的。相同外周长时，空心方桩比管桩截面积减少 12%～18%，如果两桩型的沉桩施工方法与施工顺序、成桩数量、压桩速率、压桩过程中孔隙水压力相等同，方桩的挤土效应明显低于管桩。即在满足相同侧摩阻力情况下空心方桩比管桩的桩径要小一些，或者桩径相当但用桩数量少，减少了挤土量。在城市建筑密度较高、对挤土要求较高的情况下空心方桩较管桩挤土少，减少了基础施工对建筑物周边地基的影响。②方桩产品结构合理，品种规格齐全，供设计选用范围广，外方内圆的截面形式，在土层中桩体周边土与土的休止角比圆型的管桩摩阻系数要大得多，这意味着空心方桩比管桩在同等地质条件下能获得更大的承载力，对于以侧摩阻力为主的摩擦桩和端承摩擦桩的桩型，空心方桩占优势。③混凝土强度高，采用掺加矿物掺合料、外加剂新技术，进行科学配比设计，可确保混凝土强度等级。④桩身承载力高，抗弯性能好。它采用了预应力混凝土用钢棒，先张法预应力张拉工艺，有较高的抗裂弯矩与极限弯矩。⑤成桩质量可靠，采取工业化生产，有成熟的工艺和完善的质量管理体系做保证，可在生产过程施行有效地质量控制。⑥对地质条件适应性较强，由于桩身混凝土强度高，密实耐打，有较强的穿透能力，对持力层起伏变化大的地质条件有较强的适应性。⑦方形运输吊装方便，桩接驳迅速。成桩长度不受限制，用普通的电焊机即可实现自由接驳。⑧文明施工，现场整洁，不污染环境，符合环保要求，施工机械化程度高，检测方便，监理强度低。⑨经济效益好。其施工周期短，效率高，回报快，施工现场简单，便于管理，可节约施工费用，单位承载力造价低，综合经济效益好。

1. 先张法预应力混凝土空心方桩设计

1）构造要求

对于空心方桩作为承压桩时，填芯深度不得小于 3 倍桩外边长，且不得小于 1.5m；对抗拔桩和桩顶承担较大水平力的桩，填芯深度应按计算确定且不得小于 3.0m；填芯混凝土应采用微膨胀混凝土，强度等级应比承台提高一级且不应低于 C30。填芯混凝土应灌注饱满，振捣密实，下封层不得漏浆。

桩与承台连接时，桩顶嵌入承台深度不应小于 50mm，且不应大于 100mm；对于承压桩，可利用桩的纵向钢筋或另加插筋锚入承台内。当采用桩身纵向钢筋直接与承台锚固时，锚固长度不应小于 50 倍钢筋直径且不小于 500mm；当采用另加插筋时，插筋的数量应根据计算确定，钢筋插入桩身内的长度同填芯混凝土深度，锚入承台内长度应不小于 35 倍钢筋直径。对于抗拔桩，应优先考虑将桩身预应力钢筋伸入承台内锚固。若采用另加插筋锚固，其数量应根据计算确定。钢筋插入桩身内的长度应与填芯混凝土长度相同，锚入承台内长度不应小于 40 倍钢筋直径。

当采用空心方桩作抗拔桩时，宜采用单节桩；必须采用多节桩时，接头数不应超过一个，且宜采用机械接头；采用焊接接头时，应有可靠的措施保证接头的强度和耐久性；桩端宜增设端部锚固筋，端板的厚度宜加厚。

抗拔桩的桩顶填芯混凝土深度和连接钢筋总面积应按下式计算：

$$L_a \geqslant \frac{N}{f_n \cdot u_{pn}} \tag{7-30}$$

$$A_s \geqslant \frac{N}{f_y} \tag{7-31}$$

式中 L_a——桩顶填芯混凝土深度，按计算确定且不得小于 3.0m；

N——荷载效应基本组合下，桩顶轴向拉力设计值；

f_n——填芯混凝土与桩孔内壁的粘结强度设计值，宜由现场试验确定。当缺乏试验资料时，可采用强度等级不低于 C30 的微膨胀混凝土填芯，f_n 取 0.30～0.35MPa；

u_{pn}——空心方桩内孔圆周长；

A_s——空心方桩内孔连接钢筋总面积；

f_y——连接钢筋的抗拉强度设计值。

硬黏土地区空心方桩作为抗压桩时，每根桩的接头数量不宜超过 3 个；桩的接头处抗弯性能不应低于桩身的抗弯性能，接头强度不应低于桩身强度；

2）单桩竖向承载力特征值的确定

基础设计等级为甲级、乙级的建筑物，应通过单桩竖向静载荷试验确定其承载力特征值；基础设计等级为丙级的建筑物，可根据原位测试法和经验参数其承载力特征值确定。当根据土的物理指标与承载力参数之间的经验关系确定单桩竖向承载力特征值时，宜按下式估算：

$$R_a = \mu_p \sum q_{sia} l_i + q_{pa}(A_j + \lambda_p A_{pl}) \tag{7-32}$$

式中 R_a——单桩竖向承载力特征值（kN）；

μ_p——桩身外周边长度（m）；

q_{sia}——桩侧第 i 层土的侧阻力特征值（kPa），可按表 7-23 取值；

l_i——桩身穿越第 i 层土（岩）的厚度（m）；

q_{pa}——桩端阻力特征值（kPa），可按表 7-24 取值；

A_j——空心方桩桩端净面积（m²）；

λ_p——桩端土塞效应系数，对于闭口方桩 $\lambda_p=1$；对于开口方桩：当 $h_b/B<5$ 时，

$\lambda_p = 0.16 h_b / B$，当 $h_b / B \geqslant 5$ 时，$\lambda_p = 0.8$，（h_b 为方桩桩端进入持力层的深度）

A_{p1}——空心方桩的空心部分面积（m^2）。

方桩侧摩阻力特征值的经验值 q_{sia}（kPa）　　　　表 7-23

土的名称	土的状态		桩侧摩阻力特征值的经验值（kPa）
黏性土	流塑	$I_1 > 1$	12～23
	软塑	$0.75 < I_1 \leqslant 1$	23～32
	可塑	$0.50 < I_1 \leqslant 0.75$	32～40
	硬可塑	$0.25 < I_1 \leqslant 0.50$	40～49
	硬塑	$0 < I_1 \leqslant 0.25$	49～56
	坚硬	$I_1 \leqslant 0$	56～60

方桩端阻力特征值的经验值 q_{pa}（kPa）　　　　表 7-24

土（岩）名称	桩入土深度（m）土（岩）的状态		端阻力特征值的经验值 q_{pa}（kPa）			
			$l \leqslant 9$	$9 < l \leqslant 16$	$16 < l \leqslant 30$	$l > 30$
黏性土	软塑	$0.75 < I_L \leqslant 1$	120～500	400～800	700～1100	800～1100
	可塑	$0.50 < I_L \leqslant 0.75$	500～1000	800～1300	1100～1700	1400～2200
	硬可塑	$0.25 < I_L \leqslant 0.50$	900～1400	1400～2000	1600～2200	2200～2600
	硬塑	$0 < I_L \leqslant 0.25$	1500～2300	2300～3300	3300～3600	3600～4100
砾砂		$N > 15$	3300～5200		5000～5800	
角砾、圆砾	中密、密实	$N_{63.5} > 10$	3800～5500		5200～6300	
碎石、卵石		$N_{63.5} > 10$	4400～6000		5800～7100	
全（强）风化岩	—	$30 < N \leqslant 50$	3300～4400			
强风化岩	—	$N_{63.5} > 10$	4400～6000			

2. 先张法预应力混凝土空心方桩施工注意事项

1) 应对工程环境条件进行分析，确定桩基施工可能影响附近建（构）筑物、道路、地下管线正常使用和安全时，应采取有效的减少振动和挤土影响的措施，必要时应对建（构）筑物进行加固，应对道路和地下管线采取保护措施或增加隔离措施，并设置观测点进行监测。当紧靠基坑边坡或围护结构沉桩时，应考虑沉桩对其影响，必要时应采取相应的措施。

2) 应根据设计要求、岩土特性、场地周边环境，选择合适的沉桩机械；锤击机械的桩锤应采用柴油锤、液压锤，不得采用自由落锤；桩锤大小的选择应与桩径和沉桩难易程度相结合，配套使用，大桩应选用重锤；桩架必须具有足够的承载力、刚度和稳定性。而静压机械压桩机的每件配重必须核实，并将其质量标记在该件配件外露表面；静力压桩机的最大压桩力，应小于桩机的自重及配重之和的 0.9 倍。

3) 采用空心方桩基础的基坑开挖施工时，严禁边打桩边开挖基坑；自然放坡的基坑宜在打桩结束后开挖，有围护结构的基坑应在桩基完成后施工围护结构；饱和黏性土、粉土地区的基坑开挖宜在打桩全部完成 15d 后进行；挖土宜分层均匀进行，且坑内土体高差不宜大于 1.0m；挖土机械和运土车辆不得挤推或碰撞桩体；在距桩顶以上 50～80cm 的土体应采用人工开挖；应制订合理的施工方案，确定土方开挖顺序，注意保持基坑围护结构和边坡的稳定，并做好监测工作，实施动态管理。

4）除设计阶段已进行静载荷试桩以外，在正式施工前均应试沉桩。试沉桩数量不宜少于工程桩总数的1%且不得少于3根；对于工程场地较小、地层单一的工程，试桩数量应不少于2根。

5）在超固结土（密实土）分布地区，打桩可能引起土体和桩体上浮，施工时应进行监测，当发现群桩上浮时，应采取复打（压）等处理措施。

6）在软土分布区，打桩和基坑开挖可能引起土体侧移和桩体倾斜，施工时应进行监测，当发现土体流动、桩体倾斜时应采取处理措施。

7）沉桩过程中出现贯入度异常、桩身漂移、倾斜或桩身及桩顶破损，应查明原因，进行必要的处理后，方可继续施工。

8）沉桩完成后应采取有效措施封堵管口；送桩遗留的孔洞，应立即回填或覆盖。

9）当采用静压法沉桩施工时，压桩机的型号和配重可根据设计要求和岩土工程勘察报告或根据试桩资料等因素选择，沉桩场地应满足压桩机承载力的要求，当不能满足时，应采取有效措施保证压桩机的稳定。沉桩的顺序：若空旷场地沉桩应由中心向四周进行；若某一侧有需要保护的建（构）筑物或地下管线时，应由该侧向远离该侧的方向进行；根据桩型、桩长和桩顶设计标高，宜先深后浅，先长后短，先大后小；根据建筑物的设计主次，宜先主后次；密集的群桩宜跳打。沉桩机运行线路应经济合理，方便施工。

沉桩施工首节桩插入时，垂直度允许偏差为0.5%；压桩过程中压桩机应保持水平；宜连续一次性将桩沉到设计标高，尽量缩短中间停顿时间。沉桩过程应有完整的记录；压完一根桩后，若有露出地面的桩段，应先截桩后移机，严禁用压桩机将桩强行扳断。

终压标准应根据工程地质条件、设计承载力、设计标高、桩型等综合确定，应通过静载荷试验确定终压力及单桩承载力特征值，在无试桩终压力与静载荷试验资料的情况下，终压力不宜小于2倍单桩承载力特征值。

桩身允许抱压力应符合下式要求：

$$\text{PS桩：} P_{max} \leqslant 0.5(f_{cu,k} - \sigma_{pc})A \tag{7-33}$$

$$\text{PHS桩：} P_{max} \leqslant 0.45(f_{cu,k} - \sigma_{pc})A \tag{7-34}$$

式中　　P_{max}——桩身允许抱压压力；

　　　　$f_{cu,k}$——边长为150mm的桩身混凝土立方体抗压强度标准值；

　　　　σ_{pc}——桩身截面混凝土有效预压应力；

　　　　A——桩身横截面面积。

顶压式桩机的最大施压力或抱压式桩机送桩时的施压力应符合下列公式要求：

$$\text{PS桩：} P'_{max} \leqslant 0.55(f_{cu,k} - \sigma_{pc})A \tag{7-35}$$

$$\text{PHS桩：} P'_{max} \leqslant 0.5(f_{cu,k} - \sigma_{pc})A \tag{7-36}$$

式中　　P'_{max}——顶压式桩机的最大施压力或抱压式桩机送桩时的施压力。

10）当锤击法沉桩施工时，桩机的选择应满足打桩施工的设计技术要求，并具有足够的稳定性；锤重可根据设计要求和岩土性质或根据试桩资料选择。

打入桩施工时桩锤和桩帽与桩周的间隙应为5～10mm；桩锤和桩帽（送桩器）与桩

顶面之间应设弹性衬垫，衬垫厚度应均匀，且经锤击压实后的厚度不宜小于 60mm，在打桩期间应经常检查，并及时更换和补充衬垫；首节桩打入时，垂直度允许偏差为 0.5%，桩锤、桩帽或送桩器应与桩身在同一中心线上，打桩过程中桩机应保持水平；宜连续一次性将桩沉到设计标高，确需停锤时尽量减少停锤时间；沉桩时，桩顶应有排气孔，当桩管内充满水时应先排水后才能继续施工，桩管内大量涌土时也应采取相应处理措施。

收锤标准应根据工程地质条件、设计承载力、设计标高、桩型、耐锤性能等综合确定，并应由设计单位根据施工单位的试沉桩结果提出收锤标准。

锤击法施工时的最大打桩力应符合下式规定：

$$P_{max} \leqslant 0.7 A f_{ck} \tag{7-37}$$

式中　　P_{max}——锤击法施工时的最大打桩力；

　　　　A——桩身横截面面积；

　　　　f_{ck}——桩身混凝土轴心抗压强度标准值；

锤击法沉桩每根桩的总锤击数对于 PHS 桩不宜大于 2500 击，对于 PS 桩不宜大于 2000 击；最后 1m 锤击数对于 PHS 桩不宜大于 200 击，对于 PS 桩不宜大于 150 击；有经验的地区按经验确定。

11）在布桩密集时为减轻挤土效应，可采用引孔方法；引孔的直径、孔深及数量应由设计、施工、监理等单位共同通过现场试验确定；引孔宜用长螺旋钻干作业法或其他适宜本地区使用的方法；引孔的垂直度允许偏差为 0.5%；引孔作业和打桩施工应密切配合，随钻随打，引孔和打桩应在同一个工作台班中完成；引孔中有积水时，宜用开口型桩尖。

三、先张法预应力混凝土竹节桩

1. 概述

先张法预应力混凝土竹节桩是指桩身沿轴线方向有等间隔竹节状（环状）突起的环形截面的先张法预应力混凝土桩。竹节桩是为了克服普通管桩在深厚软土地基中应用的缺陷改良而来的新桩型，它采用了新型外壁改变了桩的结构形式，从而改变了桩的受力机理。同时，竹节桩采用无端板连接技术替代传统的焊接接桩工艺，上下桩之间采用机械快速连接并涂抹环氧树脂，不仅减少了钢材和混凝土的用量，而且有利于桩基施工向无污染、高效率的方向发展。与相同桩径、相同桩长的普通管桩相比，竹节桩可节省混凝土用量15%以上，生产成本降低 10% 左右，社会经济效益显著。

竹节桩按是否带纵向肋分为带肋竹节桩和不带肋竹节桩。其中，带肋竹节桩按强度等级可分为普通强度带肋竹节桩（RKPC）和高强度带肋竹节桩（RKPHC）；不带肋竹节桩按强度等级分为普通竹节桩（KPC）和高强度竹节桩（KPHC）。混凝土强度等级分别不低于 C65 和 C80。竹节桩按最大外径（肋部）和最小外径（非肋部）可分为 400(370)mm、500(460)mm、600(560)mm、700(650)mm、800(700)mm、900(800)mm、1000(900)mm、1200(1050)mm 等规格。其中带肋竹节桩仅适用于截面最大外径小于 700mm 的桩型。竹节桩按桩身混凝土有效预压应力值分为 A 型（4MPa）、AB 型（6MPa）、B 型（8MPa）和 C 型（10MPa）。

2. 地基勘察

竹节桩基础的勘察应重点评价场地和地基对竹节桩使用的适宜性，应对工程场地中的地下水和土对竹节桩的腐蚀性进行评价。拟采用竹节桩基础的场地，应着重评价：①场地的交通运输条件；②评价建筑场地中孤石、坚硬夹层、岩溶、土洞、液化土层和构造断裂等不良地质现象及岩面坡度对桩端稳定性的影响；③提出桩端持力层的建议，并对沉桩的可能性进行评价；④提供竹节桩基础的侧阻力特征值和端阻力特征值；⑤评价沉桩对周边环境的影响；⑥挤土效应评价；⑦设计使用年限内对周边环境的限定性要求；⑧施工注意事项等内容。拟选用竹节桩基础时，在地基勘察中还应适当增加标准贯入试验、动力触探或静力触探等原位测试工作。

3. 竹节桩的设计要点

1）构造要求

竹节桩内预应力竖向钢筋应沿桩横截面圆周均匀配置，最小配筋率不宜低于0.5%，且不得少于6根，间距允许偏差为±5mm；螺旋箍筋的直径不应小于表7-25的规定；竹节桩两端$3D_1$（D_1为最大外径，且不小于2000mm）范围内螺旋箍筋的螺距应为45mm；其余部分螺旋箍筋的螺距应为80mm；螺距的允许偏差均为±5mm。

螺旋箍筋的直径　　　　　　　　　　表 7-25

竹节桩最大外径 D（mm）	竹节桩型号	螺旋箍筋直径（mm）
400～450	A、AB、B、C	4
500～600	A、AB、B、C	5
700	A、AB、B、C	6
800	A、AB、B、C	6

竹节桩最外层钢筋的混凝土保护层厚度不得小于35mm；用于房屋地基加固、公路路基加固、临时过渡房屋建筑等，预应力主筋的混凝土保护层厚度不得小于25mm；用于特殊环境下的竹节桩，保护层厚度应符合相关标准的要求。

竹节桩的接头端板的厚度不应小于竹节桩的设计壁厚；接头的端面必须与桩身的轴线垂直，其允许偏差应为±0.5%D_1；端板最小厚度应符合表7-26的规定，且不得有负偏差；除预应力钢筋挂筋孔、承插连接孔外，端板表面应平整，不得开槽和打孔。端板制造不得采用铸造工艺，严禁使用不合格钢材制造端板；若根据工程需要可采用其他材质的端板或钢质连接套，但应满足张拉应力要求。

端板最小厚度　　　　　　　　　　表 7-26

钢棒直径（mm）	7.1	9.0	10.7	12.6	14.0
端板最小厚度（mm）	16	18	20	24	28

2）竹节桩基础设计注意事项

桩的选型应综合适用范围、建筑场地条件、周边环境条件、拟建建筑物功能要求、沉桩设备性能及其对场地条件的适应性等因素进行分析。并根据地基复杂程度、建筑物规模和功能特性以及由于地基问题可能造成建筑物破坏或影响正常使用的程度按国家现行标准《建筑基地基础设计规范》GB 50007和《建筑桩基技术规范》JGJ 94的有关规定划分为甲、乙、丙三个设计等级。

设计桩基础时，所采用的荷载效应组合及相应的抗力与变形限值应符合国家现行标准

《建筑地基基础设计规范》GB 50007 和《建筑桩基技术规范》JGJ 94 的有关规定。

设计等级为甲级、抗震设防烈度为 7 度或工程地质条件较复杂的桩基础工程，宜选用 AB 型、B 型、C 型竹节桩；抗拔桩宜选用 AB 型、B 型、C 型竹节桩。相邻桩的最小中心距不应小于表 7-27 的规定值；当采用减少挤土效应的措施时，相邻桩的中心距可适当减少，但不得小于 $3D_1$。采用多桩或群桩时，宜使桩群形心与其上部结构竖向永久荷载的重心相重合，减少偏心；同一结构单元应避免采用不同类型的桩；硬黏土层中应适当加大桩距。竹节桩设计时应选择较坚硬、较密实的土层作为桩端持力层；桩端进入持力层的深度不应小于 $2D_1$。承台设计应符合国家现行标准《建筑地基基础设计规范》GB 50007 和《建筑桩基技术规范》JGJ 94 的有关规定，基础混凝土结构的耐久性设计应符合国家现行有关标准的规定。

桩的最小中心距 表 7-27

桩基情况	桩的最小中心距
独立承台内桩数超过 30 根；大面积群桩	$4.0D_1$
独立承台内桩数超过 9 根，但不超过 30 根，条形承台内排数超过 2 排	$3.5D_1$
其他情况	$3.0D_1$

对承压桩，桩顶部填芯混凝土深度不得小于 3 倍桩最大外直径，且不得小于 1.5m；对抗拔桩和桩顶承担较大水平力的桩，填芯深度应按计算确定且不得小于 3.0m；填芯混凝土应采用掺膨胀剂的补偿收缩混凝土，强度等级应比承台提高一级且不应低于 C30。填芯混凝土应灌注饱满，振捣密实，下封层不得漏浆。

桩与承台连接时，当桩外径小于 800mm 时，桩顶嵌入承台深度应为 50mm；当桩外径不小于 800mm 时，桩顶嵌入承台深度应为 100mm；桩顶应设置连接钢筋，可采用螺母将桩身预应力钢筋与连接钢筋连接成整体并锚入承台内，也可在桩孔内另加插筋锚入承台内，还可直接将桩身预应力钢筋锚入承台内，具体要求可按安徽省现行地方标准《先张法预应力混凝土竹节桩基础技术规程》执行。

预应力混凝土竹节桩作为抗压桩时，其接头数量不宜多于 3 个；作为抗拔桩时接头数量不宜多于 1 个；桩的接头处抗弯性能不应低于桩身的抗弯性能，接头强度不应低于桩身强度。

3）竹节桩计算注意事项

单桩桩顶作用力及桩基的承载力验算应按国家现行标准《建筑地基基础设计规范》GB 50007 和《建筑桩基技术规范》JGJ 94 的有关规定执行。桩基础的抗震验算，应按现行国家标准《建筑抗震设计规范》GB 50011 的有关规定执行。

基础设计等级为甲级、乙级的建筑物，单桩竖向承载力特征值应通过单桩竖向静载荷试验确定；基础设计等级为丙级的建筑物，单桩竖向承载力特征值通过单桩竖向静载荷试验确定，也可根据原位测试法和经验参数确定。

单桩水平承载力特征值应通过单桩水平静载荷试验确定；单桩水平静载荷试验应按现行国家标准《建筑地基基础设计规范》GB 50007 相关规定执行。

基础设计等级为甲级、乙级的建筑物，单桩抗拔承载力特征值应通过单桩抗拔静载荷试验确定；基础设计等级为丙级的建筑物，宜通过单桩抗拔静载荷试验确定，也可按国家现行标准《建筑地基基础设计规范》GB 50007 和《建筑桩基技术规范》JGJ 94 相关公式估算。

4. 竹节桩的施工注意事项

当竹节桩基础施工可能影响附近建（构）筑物、道路、地下管线正常使用和安全时，应采取有效的减少振动和挤土影响的措施，必要时应对建（构）筑物进行加固，对道路和地下管线采取保护措施或隔离措施，并设置观测点进行监测。当在紧靠相邻工程的基坑边坡或围护结构的场地沉桩时，应考虑沉桩对其影响，必要时应采取相应的措施。

应根据设计要求、岩土特性、施工场地周边环境，选择合适的沉桩机械；静压桩施工时，宜按现行安徽省地方标准《先张法预应力混凝土竹节桩基础技术规程》DB34/T 5014[57]附录 B 选择压桩机械，但压桩力不宜超过 7000kN；静力压桩机的最大压桩力，应小于桩机的自重及配重之和的 0.9 倍。锤击沉桩时，宜按安徽省现行地方标准《先张法预应力混凝土竹节桩基础技术规程》DB34/T 5014 附录 C 选择沉桩机械，桩锤应采用柴油锤、液压锤，不得采用自由落锤，桩锤大小的选择应与桩径和沉桩难易程度相结合，配套使用，大桩应选用重锤，桩架必须具有足够的承载力、刚度和稳定性。

采用竹节桩的基坑开挖施工时，基坑开挖顺序、方法应与设计工况一致；严禁边打桩边开挖基坑；自然放坡的基坑宜在打桩结束后开挖，有围护结构的基坑应在桩基完成后施工围护结构；饱和黏性土、粉土地区的基坑开挖宜在打桩全部完成 15d 后进行；挖土宜分层进行，且坑内土体高差不宜大于 1.0m；挖土机械和运土车辆不得挤推或碰撞已施工的竹节桩；在距桩顶以上 30～50cm 的土体应采用人工开挖。

上、下节桩拼接成整桩时，可采用承插式连接、抱箍式连接或端板焊接等方式。承插式连接的接头卡扣连接强度不应小于桩身强度，必须确保锤击回弹时无缝隙。接桩时，下节桩的桩头宜高出地面 0.8～1.2m，方便接桩操作。采用抱箍式连接或端板焊接方式连接应符合国家相关标准的规定。

采用顶压式沉桩时，最大施压力应满足下式要求：

$$\text{KPC 桩：} P'_{max} \leqslant 0.55(f_{cu,k} - \sigma_{pc})A \tag{7-38}$$

$$\text{KPHC 桩：} P'_{max} \leqslant 0.5(f_{cu,k} - \sigma_{pc})A \tag{7-39}$$

式中　P'_{max}——顶压式桩机送桩时的最大施压力；

　　　$f_{cu,k}$——边长为 150mm 的桩身混凝土立方体抗压强度标准值；

　　　σ_{pc}——桩身截面混凝土有效预压应力；

　　　A——竹节桩桩身横截面（细节段）面积。

采用抱压式压桩时，桩身允许抱压力应符合下式要求：

$$\text{KPC 桩：} P'_{max} \leqslant 0.5(f_{cu,k} - \sigma_{pc})A \tag{7-40}$$

$$\text{KPHC 桩：} P'_{max} \leqslant 0.45(f_{cu,k} - \sigma_{pc})A \tag{7-41}$$

式中　P'_{max}——桩身允许抱压压力。

锤击法施工时的最大打桩力应符合下式规定：

$$P_{max} \leqslant 0.7Af_{ck} \tag{7-42}$$

式中　P_{max}——锤击桩施工时的最大打桩力；

A——竹节桩桩身最小横截面面积；

f_{ck}——桩身混凝土轴心抗压强度标准值；

单桩的总锤击数：KPC、RKPC 不宜超过 2000 击，最后 1m 的锤击数不宜超过 200 击；KPHC、RKPHC 不宜超过 2500 击，最后 1m 的锤击数不宜超过 250 击；当贯入度已达到设计要求而桩端标高未达到时，应继续锤击 3 阵，每阵 10 击的贯入度均满足设计要求时可以终止沉桩。

采用"引孔打（压）桩"法减轻挤土效应时，引孔的直径、孔深及数量应由设计、施工、监理等单位共同通过现场试验后确定；引孔宜用长螺旋钻干作业法或其他适宜的方法；其垂直度偏差不应大于 0.5%；引孔作业和打桩施工应密切配合，随引随打，并在同一个工作台班中完成；引孔中有积水时，宜用开口型桩尖。

在硬黏土地区，当布桩较密时，应进行施工监测；当发现群桩上浮时，应采取复打（压）等处理措施。

5. 竹节桩基础的检验和验收

竹节桩基础施工前应按设计要求进行试沉桩并进行相应的静载荷试验，施工完成后应进行单桩承载力检测。对基础设计等级为甲级或乙级的工程，在设计阶段进行试桩时，应对试验过程进行严格控制与检验，并做好相关记录；试验应按国家相关规范进行，并应压至破坏；试验数量不应少于 3 根，当总桩数少于 50 根时，不应少于 2 根。

施工结束后应检验截桩后的桩顶标高、桩顶平面位置、桩身的完整性、单桩承载力。截桩后桩顶的实际标高与设计标高的允许偏差应为 ±10mm，设计标高处桩顶平面位置的允许偏差应符合表 7-28 的规定。

竹节桩桩顶平面位置的允许偏差　　　　　　　　表 7-28

项　目		允许偏差值（mm）
柱下单桩		±80
单排或双排桩条形桩基	垂直于条形桩基横向轴的桩	±100
	平行于条形桩基纵向轴的桩	±150
承台桩数为 2～4 根的桩		±100
承台桩数为 5～16 根的桩	周边桩	±100
	中间桩	$\pm D_1/3$ 或 ±150 两者中较大者
承台桩数多于 16 根的桩	周边桩	±150
	中间桩	$\pm D_1/2$

竹节桩的桩身完整性检测时，对于甲级设计等级的桩基，抽检数量不应小于总桩数的 30%，且不应少于 20 根。其他设计等级的桩基抽检数量不应少于总桩数的 20%，且不应少于 10 根；柱下单桩承台的桩应全部检测，柱下三桩或三桩以下的承台抽检桩数不得少于 1 根；抗拔桩、以桩身强度为设计控制指标的抗压桩、超过 25 层的高层建筑基桩及倾斜度大于 1% 的桩应全数检测；锤击法沉桩的竹节桩，锤击总数超过 2000 击的，应全数检测。

工程桩施工完成后应进行承载力验收检测，验收检测应采用静载荷试验检测单桩承载力，在同一条件下检测桩数不应少于总桩数的 1%，且不得少于 3 根；总桩数在 50 根以内时不得少于 2 根。

第五节 工 程 案 例

一、案例 1

1. 概况

安徽省阜阳市某 18 层商住楼工程 9 号和 10 号楼设计 8 根工程试桩，其中双螺旋挤土灌注桩（SDS 桩）4 根，CFG 桩 4 根。试桩处地基土各地层的物理力学性质指标见表 7-29，工程试桩设计参数见表 7-30。

各土层物理力学性质指标 表 7-29

层号	土层名称	层厚（m）	重度（kN/m³）	黏聚力（kPa）	内摩擦角 φ（°）
①	杂填土	0～0.8	19.8	45.3	13.5
②	粉土	0.8～5.5	20.4	53.4	15.2
③	粉质黏土	5.5～13.5	21.1	65.8	18.3
④	粉质黏土	13.5～15.5	20.3	68.3	17.8

工程试桩设计参数 表 7-30

桩型	桩径（mm）	桩长（m）	主筋直径（mm）	弹性模量（MPa）	密度（kg/m³）
SDS 桩	400	9	14	2.35×10^4	2420
CFG 桩	400	9	14	2.35×10^4	2390

2. 现场试验

现场采用慢速维持静荷载的试验方法，工程试桩统计见表 7-31。工程试桩钢筋笼由 4 根主筋直径为 14mm 的螺纹钢和直径为 8mm 的箍筋组成，桩顶设圆形钢筋网片，桩顶加密区长度 1000mm，桩端收尖加密区长度 500mm。混凝土采用强度等级为 C35 的素混凝土。

工程试桩统计表 表 7-31

SDS 桩	10 号-4	10 号-6	9 号-5	9 号-7
CFG 桩	10 号-5	10 号-7	9 号-4	9 号-6

传感光纤铺设时以钢筋笼主筋为载体，沿着对称的两根主筋依次绑扎固定，使传感光纤在钢筋笼骨架上形成回路，呈 U 字形，传感光纤布置方式如图 7-8 所示。传感光纤外接入 BOTDA 测试系统，采集试验数据，选取 9 号楼的 7 号（SDS 桩）和 6 号（CFG 桩）的静载荷试验数据。分析研究双螺旋挤土灌注桩的承载特性，并与传统 CFG 桩相比较，得出双螺旋桩的承载特性规律。现场静荷载试验如图 7-9 所示。

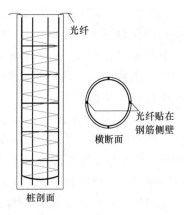

图 7-8 光纤布置方式图   图 7-9 现场静荷载试验

3. 现场试验结果分析

1) 桩身位移特性分析

静载试验最直接的结果是可以得到桩体的荷载-沉降曲线，曲线线形直接反映桩身材料以及桩周土体破坏模式和破坏机理。根据现场静荷载试验数据得到 7 号 SDS 桩和 6 号 CFG 桩的沉降结果见表 7-32 和表 7-33。

7 号 SDS 桩荷载沉降汇总表   表 7-32

工况	荷载（kN）	沉降（mm）	
		本级	累计
0	0	0.00	0.00
1	280.0	2.54	2.54
2	420.0	1.94	4.48
3	560.0	3.52	8.00
4	700.0	5.74	13.74
5	840.0	27.40	41.14

6 号 CFG 桩荷载沉降汇总表   表 7-33

工况	荷载（kN）	沉降（mm）	
		本级	累计
0	0	0.00	0.00
1	280.0	3.60	3.60
2	420.0	4.90	8.50
3	560.0	12.88	21.38
4	700.0	19.08	40.46

由表 7-32 和表 7-33 可以得到，SDS 桩和 CFG 桩在各级荷载作用下的沉降数值。在 700kN 荷载时，SDS 桩桩顶沉降为 13.74mm，本级荷载作用下沉降稳定，仍能继续承载；CFG 桩桩顶沉降已经达到 40.46mm，桩顶沉降量不能稳定，出现陡降，末级荷载作用下

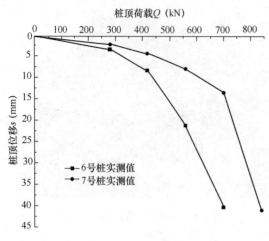

图 7-10 SDS 桩和 CFG 桩荷载-沉降曲线

的桩顶沉降量为 19.08mm。在 840kN 时，SDS 桩桩顶沉降达到 41.14mm，末级荷载作用下的桩顶沉降量为 27.40mm，桩体失稳丧失承载能力。两种桩型的荷载-沉降曲线如图 7-10 所示。

2）桩身轴力特性分析

竖向荷载作用在桩顶处，桩身受压首先产生轴向的弹性压缩变形，桩土之间的相互作用使得桩身产生相对于土体的向下位移，此时桩身产生向上的桩侧摩阻力，桩身轴力必须克服桩侧摩阻力向下传递。所以，桩身轴力曲线一般随深度的增加而递减。由光纤系统采集的桩身应变数据计算得到 CFG 桩和双螺旋桩在各级荷载作用下的桩身轴力，计算结果如图 7-11、图 7-12 所示。

从图中可以看出，桩身 0～7m 范围内轴力传递速度相对平缓，轴力曲线斜率较小；桩身 7～8.5m 范围内桩身轴力传递速度快，轴力曲线斜率大。并且双螺旋桩桩身下部轴力曲线斜率明显较 CFG 桩大，这主要是因为双螺旋桩靠近桩端部位挤土作用显著，使得荷载在此处的桩侧摩阻力发挥较大，轴力递减速度加快。

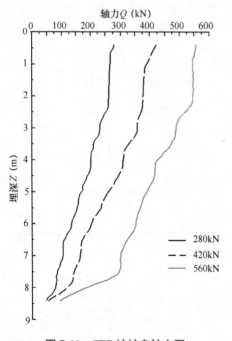

图 7-11 CFG 桩桩身轴力图

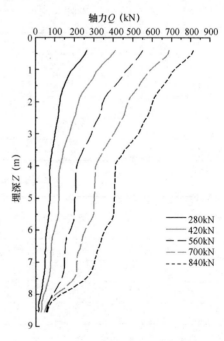

图 7-12 SDS 桩桩身轴力图

3）桩身侧摩阻力分析

桩侧摩阻力按土层进行计算，在同一土层的桩身上取能代表其段内大体趋势的一小段，得到两个横截面，利用以上轴力计算方法得出两截面上的轴力值，轴力值之差与该段内桩周边面积之比就是侧摩阻力，如图 7-13、图 7-14 所示。

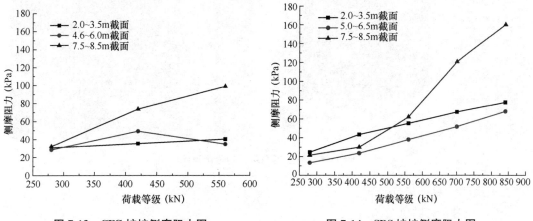

图 7-13　CFG 桩桩侧摩阻力图　　　　　图 7-14　SDS 桩桩侧摩阻力图

由图 7-13 和图 7-14 可知，两种桩型桩身侧摩阻力在桩身各截面随着荷载的增大而逐渐变大，在桩身上部发挥一般，桩身下部侧摩阻力发挥显著，数值较大。但是两种桩型的侧摩阻力发挥效应存在明显差别：CFG 桩身侧摩阻力在桩身 2.0～3.5m 和 4.5～6.0m 范围内发挥较小，只在 7.5～8.5m 发挥显著，桩端处最大侧摩阻力为 99.4kPa；双螺旋桩由于挤土作用，桩侧摩阻力沿整个桩身分布均匀，接近线性分布，桩端处最大侧阻力为 160kPa，能更充分发挥承载作用。

4. SDS 桩数值模拟分析

1）桩土数值模拟计算模型

对于单桩与上体相互作用的力学研究分析，桩体通常采用线弹性材料，本次数值计算采用 FLAC-3D 有限差分软件对 SDS 桩的静载荷试验进行模拟分析，土体采用 Mohr-Coulomb 屈服准则。桩体采用弹性模型，桩土接触面采用 Coulomb 摩擦模型，根据数值模拟经验，接触面采用自动选取罚刚度的计算方法，以求模拟计算结果更贴近工程实际。

在数值模拟过程中，按照实际土层情况将模型土体做适当简化。SDS 桩桩身混凝土强度等级为 C35，弹性模量取 2.35×10^4 MPa，密度取 2420kg/m³。由于桩型为挤土灌注桩，接触面摩擦性较好，选取接触面内置参数 c、φ 值为桩相邻土层 c、φ 值的 0.8 倍左右。

2）桩土数值模型的建立

土体深度设为 2 倍桩长，宽度为 50 倍桩的直径，建模中利用对称性原理，桩土体均取 1/4 模型进行计算，在对称面上设立正对称的边界条件，桩土计算模型单元划分如图 7-15 所示。土体采用 Mohr-Coulomb 塑性本构模型，结构单元为 8 角点的 brick 单元；桩体采用 Elastic 弹性本构模型，结构单元为 6 角点的 cylinder 单元，其中桩体划分为 360 个单元，土体划分为 5184 个单元，考虑桩土接触面参数、大变形理论以及初始地应力场。在桩顶平面采用分级加载的方式实现静载实验的数值模拟过程。

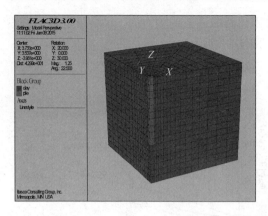
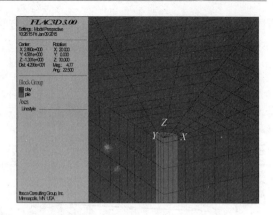

图 7-15　桩土模型单元划分示意图

3）数值计算结果分析

（1）桩身位移特性分析

通过数值计算，整理得到 SDS 桩模拟值与实测值的荷载-沉降关系对比如图 7-16 所示。可以看出，SDS 桩的静载试验数值模拟结果与实测结果吻合较好，均在 700kN 荷载时，桩顶位移出现陡降。在 840kN 极限荷载时，桩顶位移实测值为 41.14mm，模拟值为42.21mm，两者相差很小。SDS 桩在 840kN 荷载时竖向位移云图如图 7-17 所示，桩身位移最显著，桩周土体发生隆起，越靠近桩身的桩周土隆起越大，从桩身处向外呈递减型分布，SDS 桩由于挤土效应引起的地表隆起范围为 2～3 倍的桩径。由此表明，数值模拟计算过程是合理的，SDS 桩的承载破坏是由于桩侧和桩端阻力达到极限导致的。

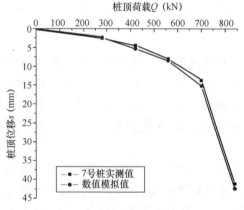
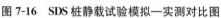

图 7-16　SDS 桩静载试验模拟—实测对比图

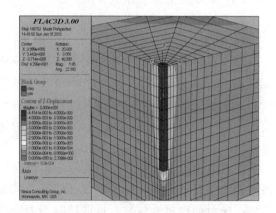

图 7-17　SDS 桩桩土竖向位移云图

（2）桩身应力特性分析

通过数值计算，整理得到 SDS 桩在各级荷载作用下轴力曲线如图 7-18 所示。桩身0～7m 范围内轴力传递速度相对平缓，轴力曲线斜率较小；桩身 7～8.5m 范围内桩身轴力传递速度快，轴力曲线斜率大，轴力数值计算结果与光纤实测值基本吻合，表明光纤传感测试桩基承载特性是可行的、准确的。双螺旋桩桩身应力随着埋深增加而减小，桩顶最大，桩端最小。SDS 桩在加载到最后一级荷载，数值模拟计算模型的桩土应力云图如图7-19 所示。

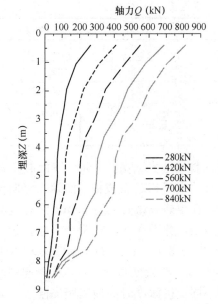

图 7-18 SDS 桩身轴力模拟值

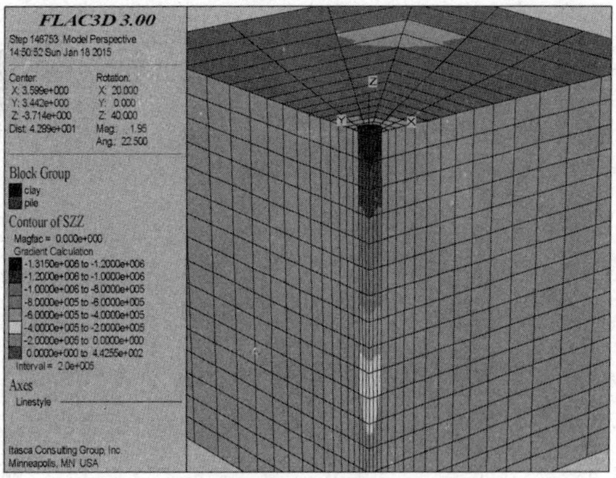

图 7-19 SDS 桩桩身应力云图

5. 小结

1）通过数值计算结果与光纤实测结果的对比分析，得到了双螺旋桩桩身轴力与桩侧阻力的分布规律，数值计算结果与实测结果吻合较好，表明光纤测试方法是可行的合理的，为今后桩基检测工程提供了新的检测技术方法。

2）通过对比试验，得出双螺旋挤土灌注桩单桩极限承载力达到 700kN，CFG 桩的单桩极限承载力为 560kN，双螺旋桩为 CFG 桩的 1.3 倍。

3）通过计算分析，双螺旋挤土灌注桩桩侧阻力发挥显著，其桩侧阻力极限值比 CFG 桩桩侧阻力大 60.9％左右，承载效果显著；双螺旋挤土灌注桩桩端阻力发挥缓慢，其桩端阻力极限值与 CFG 桩桩端阻力相当。由此可知，双螺旋挤土灌注桩的承载效果明显优于 CFG 桩，可以优先推广使用。

二、案例 2

1. 概况

某工地进行了 SDS 桩抗压、抗拔静载试验，通过桩身埋设的钢筋应力计及桩周设置的测斜孔、地表沉降点，研究 SDS 桩的荷载传递机制及 SDS 桩的挤土效应。试验桩的桩径均为 400mm，抗压桩桩长 13m，抗拔桩桩长 12m，桩间距 3m。

试验场地地形平坦，土层相对均匀，土层物理力学指标如表 7-34 所示，其中填土表层覆盖 15mm 厚混凝土薄层。

试验场地土层的物理力学指标 表 7-34

土层编号	土层名称	土层深度（m）	土层厚度（m）	标准贯入击数（击）
①	填土	1.3	1.3	—
②	粉质黏土	2.2	0.8	10.3

土层编号	土层名称	土层深度（m）	土层厚度（m）	标准贯入击数（击）
③	黏质粉土	4.8	2.6	7.2
④	砂质粉土	6.4	1.6	20.0
⑤	粉砂	13.5	7.1	36.2
⑥	粉质黏土	14.8	1.3	10.0
⑦	细砂	17.4	1.4	47.5

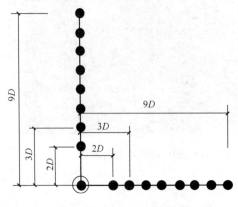

图 7-20　地表竖向位移点布置图

由于试验场地表面覆盖 15cm 厚混凝土薄层，无法有效量测 SDS 桩成桩时的地表竖向位移，为此，在距静载试验场地 50m、没有混凝土薄层覆盖处，分别在 X，Y 两个方向，距桩中心 1D、2D、3D、4D、5D、6D、7D、8D、9D（D 为桩径）位置处布置 2 行竖向隆起观测点，观测不同成桩深度时的地表竖向隆起，测点布置如图 7-20 所示。

2. 试验数据分析

1）桩周地表竖向隆起

图 7-21 为距桩中心点不同距离处地表隆起曲线，图例中数字为成孔深度。可以看出，在不同成孔深度，地表竖向隆起均随距桩中心的距离的增加快速衰减，在距桩位 4D（1.6m）处，地表竖向位移已接近于 0。即在此地层条件下，SDS 桩挤土效应引起的地表隆起范围为 4 倍桩径。

图 7-22 为距桩中心不同距离处测点随成孔深度的地表隆起曲线。可以看出，在成孔深度 0～3m 范围内，地表隆起随成孔深度急剧增大，且在 3m 时达到最大值；之后地表隆起趋于稳定，在成孔结束时，地表隆起略有回落。短螺旋挤扩钻头从钻尖到挤扩体上部的螺旋叶片约 3m，上部为中空的钻杆。在钻头的挤扩体还未全部进入土体，即接近成孔深度 3m 之前，地表隆起随成孔深度快速增加；当短螺旋挤扩钻头的挤扩体完全进入土体、

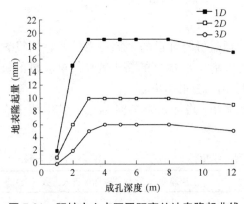

图 7-21　距桩中心点不同距离处地表隆起曲线

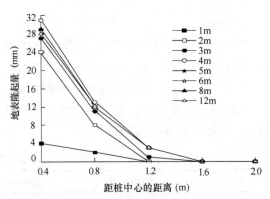

图 7-22　距桩中心不同距离处测点随成孔深度的地表隆起曲线

小于成桩直径的钻杆刚刚钻入土体时，由于孔壁与钻杆之间有一定间隙，钻孔内侧处于自由卸荷状态，在桩孔周边土体自重作用下，桩孔周围地表土体产生少量下沉；随后表面土体的竖向位移受成孔深度的影响不再明显，趋于稳定。该现象与静压桩施工引起的地表隆起规律不同。

2）桩周土体水平位移

为研究 SDS 桩桩周土体径向挤扩效应，在距抗压桩中心 2D、3D、4D 位置处分别埋设测斜管，对成孔过程桩周土体的径向位移进行量测，测斜管埋深15m。

成桩前量测稳定值，成桩过程中分别在钻头到达 3、6、9（m）桩底标高时停钻，各测一次成孔深度的水平位移值。

距桩中心 2D、3D、4D 处桩周土体水平位移曲线见图 7-23，图例中数字为成孔深度。由于土体表面覆盖15cm厚的混凝土薄层，对桩周表面土体有所约束，使得接近地表处的水平位移明显收敛。但在成孔深度大于4m后，上述实测曲线真实反映了 SDS 桩的侧向挤土效应特性。

从图 7-23 可以看出，在距桩孔中心 2D 处，桩周土体的水平位移最大，最大值超过了 30mm。而在距桩孔中心较远处（3D、4D），桩周土体的水平位移与土层分布特性有密切关系，最大水平位移发生在 5m 深度的黏土层处，3D、4D 处的最大水平位移分别为 12.0mm 和 5.7mm。在钻孔深度超过 6.5m、钻头开始进入密实粉砂层后，由于该砂层的压缩性很低，使得密实粉砂层的水平位移量变小。也即在 SDS 桩设计与施工中，要充分考虑黏土层和砂土层密实度对 SDS 桩挤土效应范围的影响。

从图 7-23 还可看出，在钻进过程中，处于 2D、3D、4D 处测孔的桩周上部土体的水平位移都趋于稳定，不会随着成孔深度的增加而增加。

图 7-24 为成孔深度 13m 时不同距离处桩周土体水平位移曲线。可以看出，随着距桩中心距离的增加，土体的水平位移急剧减小，在距桩中心 4D 处，土体的最大水平位

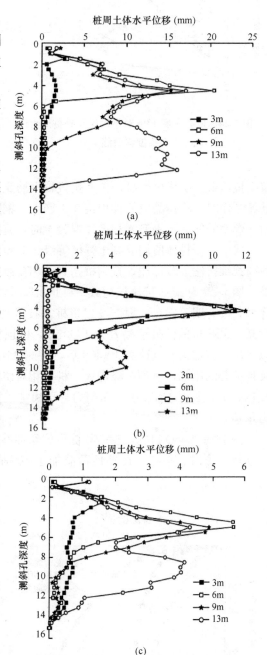

图 7-23 不同成孔深度的桩周土体水平位移曲线
（a）距桩中心 2D 处；（b）距桩中心 3D 处；
（c）距桩中心 4D 处

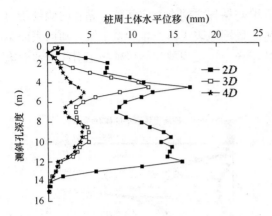

图 7-24　成孔深度 13m 时不同距离处桩周土体
水平位移曲线

移小于 6mm，挤土效应已不再明显。

SDS 桩的挤土效应主要发生在距桩中心 4D 范围内，在此范围内桩周土体将会受到很大程度上的挤密强化。此外，SDS 桩周土体的侧向变形与土体性质有很大关系，土的压缩性越高，桩周土体水平位移量越大；土的压缩性越低，则桩侧土体水平变形量越小。

3）SDS 桩荷载传递规律

（1）SDS 桩抗压、抗拔承载特性

为研究 SDS 桩的荷载传递机制，需在桩身埋设钢筋应力计，为此，分别制作了 $4\phi20$、$6\phi25$ 的钢筋笼，以后压笼的方式放置于抗压桩、抗拔桩桩身，并使抗拔桩钢筋笼露出桩顶 1m，以便与抗拔锚具固定。在钢筋笼制作时，将钢筋应力计焊接在主筋上，钢筋应力计连接杆一端与钢筋满焊，另一端自由。焊钢筋笼、下钢筋笼和灌注混凝土时，应特别注意保护钢筋应力计的信号屏蔽导线。

成桩时，桩体所用混凝土强度等级为 C40，桩端落在第⑤层粉砂层。静载试验采用慢速荷载维持法逐级加载，直到桩达到破坏荷载或桩身材料达到破坏。

图 7-25 为 SDS 抗压桩荷载 - 桩顶沉降曲线。可见，SDS 桩的总荷载 - 沉降曲线为缓降型，没有明显拐点。根据《建筑桩基技术规范》JGJ94 的规定，并结合 s-lgt 曲线可以判断，SDS 桩的极限承载力为 1800kN，桩顶相应的沉降量为 13.68mm。从图 7-25 也可以看出，施加第一级荷载 400kN 后，桩侧摩阻力为 341kN，占总荷载的 85％；而后随着桩顶荷载的增加，桩顶沉降增大，桩土相对位移增大，桩侧摩阻力也急剧增加；当桩顶荷载达到 1800kN 之后，桩侧摩阻力趋于稳定，发挥到极限，此后的荷载增量主要由桩端阻力承担。

图 7-26 为 SDS 抗拔桩荷载-桩顶位移曲线。可见，抗拔桩荷载-桩顶位移曲线在加载初期较为光滑、平缓；在桩顶荷载加至破坏荷载 1050kN 时（此时桩顶位移 10.3mm），

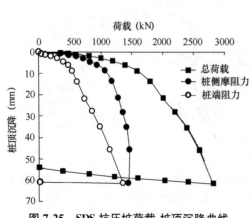

图 7-25　SDS 抗压桩荷载-桩顶沉降曲线

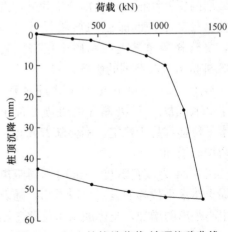

图 7-26　SDS 抗拔桩荷载-桩顶位移曲线

曲线出现陡升拐点，地表出现开裂，桩体将被拔出，发生破坏。

（2）SDS桩桩侧摩阻力分布特性

图7-27为SDS抗压桩桩身轴力与桩侧摩阻力分布曲线，图例中数字为施加的荷载。从图7-27可以看出，整体上桩侧摩阻力的分布为两端小、中间大。在距离地表1～3m深度处，由于第②层粉质黏土（标准贯入击数为10.3击）的作用，桩侧摩阻力出现第一个峰值；而在距地表4.8m处，由于第③层黏质粉土的标准贯入击数只有7.2击，土层较弱，提供的摩阻力较小，此处桩侧摩阻力曲线出现凹值；随后在距地表6～10m处，桩侧摩阻力出现最大值，这与表7-34所示的地层条件有密切关系，此深度的分布土层为粉砂层，标准贯入击数达到36.2击，砂层较密，所能提供的摩阻力也较大。

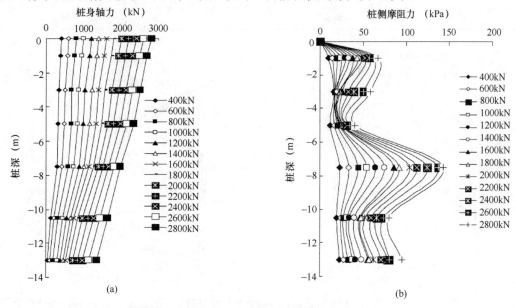

图7-27　SDS抗压桩桩身轴力与桩侧摩阻力分布曲线

（a）桩身轴力；（b）桩侧摩阻力

图7-28为SDS抗拔桩桩身轴力与桩侧摩阻力分布曲线，图例中数字为施加的荷载。从图7-28可以看出，在开始加载时，抗拔桩与抗压桩沿桩深的桩侧摩阻力曲线相似，即桩侧摩阻力都是从桩上部开始发挥并逐渐往下传递的。随着荷载的不断增大，抗拔桩桩身上部和端部的桩侧摩阻力变化不大，而桩身中部桩侧摩阻力变化较大；抗压桩除桩上部桩侧摩阻力达到极限外，中下部桩侧摩阻力均快速增长。

3. SDS桩与CFG桩承载特性对比分析

为对比分析SDS桩与CFG桩承载特性的异同，在北京一工地进行了3根SDS桩与2根CFG桩的静力压载破坏试验。5根试验桩桩长均为11m，桩径400mm，桩间距3m。场地地层条件见表7-35。

场地地层条件表　　　　　　　　　　　表7-35

土层编号	土层名称	土层厚度（m）	标准贯入击数（击）
1	杂填土	2.8	
2	黏质粉土	2.6	

土层编号	土层名称	土层厚度（m）	标准贯入击数（击）
3	砂质粉土	1.0	12
4	黏质粉土	1.0	6
5	砂质粉土	1.1	13
6	黏质粉土	5.0	10
7	细砂	1.0	29
8	中砂	0.5	45
9	粉质黏土	4.0	14
10	重粉黏	2.6	16

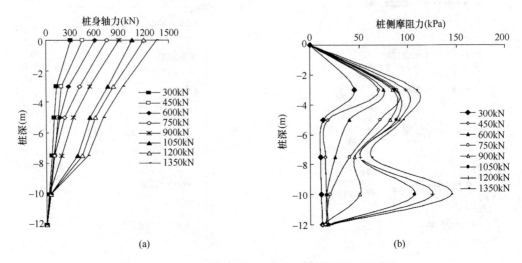

图 7-28　SDS 抗拔桩桩身轴力与桩侧摩阻力分布曲线

（a）桩身轴力；（b）桩侧摩阻力

从表 7-35 可以看出，5 根试验桩的持力层为较弱的黏质粉土，相当于纯摩擦桩。静载试验采用慢速荷载维持法逐级加载，荷载分级为 100kN，第一级荷载为 200kN。静载试验结果具有较好的吻合性。

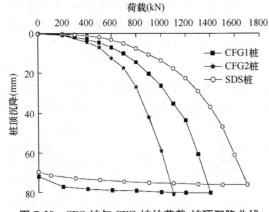

图 7-29　SDS 桩与 CFG 桩的荷载-桩顶沉降曲线

图 7-29 为 SDS 桩与 CFG 桩的荷载-桩顶沉降曲线。可以看出，2 种桩型的荷载-桩顶沉降曲线都呈缓降型，当桩顶沉降为 20mm 时，CFG1、CFG2 和 SDS 桩的承载力分别为 900kN，800kN 和 1200kN，即在同样桩顶沉降量下，SDS 桩的承载力比 CFG1 和 CFG2 桩分别提高了 33％和 50％。造成这种差别的主要原因是 2 种桩型的施工工艺不同，SDS 桩是完全挤土型桩，施工过程中把桩孔中的土体完全挤扩到桩周，从而对

桩周土体有一定的挤密效应，在一定程度上提高了桩周土体的强度，增大了桩土之间的摩阻力，从而不但提高了单桩的承载力，也提高了桩间土的承载力，使得桩基的沉降变形特性得到很大改善。

4. 试验结果

1）SDS 桩的挤土效应主要在 4D 范围内完成，在此范围内的土体将会被有效挤密，且土体的压缩性越高，挤土范围越大；土体的压缩性越低，挤土范围越小。在 SDS 桩设计与施工中，要充分考虑黏土层和砂土层密实度对 SDS 桩挤土效应范围的影响。

2）SDS 桩施工过程中的地表隆起主要在成孔开始到螺旋挤扩钻头的挤扩部分全部进入土体阶段完成的，之后地表隆起趋于稳定。

3）SDS 桩的抗拔桩与抗压桩沿桩深的侧摩阻力都是从桩上部开始发挥并逐渐往下传递，且摩阻力沿桩深的分布与土层条件有密切关系。

4）SDS 桩是完全挤土型桩，施工过程中对桩周土体有一定的挤密效应，在一定程度上提高了桩周土体的强度，增大了桩土之间的摩阻力，使得在同样沉降量时，其极限承载力比 CFG 桩提高 30%～50%。

三、案例 3

1. 概况

某工程为 33 层住宅，采用管桩基础，管桩穿越地层的物理力学性质见表 7-36，管桩持力层为⑤层黏土层，管桩型号为 PHC-AB600-130，桩长 20m，结合现场静载试验数据，进行管桩承载特性的数值分析。

各土层物理力学性质指标　　　　　　　　　表 7-36

层号	土层名称	层厚（m）	重度（kN/m³）	黏聚力（kPa）	内摩擦角（°）
①	耕填土	0.30～3.90	—	—	—
②-1	粉质黏土	0.50～3.90	19.9	69.1	16.7
②-2	粉质黏土	0.30～6.00	20.1	52.3	18.2
③	粉质黏土夹粉土	2.10～14.00	20.4	45.7	18.7
④	黏土	0.80～7.20	20.3	72.1	15.4
⑤	黏土	17.00～35.90	20.3	76.7	17.1

2. 数值模型的建立

在数值分析中，按照层厚将各层物理力学性质取加权平均值，将土层简化为 3 层，如表 7-37 所示，管桩桩身 C80 混凝土弹性模量取 4.94×10^4 MPa，密度取 2470kg/m³。

加权平均处理后的各土层物理力学性质指标　　　　表 7-37

层号	土层名称	层厚（m）	土的状态	重度（kN/m³）	黏聚力（kPa）	内摩擦角（°）	与桩体的摩擦系数[6]
①	粉质黏土	3.00	可塑	20.0	59.7	17.5	0.12
②	粉质黏土夹粉土	14.50	硬可塑	20.4	45.7	18.7	0.14
③	黏土	17.50	硬塑	20.3	74.1	16.2	0.10

土体深度设为 1.5 倍桩长，宽度为 50 倍桩的直径，为了减少计算时间，建模中利用对称性原理，桩土体均取 1/4 模型进行计算，在对称面上设立正对称的边界条件，桩土计算模型单元划分如图 7-30 所示，其中桩体共划分为 280 个单元，土体划分 3936 个单元。通过选择合理的参数采用弹塑性本构模型，考虑桩土接触面、初始地应力场、大变形理论计算，最终实现桩顶平面分级加载时的桩土模型应力与应变场的计算。

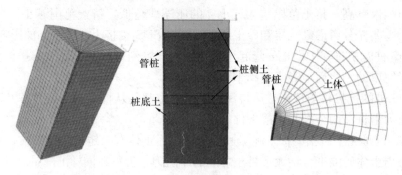

图 7-30　单元划分示意图

3. 计算结果及分析

1）静荷载试验的荷载-沉降曲线的线型是桩身材料或桩周土破坏机理和破坏模式的宏观反映。本节采用以上计算方法，桩顶荷载采用与静载试验分级相同的加载方式，计算出的荷载-沉降曲线与两根桩的实测曲线如图 7-31 所示。从图中可以看出，计算曲线与实测曲线吻合较好，2 根管桩的实测曲线与数值计算曲线均为缓变型，当加载至 5400kN 时，没有出现明显的向下转折段，也没有出现第二拐点，桩端土体未达到极限状态。通过计算这 2 根实测管桩的弹性压缩变形量基本上与实测桩顶沉降量一致，说明桩顶沉降基本上为桩身的弹性压缩变形引起。

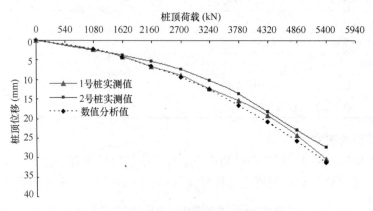

图 7-31　荷载-沉降曲线

2）加载至最后一级荷载时，计算出桩土模型的 MISES 应力与竖向位移云图分别如图 7-32 与图 7-33 所示。可见，由于考虑了桩土接触面，桩身竖向应力随着埋深增加而减小，管桩桩端的影响范围为一个梨形区，梨形区的直径约为管桩直径的 2 倍，桩身位移从桩顶到桩底逐步减小，桩顶位移为 31.30mm，此时桩端位移为 16.03mm。

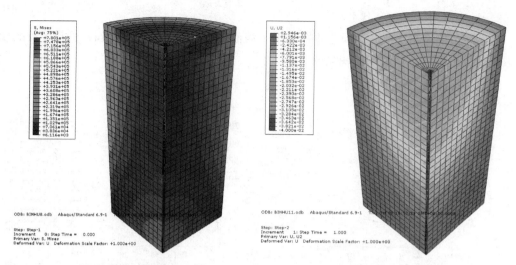

图 7-32　桩土模型的 MISES 应力云图　　　　图 7-33　桩土模型的竖向位移云图

当桩顶受压桩身首先产生轴向弹性压缩变形，由于此时桩身表面与其周边土体紧密接触，当桩受力产生相对于土的向下位移，这时就会产生土对桩向上的桩侧摩阻力，竖向荷载沿桩身向下传递的过程中，必须不断克服这种摩阻力，因此，桩身轴力曲线一般随着深度递减。通过数值分析得出的各级荷载下桩身竖向正应力可计算出桩身轴力沿埋深的变化曲线，计算结果如图 7-34 所示。从图 7-35 可以看出，桩身 0~11m 范围内的轴力传递速度较慢，轴力图中的斜率较小；桩身 11~18m 范围内的轴力传递速度较快，轴力图中的斜率较大。这主要由于下层土体为粉质黏土夹粉土，其强度与侧摩阻力均比上层土体高，因此荷载在该土层摩阻力发挥较大，轴力递减速度较快。从图中还可以看出，第一级荷载 1080kN 时，桩端 20m 处的轴力为 297.39kN，并非为零，这主要由于管桩桩身采用高强混凝土，其弹性模量较大，在桩顶竖向受压时，其桩身弹性压缩量较小，容易产生整桩向下的刚体位移，从而在第一级荷载作用时，桩端就已产生竖向位移，从而产生端阻力。

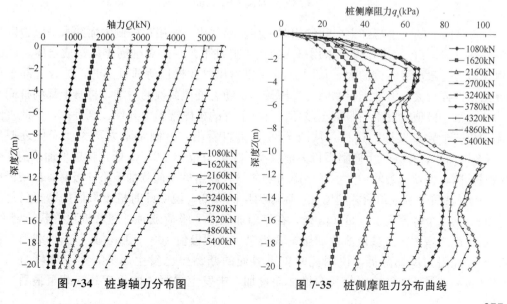

图 7-34　桩身轴力分布图　　　　图 7-35　桩侧摩阻力分布曲线

3）桩身摩阻力发挥性状分析

桩身各段侧摩阻力平均值可根据此段上下截面轴力差除以侧面积得到，桩身各段的侧摩阻力与桩土相对位移关系曲线见图 7-36。

本规范的经验取值范围。

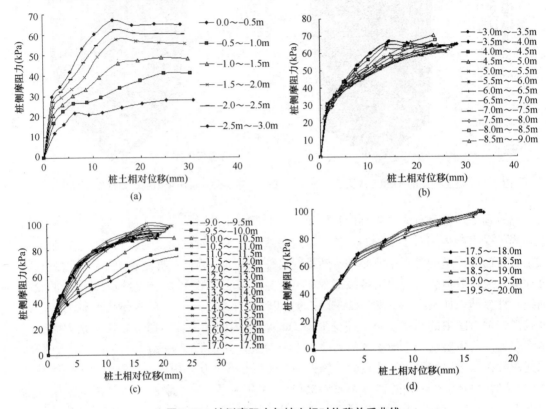

图 7-36　桩侧摩阻力与桩土相对位移关系曲线

（a）粉质黏土；（b）粉质黏土夹粉土－3.0～－9.0m；（c）粉质黏土夹粉土－9.0～－17.5m；

（d）黏土－17.5～－20.0m

桩侧摩阻力的大小与桩土之间的相对位移、刚度比、作用在桩侧表面的水平应力以及土的特性有关。由于 PHC 管桩采用打入或压入成桩工艺，能对桩周土体造成挤压，因此桩侧摩阻力一般比灌注桩的大。从图 7-36 可以看出，在桩顶荷载较小时，桩身上部土层的摩阻力发挥较大，下部土层摩阻力发挥较小，随着桩顶荷载的增加，桩身上部的桩侧摩阻力增至某一极值时发生屈服甚至破坏，桩身下部的桩侧摩阻力开始逐渐发挥，因此桩侧摩阻力是一个异步发挥的过程。从图 7-36 还可以看出，桩侧摩阻力随深度变化近似呈"三峰态"曲线，存在三个摩阻力极大值：第一个峰值位于－2.5m 处，在桩顶加载前 5 级荷载时，随着桩顶荷载的增大，其摩阻力随之增大，当桩顶荷载加至第 6 级时，出现极值 67.0kPa，其后随着桩顶荷载的增加，摩阻力反而降低，说明此时桩土界面的摩擦已经发生屈服。第二个峰值位于－11.0m 处，在桩顶加载前 7 级荷载时，随着桩顶荷载的增大，其摩阻力随之增大，当桩顶荷载加至第 8 级时，出现极值 100.1kPa，其后当加载第 9 级荷载时，摩阻力反而降低，说明此时桩土界面的摩擦也已发生屈服。第三个峰值位于－19.0m 处，并且随着桩顶荷载的增加而增加，未发生屈服，桩顶荷载加载至最后一级时，其摩阻力达到最大为 98.3kPa。从图 7-36 可以看出，桩土相对位移较小时，各土层中的桩侧摩阻力与桩对相对位移呈线性关系，之后随着桩土相对位移的增大，桩侧摩阻力与桩土相对位移呈非线性关系。从图 7-36 还可以看出：①粉质黏土中桩段达到极限侧阻力 67.0kPa 时，其对应的桩土相对位移为 14.56mm，之后随着桩顶荷载的增大，桩土相对位移虽然也随之增大，但此桩段却出现侧阻软化现象；②粉质黏土夹粉土中桩段达到极限侧阻力 100.1kPa 时，其对应的桩土相对位移为 17.08mm，之后随着桩顶荷载的增大，桩侧也出现侧阻软化现象；③黏土中桩段的侧阻力随着桩土相对位移的增加而单调增加，未出现侧阻软化现象。

将计算所得各土层摩阻力的极大值作为对应土层摩阻力的极限值，并与规范推荐值及勘察报告推荐值对比如表 7-38 所示。

各层土体中桩的极限侧阻力对比表（kPa）　　　　表 7-38

土层名称	勘察报告	JGJ 94—2008 规范	广东 DBJ/T 15—22—2008 [58]	本文计算值
①粉质黏土	54	55～70	54～70	67.0
②粉质黏土夹粉土	80	70～86	70～86	100.1
③黏土	90	86～98	86～98	＞98.3

从表 7-38 可以看出，本节采用数值分析方法计算得出的各层土体中桩的极限侧阻力均大于勘察报告推荐值，①粉质黏土中的极限侧阻力计算值在行业标准与广东省地方标准规定的范围内，②粉质黏土夹粉土及③黏土层的极限侧阻力计算值均超出上述规范规定的范围。

4）桩端阻力性状分析

计算模型管桩采用封口型桩尖，不考虑土塞效应。管桩持力层为③黏土层，其桩端阻力与桩端沉降关系曲线见图 7-37，端阻比随着桩顶荷载的增加的变化规律如图 7-38 所示。

从图 7-37 可以看出，桩端阻力与桩端沉降均随桩顶荷载的增加而增加，桩端阻力随着桩端沉降的增加而增大，同侧摩阻力一样，桩端阻力的发挥也需要一定的位移量。从图 7-37 中可以看出本次计算模型中，由于桩端土体在沉桩过程中，已经受到挤压而紧密，因此在桩端沉降量很小时，桩端阻力就已发挥；当桩端沉降达到 16.03mm 时，管桩桩端阻力为 8759.28kPa，并且从曲线来看，此端阻力还未达到极限值，此端阻力值比《建筑桩基技术规程》JGJ 94 中的推荐取值 5500～6000kPa 高 46.0％～59.3％，比勘察报告推荐值 5000kPa 高 75.2％。

从图 7-38 可以看出，端阻比随着桩顶荷载的增加而增加，由于管桩桩身强度高，桩身压缩变形小，易产生整体向下的刚体位移从而易使桩顶位移传到桩端，进而产生桩端阻力，因此在第一级荷载时，桩端阻力就已经分担了桩顶荷载的 27.5％，此比例随着桩顶荷载的增加而增加，在前 6 级荷载时增长速度相对较小，后 3 级荷载增长速度较快，至最后一级荷载时，桩端阻力可分担桩顶荷载的 45.8％，相应地桩侧阻力可分担桩顶荷载的 54.2％，因此本工程管桩应为端承摩擦桩。

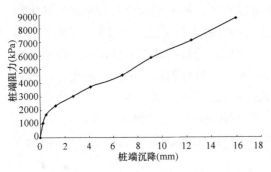

图 7-37 ③黏土层桩端阻力与桩端沉降关系曲线

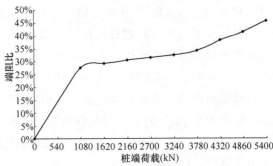

图 7-38 端阻比变化曲线

四、案例 4

1. 概况

某工程为框架结构，地下 1 层，主楼地上 12 层，裙楼地上 3 层，占地地面积约 85.8m×54.6m。基础设计采用人工挖孔混凝土灌注桩，设计桩端持力层为中风化泥质砂岩，桩孔深度约 25m，桩身直径 800～1400mm，桩端直径 800～2700mm，桩身混凝土设计强度等级为 C35。综合基桩类型、工程建设场地、工期等因素考虑，建设单位决定选取 4 根工程桩进行自平衡法深层载荷试验，以检验设计采用的中风化泥质砂岩桩端持力层的桩端阻力特征值。

建设场地地形平坦，场地地基岩土构成自上而下分为 7 层，简述如下：

①层杂填土——褐、灰黑等色，松散～稍密状态，含碎石、碎砖、瓦片、混凝土等，下部为黏性土回填的素填土，层厚 1.10～3.00m。$q_{sa}=13kPa$。

②层淤泥质粉质黏土——灰、黑灰等杂色，层厚 0.80～3.10m，$q_{sa}=10kPa$。

③层粉质黏土——灰褐、青灰等色，可塑状态，含氧化铁、铁锰结核等，层厚 0.70m～1.60m。$q_{sa}=15kPa$。

④层粉质黏土——灰褐、黄褐等色，可塑～硬塑状态，含氧化铁、铁锰结核等，局部夹黏土，层厚 0.40～3.60m。$q_{sa}=18kPa$。

⑤层黏土——黄、灰黄、褐黄色，硬塑～坚硬状态，含氧化铁、铁锰结核等，层厚 7.40～15.40m。$q_{sa}=40kPa$。

⑥层强风化泥质砂岩——砖红色，呈密实状，上部呈砂状，向下渐渐变硬，变完整，层厚 2.00～2.30m。$q_{sa}=60kPa$。

⑦层中风化泥质砂岩——砖红色，岩芯完整，呈长柱状，泥质砂岩为主，夹薄层泥岩，部分为泥质砂岩与泥岩互层，未钻穿，最大揭露厚度 6.30m。$q_{sa}=100kPa$。

2. 试验结果

1）试验数据汇总（表 7-39）

试验桩设计与施工参数 表 7-39

试桩编号	S1	S2	S3	S4
施工桩长（mm）	21.64	21.59	19.56	17.03
桩身直径（mm）	900	1400	1200	1200

续表

设计扩底基础（mm）	1700	2500	1900	2100
施工扩底基础（mm）	1760	2550	1940	2140
设计承载力特征值（kN）	6400	11500	8200	9100
设计采用的 q_{pa} 值（kPa）	2820	2350	2900	2630

桩承载力自平衡法深层载荷试验结果

最大试验荷载（kN）	3190	3190	3190	2900
最大下位移（mm）	11.97	15.01	9.65	31.26
下位移回弹量（mm）	3.31	3.62	4.69	4.40
下位移回弹率（%）	27.65	24.12	48.60	14.08
最大上位移（mm）	2.73	2.21	2.08	1.92
上位移回弹量（mm）	2.33	1.75	1.60	1.53
上位移回弹率	85.35	79.19	76.92	79.69
试验桩的桩端持力层阻力特征值（kPa）	3190	3190	3190	2900
桩端持力层阻力特征值	4 个试验点的实测值极差未超过平均值的 30%，取平均值作为该场地第⑦层中风化泥质砂岩的桩端阻力特征值 $q_{pa}=3117$kPa			
试验桩的极限桩侧阻力（kN）	≥3438	≥2752	≥3165	≥2893
推算的试验桩极限桩端阻力（kN）	14480	31317	18089	20088
推算的试验桩单桩竖向极限承载力（kN）	≥17918	≥34069	≥21254	≥22981
推算的试验桩单桩竖向承载力特征值（kN）	≥8959	≥17034	≥10627	≥11490
结论	1. 该场地第⑦层中风化泥质砂岩的人工挖孔桩端阻力特征值 $q_{pa}=3117$kPa，满足设计要求； 2. 推算的 4 根试验桩的单桩竖向承载力特征值结论为：S1 号桩≥8959kN、S2 号桩≥17034kN、S3 号桩≥10627kN、S4 号≥11490kN，均满足设计要求（推算值供参考）。			

2）试验结果分析

从 S1 号桩的承载力自平衡法深层平板载荷试验 Q-$S_下$ 曲线（图 7-39）和 $S_下$-lg$Q$ 曲线（图 7-40）看：桩端持力层在加载至 3190kN 时，总下位移量为 11.97m，位移量较小，Q-S 下曲线为缓降型，末级荷载作用下的位移量为 2.84mm，持力层下位移随荷载沉降速率为 0.0098mm/kN；从 $S_下$-lg$t$ 曲线看，各级荷载所对应的时程曲线均较平坦，未出现明显下弯；从卸载情况看，完全卸载后残余位移为 8.66mm，回弹量为 3.31mm，回弹率为 27.65%。以上情况表明，该桩桩端持力层受压尚未进入极限状态，承载能力有一定余量。根据《建筑地基基础设计规范》GB 50007 附录 D 的 D.0.6 条，可取最大试验荷载值的一半（3190kN/0.5m²）/2＝3190kPa 作为该试验桩桩端持力层的阻力特征值。

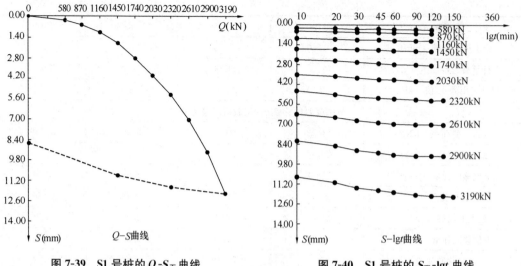

图 7-39　S1 号桩的 $Q\text{-}S_\text{下}$ 曲线　　　　图 7-40　S1 号桩的 $S_\text{下}\text{-lg}t$ 曲线

从 S1 号桩的承载力自平衡法深层平板载荷试验 $Q\text{-}S_\text{上}$ 曲线（图 7-41）和 $S_\text{上}\text{-lg}Q$ 曲线（图 7-42）看：桩身在加载至 3190kN 时，总上位移量为 2.73mm，位移量较小，末极荷载作用下的位移量为 0.46mm，桩身上位移随荷载沉降速率为 0.0016mm/kN；从 $S_\text{上}\text{-lg}t$ 曲线看，各级荷载所对应的时程曲线均较平坦，未出现下弯；从卸载情况看，完全卸载后残余位移为 0.40mm，回弹量为 2.33mm，回弹率为 85.35%。以上情况表明，该桩桩身上拔尚未进入极限状态，上拔能力有一定余量。根据《建筑基桩检测技术规范》JGJ 106 中单桩竖向抗压静载试验的 4 条，该试验桩的极限抗拔能力不小于最大试验荷载值（3190kN），折算极限桩侧阻力不小于（3190－439）/0.8＝3438kN。

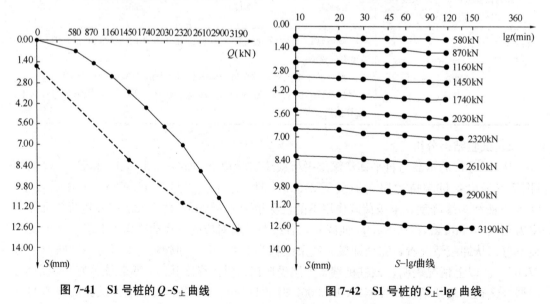

图 7-41　S1 号桩的 $Q\text{-}S_\text{上}$ 曲线　　　　图 7-42　S1 号桩的 $S_\text{上}\text{-lg}t$ 曲线

从 S2 号桩的承载力自平衡法深层平板载荷试验 $Q\text{-}S_\text{下}$ 曲线（图 7-43）和 $S_\text{下}\text{-lg}Q$ 曲线（图 7-44）看：桩端持力层在加载至 3190kN 时，总下位移量为 15.01mm，位移量较小，

Q-$S_下$曲线为缓降型，末级荷载作用下的位移量为 3.81mm，持力层下位移随荷载沉降速率为 0.0131mm/kN；从 $S_下$-lg$t$ 曲线看，各级荷载所对应的时程曲线均较平坦，未出现明显下弯；从卸载情况看，完全卸载后残余位移为 11.39mm，回弹量 3.62mm，回弹率24.12%。以上情况表明，该桩桩端持力层受压未尚进入极限状态，承载能力有一定余量。根据《建筑地基基础设计规范》GB 50007 附录 D 的 D.0.6 条，可取最大试验荷载值的一半（3190kN/0.5m²）/2＝3190kPa 作为该试验桩桩端持力层的阻力特征值。

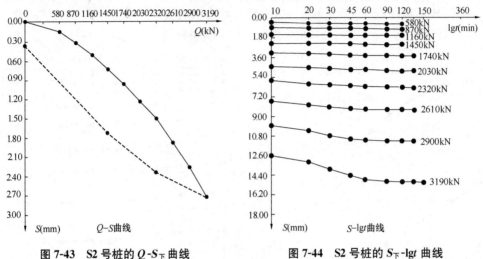

图 7-43　S2 号桩的 Q-$S_下$ 曲线　　　图 7-44　S2 号桩的 $S_下$-lg$t$ 曲线

　　从 S2 号桩的承载力自平衡法深层平板载荷试验 Q-$S_上$ 曲线（图 7-45）和 $S_上$-lg$Q$ 曲线（图 7-46）看：桩身在加载至 3190kN 时，总上位移量为 2.21mm，位移量较小，末极荷载作用下的位移量为 0.41mm，桩身上位移随荷载沉降速率为 0.0014mm/kN；从 $S_上$-lg$t$曲线看，各级荷载所对应的时程曲线均较平坦，未出现下弯；从卸载情况看，完全卸载后残余位移为 0.46mm，回弹是为 1.75mm，回弹率为 79.19%。以上情况表明，该桩桩身上拔尚未进入极限状态，上拔能力有一定余量。根据《建筑基桩检测技术规范》JGJ 106中单桩竖向抗压静载试验的 4.4.2 条，该试验桩的极限抗拔能力不小于最大试验荷载值（3190kN），折算极限桩侧阻力不小于（3190－988）/0.8＝2752kN。

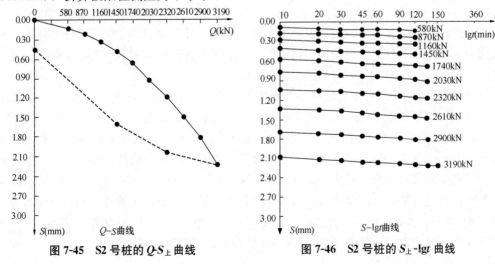

图 7-45　S2 号桩的 Q-$S_上$ 曲线　　　图 7-46　S2 号桩的 $S_上$-lg$t$ 曲线

从 S3 号桩的承载力自平衡法深层平板载荷试验 Q-$S_{下}$ 曲线（图 7-47）和 $S_{下}$-lg$Q$ 曲线（图 7-48）看：桩端持力层在加载至 3190kN 时，总下位移量为 9.65mm，位移量较小，Q-$S_{下}$ 曲线为缓降型，末级荷载作用下的位移量为 1.98mm，持力层下位移随荷载沉降速率为 0.0068mm/kN；从 $S_{下}$-lg$t$ 曲线看，各级荷载所对应的时程曲线均较平坦，未出现明显下弯；从卸载情况看，完全卸载后残余位移为 4.96mm，回弹量为 4.69mm，同弹率为 48.60%。以上情况表明，该桩桩端持力层受压尚未进入极限状态，承载能力有一定余量。根据《建筑地基基础设计规范》GB 50007 规范附录 D 的 D.0.6 条，可取最大试验荷载值的一半（3190kN/0.5m²）/2＝3190kPa 作为该试验桩桩端持力层的阻力特征值。

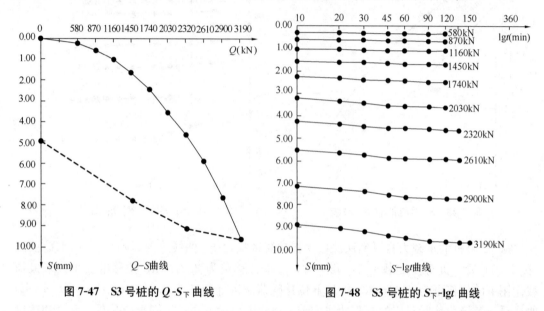

图 7-47 S3 号桩的 Q-$S_{下}$ 曲线　　　　图 7-48 S3 号桩的 $S_{下}$-lg$t$ 曲线

从 S3 号桩的承载力自平衡法深层平板载荷试验 Q-$S_{上}$ 曲线（图 7-49）和 $S_{上}$-lg$Q$ 曲线（图 7-50）看：桩身在加载至 3190kN 时，总上位移量为 2.08mm，位移量较小，末级荷载作用下的位移量为 0.32mm，桩身上位移随荷载沉降速率为 0.0011mm/kN；从 $S_{上}$-lg$t$ 曲线看，各级荷载所对应的时程曲线均较平坦，未出现下弯；从卸载情况看，残余位移为 0.48mm，回弹量为 1.60mm，回弹率为 76.92%。以上情况表明，该桩桩身上拔尚未进入极限状态，上拔能力有一定余量。根据 JGJ 106—2014 规范单桩竖向抗压静载试验的 4.4.2 条，该试验桩的极限抗拔能力不小于最大试验荷载值（3190kN），折算极限桩侧阻力不小于（3190－658)/0.8＝3165kN。

从 S4 号桩的承载力自平衡法深层平板载荷试验 Q-$S_{下}$ 曲线（图 7-51）和 $S_{下}$-lg$Q$ 曲线（图 7-52）看：桩端持力层在加载至 2900kN 时，总下位移量为 31.26mm，位移量偏大，Q-$S_{下}$ 曲线为缓降型，末极荷载作用下的位移量为 8.28mm，持力层下位移随荷载沉降速率为 0.0286mm/kN；从 $S_{下}$-lg$t$ 曲线看，末级荷载所对应的时程曲线已略见下弯；从卸载情况看，完全卸载后残余位移为 26.86mm，回弹量为 4.40mm，回弹率为 14.08%。以上情况表明，该桩桩端持力层受压已接近极限状态，承载能力已基本发挥。根据《建筑地基基础设计规范》GB 50007 规范附录 D 的 D.0.6 条，可取最大试验荷载值的一半（2900kN/0.5m²）/2＝2900kPa 作为该试验桩桩端持力层的阻力特征值。

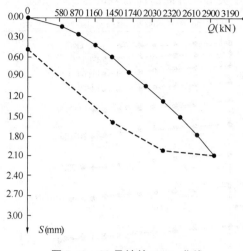

图 7-49 S3 号桩的 Q-$S_{上}$ 曲线

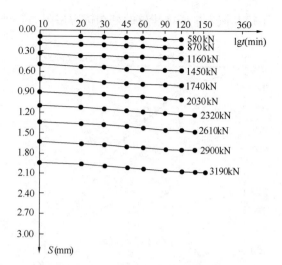

图 7-50 S3 号桩的 $S_{上}$-lg$t$ 曲线

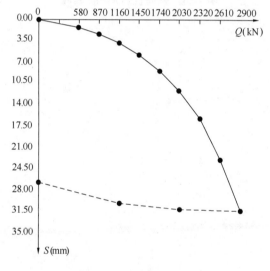

图 7-51 S4 号桩的 Q-$S_{下}$ 曲线

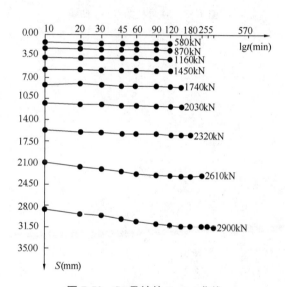

图 7-52 S4 号桩的 $S_{下}$-lg$t$ 曲线

从 S4 号桩的承载力自平衡法深层平板载荷试验 Q-$S_{上}$ 曲线（图 7-53）和 $S_{上}$-lg$Q$ 曲线（图 7-54）看：桩身在加载至 2900kN 时，总上位移量为 1.92mm，位移量较小，末极荷载作用下的位移量为 0.38mm，桩身上位移随荷载沉降速率为 0.0013mm/kN；从 $S_{上}$-lg$t$ 曲线看，各级荷载所对应的时程曲线均较平坦，未出现下弯；从卸载情况看，完全卸载后残余位移为 0.39mm，回弹量为 1.53mm，回弹率为 79.69%。以上情况表表明，该桩桩身上拔尚未进入极限状态，上拔能力有一定余量。根据《建筑桩基技术规程》JGJ 94 规范附录 D 的 D.0.8 条，该试验桩的极限抗拔能力不小于最大试验荷载值（2900kN），折算极限桩侧阻力不小于（2900−585)/0.8＝2893kN。

3. 结论

自平衡法深层载荷试验方法不受工期和现场场地条件的限制，因而对于检验大直径人工挖孔嵌岩扩底灌注桩的桩端持力层阻力特征值不失为一种简捷而有效的方法。

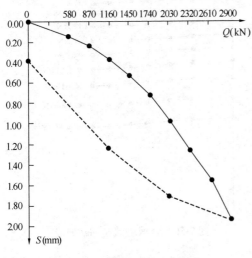

图 7-53　S4 号桩的 Q-$S_{上}$ 曲线

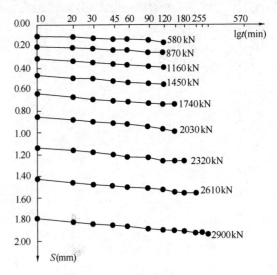

图 7-54　S4 号桩的 $S_{上}$-lg$t$ 曲线

参 考 文 献

[1] 建筑地基基础设计规范 GB 50007—2011[S].

[2] 岩土工程勘察规范 GB 50021—2001[S].

[3] 孙晓凯. 预应力混凝土管桩在老黏土地区承载特性分析[D]. 安徽建筑大学，2015.

[4] 肖立平. 合肥地区老粘土剪胀特性研究[D]. 合肥工业大学，2018.

[5] 陈可. 安徽老粘土地区预应力混凝土管桩挤土效应研究[D]. 合肥工业大学，2017.

[6] 张永双，曲永新. 鲁西南地区上第三系硬黏土的工程特性及其工程环境效应研究[J]. 岩土工程学报，2000，22(4)：445-449.

[7] 张永双，曲永新，周瑞光. 南水北调中线工程上第三系膨胀性硬黏土的工程地质特性研究[J]. 工程地质学报，2002，10(4)：367-377.

[8] 建筑工程抗浮技术标准 JGJ 476—2019[S].

[9] 高层建筑岩土工程勘察标准 JGJ/T 72—2017[S].

[10] 建筑工程地质勘探与取样技术规程 JGJ/T 87—2012[S].

[11] 建筑基坑支护技术规程 JGJ 120—2012[S].

[12] 水利水电工程地质勘察规范 GB 50487—2008[S].

[13] 膨胀土地区建筑技术规范 GB 50112—2013[S].

[14] 水利水电工程土工试验规程 DL/T 5335—2006[S].

[15] 土工试验方法标准 GB/T 50123—2019[S].

[16] 建筑地基检测技术规范 JGJ 340—2015[S].

[17] 黄熙龄，钱力航. 建筑地基与基础工程[M]. 北京：中国建筑工业出版社，2016.

[18] 常士骠，张苏民. 工程地质手册(第四版)[M]. 北京：中国建筑工业出版社，2007.

[19] 铁路工程地质原位测试规程 TB 10018—2018[S].

[20] 汪东林. 非饱和土体变试验研究及其在地面沉降中的应用[D]. 大连理工大学土木水利学院，2007.

[21] 徐静. 合肥非饱和黏性土固结试验研究[D]. 西南交通大学，2014.

[22] 高层建筑筏形与箱形技术规范 JGJ 6—2011[S].

[23] 建筑桩基技术规范 JGJ 94—2008[S].

[24] 建筑结构荷载规范 GB 50009—2012[S].

[25] 建筑抗震设计规范 GB 50011—2010[S].

[26] 混凝土结构设计规范 GB 50010—2010[S].

[27] 民用建筑可靠性鉴定标准 GB 50292—2015[S].

[28] 城市地下水动态观测规程 CJJ 76—2012[S].

[29] 建筑与市政降水工程技术规范 JGJ 111—2016[S].

[30] 建筑基坑工程监测技术标准 GB 50497—2019[S].

[31] 混凝土结构工程施工质量验收规范 GB 50204—2015[S].

[32] 预应力混凝土用钢绞线 GB/T 5224—2014[S].

[33] 预应力筋用锚具、夹具和连接器 GB/T 14370—2015[S].

[34] 预应力锚用锚具、夹具和连接器应用技术规程 JGJ 85—2010[S].

[35] 无粘结预应力钢绞线 JG/T 161—2016[S].

[36] 无粘结预应力筋专用防腐润滑脂 JG/T 430—2014[S].

[37] 预应力混凝土空心方桩 JG/T 197—2018[S].

[38] 钢筋焊接及验收规程 JGJ 18—2012[S].

[39] 郑刚,白若虚. 倾斜单排桩在水平荷载作用下的性状研究[J]. 岩土工程学报,2010(S1):39-45.

[40] 大直径扩底灌注桩技术规程 JGJ/T 225—2010[S].

[41] 建筑基桩检测技术规范 JGJ 106—2014[S].

[42] 建筑机械使用安全技术规程 JGJ 33—2012[S].

[43] 建筑地基基础工程施工质量验收标准 GB 50202—2018[S].

[44] 通用硅酸盐水泥 GB 175—2007[S].

[45] 普通混凝土用砂、石质量标准及检验方法标准(附条文说明) JGJ 52—2006[S].

[46] 建筑地基处理技术规范 JGJ 79—2012[S].

[47] 港口工程混凝土结构设计规范 JTJ 267—1998[S].

[48] 工业建筑防腐蚀设计标准 GB/T 50046—2018[S].

[49] 预应力混凝土管桩技术标准 JGJ/T 406—2017[S].

[50] 低碳钢热轧圆盘条 GB/T 701—2008[S].

[51] 钢筋混凝土用钢 第2部分:热轧带肋钢筋 GB/T 1499.2—2018[S].

[52] 预应力混凝土管桩 10G409[S].

[53] 先张法预应力混凝土管桩技术规程 DB34 5005—2014[S].

[54] 钢结构焊接规范 GB 50661—2011[S].

[55] 先张法预应力混凝土管桩用端板 JC/T 947—2014[S].

[56] 基桩孔内摄像检测技术规程 CECS 253—2009[S].

[57] 先张法预应力混凝土竹节桩基础技术规程 DB34/T 5014—2015[S].

[58] 锤击式预应力混凝土管桩基础技术规程 DBJ/T 15—22—2008[S].